石油石化节水减排技术丛书

石油石化污水处理减排技术

王哲明 主编

中国石化出版社

内 容 提 要

本书为《石油石化节水减排技术丛书》之一，主要对石油石化工业污水的来源及产生途径、污水的水质特征进行了分析，介绍了源头减量、过程控制、末端治理的污水处理及回用理念和相关方法；对污水处理及回用涉及的法律法规和标准体系进行了解读，利于各企业对照标准找到污水处理和回用问题；对污水预处理、生化处理和深度处理及回用典型技术进行了介绍，采用技术理论和案例相结合的方法，通过对已工业化应用的先进成熟案例收集，从经济性、可靠性等方面分析比较，以利于在特殊污水处理、污水处理装置提标改造和运行、污水回用等方面参考；还对近年来煤制气、油气开采等新产业、新工艺产生的污水处理进行了介绍。

本书可为从事污水处理的管理和技术人员提供参考，也可作为污水处理相关专业人员的参考用书。

图书在版编目(CIP)数据

石油石化污水处理减排技术／王哲明主编.—北京：中国石化出版社，2019.7
(石油石化节水减排技术丛书)
ISBN 978-7-5114-5428-7

Ⅰ.①石… Ⅱ.①王… Ⅲ.①石油化学工业-污水处理 Ⅳ.①X740.3

中国版本图书馆 CIP 数据核字(2019)第 160148 号

未经本社书面授权，本书任何部分不得被复制、抄袭，或者以任何形式或任何方式传播。版权所有，侵权必究。

中国石化出版社出版发行
地址：北京市东城区安定门外大街 58 号
邮编：100011 电话：(010)57512500
发行部电话：(010)57512575
http://www.sinopec-press.com
E-mail:press@sinopec.com
北京富泰印刷有限责任公司印刷
全国各地新华书店经销

*

787×1092 毫米 16 开本 15.75 印张 389 千字
2020 年 1 月第 1 版 2020 年 1 月第 1 次印刷
定价:56.00 元

《石油石化节水减排技术丛书》编委会

主　任　凌逸群

副主任　张　涌

委　员　郭安翔　刘春平　陈广卫　陈　俊
　　　　乔恩言　陈伟军　罗重春　聂　红
　　　　周　勇

《石油石化污水处理减排技术》
编委会

主　　编　王哲明

编写人员　栾金义　胡跃华　张艳芬

　　　　　章继龙　王国栋　陈英文

前 言

石油石化工业主要包括油气勘探和开采、石油炼制和石油化工等。近年来，随着煤化工产业、生物科技和新能源技术的兴起，传统的石油化工领域不断得到拓展。石油石化工业是我国的基础性和支柱性产业，在国民经济中占有举足轻重的地位，为农业、能源、交通、机械、电子、纺织、轻工、建筑、建材等各行业提供了丰富的产品。

在为社会提供能源和化工产品的同时，石油石化工业过程也消耗了大量的水资源，产生了一定量的工业废水，对废水进行科学的处理，使之达到或优于国家和地方标准排放，在此基础上最大限度地组织回用，以达到尽可能减少对外环境的影响、节约水资源的目的。废水处理及回用既需要必需的资金投入，又需要有合适的污水处理及回用技术。

和其他行业不同，石油化工由于原料的特殊性和长流程、复杂的加工工艺，产生的废水种类较多、组分复杂、水量较大，部分含特种污染因子的"特殊废水"还具有高浓度、难降解处理的特点，因此，在污水处理领域，石油化工工业废水的处理和回用技术一直是大家关注和研究的热点。

近年来，国家和各级地方政府对污水排放标准作了较大的修改，特别是 GB 31570—2015《石油炼制工业污染物排放标准》和 GB 31571—2015《石油化学工业污染物排放标准》对污水的分类、污水的接管指标和排放指标都提出了更高的标准。随着指标的不断提升，倒逼各种污水处理技术得到迅速发展，十几年前传统的"预处理+生化"的两级处理模式早已被三级处理模式所替代，"高效菌+膜生物反应器"组合工艺、"高密度沉淀池+臭氧/催化+曝气生物滤池"组合工艺、"絮凝/混凝沉淀+活性炭吸附"组合工艺、"超滤+反渗透"组合工艺、浓盐水的蒸发和结晶技术等各类污水深度处理和回用技术各显神通，污水的深度处理和回用某种程度上已经构成了"循环"。在京津冀地区，部分企业处理后的污水已经达到或超过地表四类水水质要求，在水硬度较低的南方地区，经过深度处理的污水已得到最大限度地回用。

但我们也发现，也有一些企业，由于对自身产生的废水特性不了解，没有建立完整的水质监测和分级控制管理体系，没有找到合适的治理技术，建立相适应的处理工艺，不仅污水回用无从谈起，甚至连稳定达标都无法实现，存在被停产限产的风险。

　　编写本书的目的，就是要将近些年来在石油石化领域成功得到工业化应用的污水处理技术和回用技术收集总结，将好的、合适的技术在全系统和相关行业得到推广应用。本书共分为六章，第一章主要介绍了石油石化废水治理理念，废水处理及回用相关法律法规和标准，对废水处理及回用技术现状作了描述，对存在的主要问题做了分析；第二章着重对石油石化废水产生源及水质特性做分析评价，为选择合适的废水处理工艺做准备；第三章主要介绍石油石化废水的预处理，包括常规的预处理工艺和对部分"特殊"废水的预处理；第四章介绍了生化处理技术，包括厌氧和好氧工艺，介绍了不同种类工艺的特点并作了案例分析；第五章介绍了废水的深度处理工艺，对当前几种成功案例进行了介绍和分析；第六章着重介绍废水回用技术，建立在前五章基础上，废水经深度处理达标后，再通过回用处理技术，达到工业回用水质要求。

　　为使广大从事废水处理的操作人员、技术人员和管理人员能够从本书得到需要的相关知识和信息，有益于污水处理装置的技术改造升级和日常管理，本书内容侧重于技术案例介绍和比对，同时也兼顾对各类技术原理作简要介绍。对于废水处理过程中产生的固废和VOC等的处理，《石油石化节水减排技术丛书》固废和气体治理技术中将作详细描述，不在本书讨论之列。

　　由于水平有限和时间仓促，书中不妥之处请各位提出宝贵意见和建议，以便再版时修正。

目 录

第一章 概 述 (1)
第一节 石油石化污水处理基础 (1)
一、污水的来源 (1)
二、污水处理理念 (1)
第二节 石油石化污水处理相关政策法规与标准 (3)
一、水污染防治政策与法规 (3)
二、污水处理标准及规范 (5)
第三节 石油石化污水处理现状与问题 (9)
一、我国石化企业的分布特点 (9)
二、石油石化污水处理现状 (10)
三、石油石化污水处理存在的问题 (10)

第二章 石油石化污水产生及评价 (13)
第一节 油气勘探开发过程污水 (13)
一、概述 (13)
二、油气勘探开发污水产生及特性 (14)
第二节 石油炼制过程污水 (16)
一、概述 (16)
二、石油炼制工艺过程污水产生与特性 (18)
第三节 石油化工过程污水 (27)
一、概述 (27)
二、基本有机原料及产品生产过程污水 (28)
三、合成树脂 (32)
四、合成纤维 (33)
五、合成橡胶 (36)
六、煤化工 (37)
七、催化剂生产 (40)
八、公用工程及辅助设施 (41)

第三章 污水预处理 (42)

第一节　污水预处理方法 …………………………………………………… （42）
　　一、格栅 ………………………………………………………………… （42）
　　二、筛网过滤 …………………………………………………………… （43）
　　三、沉砂池 ……………………………………………………………… （44）
　　四、均质调节池 ………………………………………………………… （46）
　　五、隔油池 ……………………………………………………………… （47）
　　六、气浮 ………………………………………………………………… （50）
　　七、磁分离 ……………………………………………………………… （54）
　　八、粗粒化（聚结）除油法 ……………………………………………… （56）
　　九、汽提 ………………………………………………………………… （58）
第二节　特殊污水预处理 …………………………………………………… （60）
　　一、丙烯腈污水 ………………………………………………………… （60）
　　二、己内酰胺生产污水 ………………………………………………… （62）
　　三、尿素污水 …………………………………………………………… （63）
　　四、有机氯污水 ………………………………………………………… （63）
　　五、腈纶污水 …………………………………………………………… （64）
　　六、醋酸乙烯-聚乙烯醇污水 ………………………………………… （65）
　　七、双氧水污水 ………………………………………………………… （66）
　　八、煤制油污水 ………………………………………………………… （67）
　　九、煤制烯烃污水 ……………………………………………………… （68）
　　十、煤制天然气污水 …………………………………………………… （69）
　　十一、页岩气污水 ……………………………………………………… （71）
　　十二、油轮压舱水 ……………………………………………………… （72）
　　十三、采油污水 ………………………………………………………… （73）

第四章　污水生物处理 ……………………………………………………… （75）
第一节　好氧生物处理 ……………………………………………………… （75）
　　一、传统活性污泥法 …………………………………………………… （76）
　　二、纯氧曝气活性污泥法 ……………………………………………… （78）
　　三、氧化沟活性污泥法 ………………………………………………… （82）
　　四、序批式活性污泥法 ………………………………………………… （87）
　　五、生物接触氧化法 …………………………………………………… （90）
第二节　厌氧生物处理 ……………………………………………………… （97）
　　一、厌氧生物滤池 ……………………………………………………… （97）

二、升流式厌氧污泥床反应器 ……………………………………………… （100）
　　三、内循环厌氧反应器 …………………………………………………… （102）
　　四、厌氧颗粒污泥膨胀床反应器 …………………………………………… （105）
第三节　生物脱氮和除磷工艺 …………………………………………………… （107）
　　一、缺(厌)氧-好氧活性污泥法 …………………………………………… （108）
　　二、厌氧-缺氧-好氧活性污泥法 …………………………………………… （110）
第四节　生物强化技术 …………………………………………………………… （114）

第五章　污水深度处理 ……………………………………………………………… （118）
第一节　物理法 …………………………………………………………………… （118）
　　一、过滤 …………………………………………………………………… （118）
　　二、活性炭吸附 …………………………………………………………… （128）
　　三、活性焦吸附 …………………………………………………………… （131）
　　四、高密度澄清池 ………………………………………………………… （132）
　　五、微沙加碳高效沉淀（Actiflo® Carb 工艺）…………………………… （135）
　　六、高速滤池 ……………………………………………………………… （137）
第二节　化学氧化法 ……………………………………………………………… （139）
　　一、臭氧氧化法 …………………………………………………………… （139）
　　二、芬顿氧化法 …………………………………………………………… （141）
第三节　生物法 …………………………………………………………………… （143）
　　一、曝气生物滤池 ………………………………………………………… （143）
　　二、移动床生物膜反应器 MBBR ………………………………………… （148）
　　三、粉末活性炭-活性污泥法（PACT）…………………………………… （153）
　　四、膜生物反应器（MBR）………………………………………………… （156）
第四节　深度处理组合工艺及案例 ……………………………………………… （160）
　　一、臭氧氧化+曝气生物滤池（臭氧催化氧化+EM-BAF）……………… （160）
　　二、PACT-WAR+沉淀+砂滤 ……………………………………………… （163）
　　三、纤维球过滤+活性炭吸附过滤 ………………………………………… （167）
　　四、气浮+臭氧氧化+曝气生物滤池 ……………………………………… （168）

第六章　污水处理回用 ……………………………………………………………… （171）
第一节　电渗析 …………………………………………………………………… （171）
　　一、技术原理 ……………………………………………………………… （171）
　　二、工艺特征 ……………………………………………………………… （171）
　　三、工程实例 ……………………………………………………………… （173）

第二节　电吸附 (175)
一、工艺原理 (175)
二、工艺特点 (176)
三、工艺流程 (176)
四、工程实例 (177)

第三节　离子交换 (182)
一、工艺原理 (182)
二、工艺特点 (182)
三、工程案例 (183)

第四节　膜分离 (188)
一、膜分离技术 (188)
二、超滤膜(UF) (191)
三、反渗透膜(RO) (194)
四、组合膜 (209)

第五节　蒸发与结晶 (216)
一、概述 (216)
二、RCC技术 (217)
三、机械式蒸汽再压缩技术MVR (219)
四、RO+多效蒸发或MVR+混盐结晶技术 (227)
五、RO+MBC+混盐或分盐结晶技术 (230)
六、特种RO+ED+分质结晶技术 (232)

第六节　病原微生物消除 (234)
一、概述 (234)
二、几种消毒工艺方法 (234)

参考文献 (239)

第一章 概 述

第一节 石油石化污水处理基础

一、污水的来源

石油石化工业是一个较长产业链的行业，包括油气勘探开发、石油炼制、石油化工等多个工业过程，生产过程中产生的污水种类多、污染物成分复杂、水质水量波动大、部分污染物浓度高且多为生物难降解有毒有害的有机物，如果不进行处理直接排放，将对环境产生严重的污染，因此必须经过处理后排放至外环境。

按照生产过程产生的污水可分为钻井污水、作业污水、采油污水、采气污水、炼油污水、乙烯污水、合成树脂污水、合成橡胶污水、合成纤维污水、化肥污水、有机及精细化工污水、煤化工污水等。按照污水产生的途径可分为初期污染雨水、生产装置污水、循环水排污水、化学水排污水、生活污水及其他污水等。按照污水中特征污染物可分为含油污水、含硫污水、含盐污水、含氨氮污水、酸碱污水、含聚合物污水、含高浓有机物污水及生活污水等。按照污水的最终排放途径可分为达标外排污水和再生回用污水。

典型的石油石化污水中含有石油类、COD、氨氮等常规污染物。不同行业及企业因产品不同所产生的污水中还含有多种与产品相关的特征污染物，如挥发酚、硫化物、氰化物、有机磷、低分子量聚合物、芳烃类化合物等；有的污染物还具有难生物降解、高毒性、高含盐等。实际污水处理过程中，应严格划分污水体系，并采用不同的处理工艺，以实现污水的有效处理与回用。

污水是一种可再生的水资源，随着环境保护要求及科学技术的发展，污水已经成为企业生产用水的一部分，通过污水处理与回用新技术的实施，石油石化行业实现节水减排依然有较大的空间和潜力。

二、污水处理理念

污水的来源主要是三个方面组成的，一是原料中的带水，二是工艺生成水，三是生产过程需要的新鲜水、化学水及循环水等工艺用水经使用后的排放水。

要做好污水的处理与回用，应重点通过源头治理、过程控制及末端处理三个方面实施。

1. 源头治理

石油石化装置应从技术选用、工程设计、设施运行等多方面入手，从源头实现污水减排。特别是新兴能源行业，如页岩勘探开发、煤化工、生物化工等。

选用清洁生产工艺及原料；提高设备选用标准，减少泄漏；提升清污分流设计标准，从本质上减少污水及污染物产生量。依照循环经济的理念，广泛开展清洁生产，从源头削减污染物的产生。

根据装置用水水质要求，分质分级供水，尽量少用新鲜水。尽可能多地采用生产污水、再生水及收集的雨水等。根据水夹点的理论，依据污水水质的不同，将高品质的污水直接用在低品质用水的工艺之中，以实现污水的梯级利用。如酸性水汽提污水直接回用于常减压注水等；将回收雨水简单处理后用于机泵冷却和冲洗；将污染较轻的水（如蒸汽冷凝水、锅炉排污水等）直接回用，提高水资源重复利用率。

2. 过程控制

实施清污分流、污污分流、污污分治、分级利用。排水系统应根据污水的水质特性、处理方法和回用水的水质要求，科学合理地划分排水系统，实现分级控制，以进行局部处理和集中处理。如根据污水含盐量将工艺污水、含油污水等低盐污水与碱渣污水、循环水排污水、催化烟脱污水、化学中和水排污及电脱盐污水等高含盐污水分开，并选择不同的处理工艺及处理目标，以达到分质处理与分质回用的目标。低含盐污水经处理后可直接作为循环水的补充水，高含盐污水经处理后可直接达标排放。

严格控制雨水中污染物排放。根据石油化工污水处理设计规范，严格切换含油雨水和后期雨水，将污染雨水与非污染雨水分别排入含油污水系统和切换到雨水外排口，保证污染雨水的达标排放。

采用压力流输送或改变管道连接方式，消除地下水排水管道的腐蚀与渗漏。通过对各排放点安装流量计和水质在线监控仪，在此基础上组成雨污水排放监控平台，有利于雨污水的科学分流、污水调配和处置，需要着重强调的是，现场高标准的清污分流设施表面上增加了一次性投资，实际从长远看，污水减排的效益远超一次性投入。

石油石化生产过程产生的污水水质复杂多样，对特殊的特征污染物污水需进行预处理，以保证排至污水综合场的水质，确保生物处理过程不受冲击。原油加工的脱盐、脱水处理，包括原油、汽柴油罐区等切水中含有较高浓度的石油类，需进行除油、降温等处理；污水排放标准中规定的第一类污染物不分行业和排放方式，也不分受纳水体的功能类型，都需在车间或车间排放口实现达标排放；有毒性、难生物降解的污水，如酸性碱性污水、碱渣污水、含环氧乙烷污水、含氰化物污水、有机胺类污水等，易对后续的综合处理生化系统运行造成破坏，一般需要进行预处理；污水中含有可利用的高浓度物质的，在技术经济合理的范围内应进行回收利用。

3. 末端处理

在积极推行清洁生产和实施过程控制措施后，对无回用价值的污水，采用经济高效的处理技术，进行有效的末端治理，做到达标排放或深度处理后回用。

石油化工污水采用单一的污水处理工艺，很难达到污水排放标准的要求。在实际应用中，隔油、气浮、絮凝、厌氧、好氧、吸附和膜分离应用较多，它们的组合工艺高效实用。一般采用物化法预处理，厌氧+好氧二级处理，再结合高效沉淀、催化氧化、膜分离等深度处理技术，实现污水的资源化利用。研究高效、经济、节能的处理技术，系统开发不同工艺的有效组合，是石油化工污水处理技术研究的主要内容和发展方向。

4. 污水处理工艺

污水处理就是利用物理、化学和生物的方法对污水进行处理，使污水得到净化，减少污染，以至达到污水回收、利用或排放，充分利用水资源。

石油化工污水的处理技术主要分为物化法、化学法和生化法。物理法包括隔油、沉降、气浮、吸附、过滤、膜分离等，主要通过密度、重力、溶解性等物理性质对污水进行处理。化学方法主要包括混凝、离子交换、氧化还原、高级氧化等，通过化学反应去除污水中的污染物。生物法是通过微生物产生的酶氧化分解水中的污染物，包括厌氧工艺、兼氧工艺、好氧工艺等，具有成本低、处理量大、效果好、适用范围广等诸多优点，是污水处理的主要方法。在污水的处理过程中，根据来水水质及处理目标的不同，往往采用物理法、化学法及生化法的集成工艺，以达到处理目标的要求。

近几年来，随着环境保护及节水减排工作的形势要求，将处理后的达标污水采用高效沉淀、催化氧化、高级氧化、膜分离回用等技术进一步处理并实现污水的回用，甚至实现污水的近零排放，已经成为石油石化行业污水处理回用的发展方向。

典型的石油化工污水处理工艺流程示意图如图 1-1 所示。

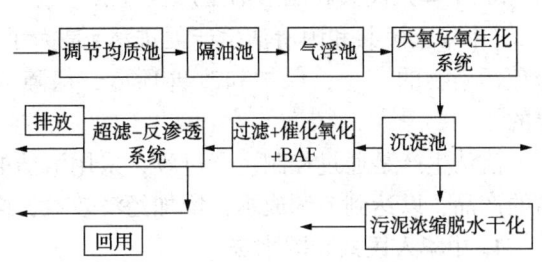

图 1-1 典型石油化工污水处理工艺流程示意

第二节　石油石化污水处理相关政策法规与标准

一、水污染防治政策与法规

1. 中华人民共和国宪法

《中华人民共和国宪法》是中国的根本法。在环境和资源保护方面，我国宪法主要规定了国家在合理开发、利用和保护自然资源、改善环境方面的基本权利、义务、方针和政策等基本原则。如《宪法》第九条规定"国家保障自然资源的合理利用，保护珍贵的动物和植物。禁止任何组织或者个人用任何手段侵占或者破坏自然资源"；第十条规定"一切使用土地的组织和个人必须合理地利用土地"；第二十六条规定"国家保护和改善生活环境和生态环境，防治污染和其他公害"。这些规定强调了对自然资源的保护和合理利用，防止因自然资源的不合理开发导致环境破坏。

2. 中华人民共和国环境保护法

《中华人民共和国环境保护法》从全局出发，对整体环境及合理开发利用、保护和改善环境资源的重大问题做出规定的法律，是其他单行环境法规的立法依据。新修定的环境保护法于 2015 年 1 月 1 日施行。主要特点如下：

（1）明确相关责任。第五十九条明确规定，企业事业单位和其他生产经营者违法排放污染物，受到罚款处罚，被责令改正，拒不改正的，依法作出处罚决定的行政机关可以自责令更改之日的次日起，按照原处罚数额按日连续处罚。加强了对政府环保目标责任制度的要求和考核评价制度，突出了地方各级政府对当地环境质量负领导责任，并授权环境保护部门对未达标地区或行政区域实施区域限批政策，并且规定考核结果信息向社会公开。

（2）完善相关制度。第二十九条规定在我国重点生态功能区、脆弱区和生态环境敏感区等区域和地域划定生态保护红线，严格保护这类地区。第四十五条将排污许可证管理制度确立为一项基本管理制度，在加强工业污染防治、削减污染物排放总量、提高企业环境意识等方面起到了推动作用。第四十四条确立总量控制制度,对于未完成国家确定的环境质量目标或超过总量控制指标的地区,省级以上主管部门应当暂停审批新增重点污染物的建设项目环评文件。第三十九条中鼓励和组织开展环境质量影响人们健康的研究,预防和控制有关的环境污染导致的疾病,建立、完善环境与健康相关的监测、调查和风险评估制度。第四十七条作出环境应急制度相关规定。第五章专门规定信息公开和公众参与,明确了提起环境公益诉讼的公众组织范围,为公众共同参与环境保护提供了法律依据。

3. 中华人民共和国清洁生产促进法

《中华人民共和国清洁生产促进法》是为了促进清洁生产,提高资源利用效率,减少和避免污染物的产生,保护和改善环境,保障人体健康,促进经济与社会的可持续发展制定的。

清洁生产是通过控制生产过程,采用清洁的原料、采用清洁的工艺技术和设备、生产清洁的产品,以达到节约成本,增加经济效益,同时减少污染物产生的目的。

4. 中华人民共和国水法

《中华人民共和国水法》重点是强化水资源的统一管理和流域管理,注重水资源的宏观配置,加强水资源开发、利用、节约和保护的规划与管理,提高用水效率,协调生活、生产和生态用水以及水事纠纷处理、法律责任等诸多方面。

5. 中华人民共和国水污染防治法

《中华人民共和国水污染防治法》加强了水污染源头控制,完善了水环境监测网络,强化了重点水污染物排放总量控制制度,全面推行排污许可制度,完善饮用水水源保护区管理制度,加强了工业污染防治和城镇污染防治,增加了农村面源污染防治和内河船舶的污染防治,明确了水污染应急反应要求,加大了对违法行为的处罚力度,完善了民事法律责任。

水污染防治应坚持预防为主、防治结合、综合治理的原则,优先保护饮用水水源,严格控制工业污染、城镇生活污染,防治农业面源污染,积极推进生态治理工程建设,预防、控制和减少水环境污染和生态破坏。

水污染防治法规定排放水污染物,超标排污或超过重点水污染物排放总量控制指标排污的,都属于违法行为,应当承担本法规定的相应的法律后果,即:由县级以上人民政府环境保护主管部门按照权限责令限期治理,处应缴纳排污费数额两倍以上五倍以下的罚款。限期治理期间,由环境保护主管部门责令限制生产、限制排放或者停产整治。

国家对重点水污染物排放实施总量控制制度。省、自治区、直辖市人民政府可按照国务院的规定削减和控制本行政区域的重点水污染物排放总量。市、县人民政府根据本行政区域重点水污染物排放总量控制指标的要求,将重点水污染物排放总量控制指标分解落实到排污单位。

国家实行排污许可制度。直接或者间接向水体排放工业废水和医疗污水以及其他按照规定应当取得排污许可证方可排放的废水、污水的企业事业单位,应当取得排污许可证。禁止企业事业单位无排污许可证或者违反排污许可证的规定向水体排放前款规定的污水、污水。同时,禁止私设暗管或者采取其他规避监管的方式排放水污染物。

明确了饮用水水源保护区的严格管理制度,规定在饮用水水源保护区内,禁止设置排污口。

依法做好水污染事故的应急准备、应急处置和事后恢复等工作;制定水污染事故的应急方案;水污染事故应急方案的启动和报告。

完善法律责任，加大了水污染违法成本，丰富了处罚手段，提高了对违法行为的处罚力度，明确了民事责任。

6. 水污染防治行动计划

《水污染防治行动计划》以改善水环境质量为核心，按照"节水优先、空间均衡、系统治理、两手发力"原则，贯彻"安全、清洁、健康"方针，强化源头控制，水陆统筹、河海兼顾，对江河湖海实施分流域、分区域、分阶段科学治理，系统推进水污染防治、水生态保护和水资源管理。

在控制污染物排放方面：集中治理工业集聚区水污染，工业污水必须经预处理达到集中处理要求，方可进入污水集中处理设施。

在经济结构转型升级方面：推进循环发展，强调工业水循环利用。鼓励石油石化、化工等高耗水企业废水深度处理回用。推动海水利用，在沿海地区化工、石化等行业，推行直接利用海水作为循环冷却等工业用水。

在水资源方面：新建、改建、扩建项目用水要达到行业先进水平，节水设施应与主体工程同时设计、同时施工、同时投运。抓好工业节水，完善高耗水行业取用水定额标准，开展节水诊断、水平衡测试、用水效率评估，严格用水定额管理。到2020年，石油石化、化工等高耗水行业达到先进定额标准。将再生水、雨水和微咸水等非常规水源纳入水资源统一配置。

在科技支撑方面：加快技术成果推广应用，重点推广节水、水污染治理及循环利用、水生态修复等适用技术；加快研发重点行业废水深度处理、海水淡化和工业高盐废水脱盐、地下水污染修复和水上溢油应急处置等技术；大力发展环保产业，推进先进适用的节水、治污、修复技术和装备产业化发展。

在发挥市场机制作用方面：完善收费政策，合理提高排污费、水资源费等征收标准，做到应收尽收；依法落实环境保护、节能节水、资源综合利用等方面税收优惠政策；鼓励社会资本加大水环境保护投入；健全节水环保"领跑者"制度，鼓励节能减排先进企业用水效率和排污强度等达到更高标准，支持开展清洁生产、节约用水和污染治理等示范；深化排污权有偿使用和交易试点。

在环境执法监管方面：加快水污染防治、排污许可等法律法规制修订步伐；健全重点行业水污染物特别排放限值、污染防治技术政策和清洁生产评价指标体系；所有排污单位必须依法实现全面达标排放，定期抽查排污单位达标排放情况，结果向社会公布；严厉打击环境违法行为。

在加强水环境管理方面：深化污染物排放总量控制，选择总氮、总磷、重金属等污染物，研究纳入流域、区域污染物排放总量控制约束性指标体系；全面推行排污许可。

二、污水处理标准及规范

中华人民共和国环境保护标准管理办法中规定"环境质量标准和污染物排放标准分国家标准和地方标准两级。环境保护基础标准和环境保护方法标准只有国家标准"。对国家环境质量标准中未规定的项目，省级人民政府可制定地方环境质量补充标准；当地方执行国家污染物排放标准不适用地方环境特点和要求时，地方政府可制定地方污染物排放标准。但是，地方标准应当严于国家标准，企业执行时要遵循"标准从严"的原则。

1. 水环境质量标准

与水环境质量标准相关主要的环境质量标准如表1-1所示。地表水环境质量标准中主要污染物标准如表1-2所示。表1-2列出了《地表水环境质量标准》中Ⅰ～Ⅴ类水体中主要污染物的标准限值。

表1-1 水环境质量标准

标准名称	标准编号	发布时间
地表水环境质量标准	GB 3838—2002	2002-4-28
海水水质标准	GB 3097—1997	1997-12-3
地下水质量标准	GB/T 14848—2017	2018-5-1
农田灌溉水质标准	GB 5084—2005	2006-11-01
渔业水质标准	GB 11607—89	1989-8-12

表1-2 地表水环境质量标准基本项目标准限值　　　　mg/L(pH值除外)

序号	项目	Ⅰ类	Ⅱ类	Ⅲ类	Ⅳ类	Ⅴ类
1	pH值	6~9				
2	化学需氧量(COD)	15	15	20	30	40
3	五日生化需氧量(BOD_5)	3	3	4	6	10
4	氨氮(NH_3-N)	0.15	0.5	1.0	1.5	2.0
5	总磷(以P计)	0.02	0.1	0.2	0.3	0.4
6	总氮(湖、库,以N计)	0.2	0.5	1.0	1.5	2.0
7	挥发酚	0.002	0.002	0.005	0.01	0.1
8	石油类	0.05	0.05	0.05	0.5	1.0
9	硫化物	0.05	0.1	0.2	0.5	1.0
10	阴离子表面活性剂	0.2	0.2	0.2	0.3	0.3

2. 水污染物排放标准

与水污染物排放标准相关的石油化工污染物主要排放标准如表1-3所示。主要污染物排放标准包括《石油炼制工业污染物排放标准》和《石油化学工业污染物排放标准》。

表1-3 水污染物主要排放标准

标准名称	标准编号	发布时间	实施时间
污水综合排放标准	GB 8978—1996	2002-12-27	2003-07-01
石油炼制工业污染物排放标准	GB 31570—2015	2015-04-16	2015-07-01
石油化学工业污染物排放标准	GB 31571—2015	2015-04-16	2015-07-01
合成树脂工业污染物排放标准	GB 31572—2015	2015-04-16	2015-07-01
无机化学工业污染物排放标准	GB 31573—2015	2015-04-16	2015-07-01
合成氨工业水污染物排放标准	GB 13458—2013	2013-3-14	2013-07-01
炼焦化学工业污染物排放标准	GB 16171—2012	2012-6-27	2012-10-01
橡胶制品工业污染物排放标准	GB 27632—2011	2011-10-27	2012-01-01

(1)《石油炼制工业污染物排放标准》

本标准适用于现有石油炼制工业企业或生产设施的水污染物和大气污染物排放管理,以及石油炼制工业建设项目的环境影响评价、环境保护设施设计、竣工环境保护验收及其投产后的水污染物和大气污染物排放管理。

现有和新建企业自2017年7月1日起执行如表1-4规定的水污染物排放限值。

表 1-4 现有和新建企业水污染物排放限值　　　mg/L(pH 值除外)

序号	污染物项目	排放限值 直接排放	排放限值 间接排放[1]	污染物排放监控位置
1	pH 值	6.0~9.0	6.0~9.0	企业污水总排放口
2	悬浮物	70	300	
3	化学需氧量(COD)	60	300	
4	五日生化需氧量(BOD_5)	20	150	
5	氨氮	8.0	40	
6	总氮	40	60	
7	总磷	1.0	2.0	
8	总有机碳	20	100	
9	石油类	5.0	20	
10	硫化物	1.0	1.0	
11	挥发酚	0.5	0.5	
12	总钒	1.0	1.0	
13	苯	0.1	0.2	
14	甲苯	0.1	0.2	
15	邻二甲苯	0.4	0.6	
16	间二甲苯	0.4	0.6	
17	对二甲苯	0.4	0.6	
18	乙苯	0.4	0.6	
19	总氰化物	0.5	0.5	
20	苯并(a)芘	0.00003		车间或生产设施污水排放口
21	总铅	1.0		
22	总砷	0.5		
23	总镍	1.0		
24	总汞	0.05		
25	烷基汞	不得检出		
	加工单位原(料)油基准排水量(m^3/t 原油)	0.5		排水量计量位置与污染物排放监控位置相同

注:[1] 污水进入城镇污水处理厂或经由城镇污水管线排放,应达到直接排放限值;污水进入园区(包括各类工业园区、开发区、工业聚集地等)污水处理厂执行间接排放限值。

　　本标准根据石油炼制工业排水的特点,扩大了石油炼制工业污水的范围,把循环水场排污水列入了石油炼制工业污水中,并增加了"总氮"的控制。明确了污染雨水的范围,规定生产装置区径流的污染物浓度超过本标准排放限制的雨水包含在石油炼制工业污水中。根据进口原油和劣质原油的特性,污水污染物控制增加了总镍、总铅等重金属指标;针对面源污染,制定了污水集输、储存、处理系统污染控制要求。

　　我国石油炼制企业污水排放原执行《污水综合排放标准》(GB 8978—1996),部分省市要求执行《城镇污水处理厂污染物排放标准》(GB 18918—1996)。具体比较如表 1-5 所示。本标准与 GB 8978—1996 一级指标相比，COD、悬浮物、五日生化需氧量、石油类、硫化物、挥发酚排放限值相当，氨氮标准提高，并增加了总氮，但总体上低于 GB 18918—2002 标准。

表 1-5　本标准排放限值与现行标准排放限值的比较　　mg/L(pH 值除外)

序号	污染物项目	本标准		GB 8978—1996		GB 18918—2002
		直接排放	间接排放	一级	二级	一级 B 类
1	pH 值	6.0~9.0	6.0~9.0	6.0~9.0	6.0~9.0	
2	悬浮物	70	300	70	150	20
3	化学需氧量	60	300	60	120	60
4	五日生化需氧量	20	150	20	30	20
5	氨氮	8.0	40	15	25	8(15)
6	总氮	40	60	—	—	20
7	总磷	1.0	2.0	0.5	1.0	1.0
8	石油类	5.0	20	5	10	3
9	硫化物	1.0	1.0	1	1	1
10	挥发酚	0.5	0.5	0.5	0.5	0.5

(2)《石油化学工业污染物排放标准》

本标准适用于现有石油化学工业企业或生产设施的水污染物和大气污染物排放管理，以及石油化学工业建设项目的环境影响评价、环境保护设施设计、竣工环境保护验收及其投产后的水污染物和大气污染物排放管理。

本标准水污染物因子包括 pH、COD、BOD、总有机碳、石油类等 17 项企业污水总排口常规二类污染物；总铬、六价铬等 9 项车间或生产设施污水排放口一类污染物；企业污水总排放口特征污染物 60 项。

3. 水污染物分析方法标准

根据水中污染物，国家和行业建立了污染物的分析方法，规定了水中的各类污染物取样、样品前处理及分析方法，为水污染物的测定提供了依据。

4. 水环境设计规范

石油化工污水处理设计规范（GB 50747—2012）适用于新建、扩建和改建的石油化工污水处理工程的设计。重点通过设计水量和设计水质、污水预处理和局部处理、污水处理设施、污泥处理处置、污油回收、废气处理、事故排水处理、管道设计、场址选择和总体设计、检测和控制、化验分析和辅助设施等该标准中的章节，提出石油化工污水处理设计的基本要求，对石化企业的污水分级控制与回用、清污分流污污分治、污水处理技术的选择与污水处理设施的运行维护具有非常好的指导作用。

5. 水环境技术规范

为了指导做好污水处理工艺设计，国家环保部制定了部分污水处理工程技术规范。包括膜分离法污水处理工程技术规范、膜生物法污水处理工程技术规范、生物滤池法污水处理工程技术规范等几十项工程技术规范，有利指导了污水处理工程的设计、运行与管理。

6. 地方水污染物排放标准

根据中华人民共和国环境保护标准管理办法规定,各省、直辖市等可根据经济发展水平和辖区水体污染控制需要,依据《中华人民共和国水法》《中华人民共和国环境保护法》《中华人民共和国水污染防治法》等制定地方污水排放标准。地方污水排放标准要严于国家标准,可以增加污染物控制指标数,但不能减少;可以提高对污染物排放标准的要求,但不能降低标准。基于此,部分省、市、自治区根据地方经济发展及水环境的要求制定了更为严格的水污染物排放标准。

为了进一步提升北京地区的水环境质量,北京市制定了《水污染物综合排放标准》(DB 11/ 307—2013)等。主要污染物如表1-6所示。

表1-6 北京市排入地表水体主要污染物排放限值　　mg/L(标明者除外)

序号	污染物或项目名称	A排放限值	B排放限值	污染物排放监控位置
1	pH值/无量纲	6.5~8.5	6~9	
2	水温/℃	35	35	
3	色度/倍	10	30	
4	悬浮物(SS)	5	10	
5	五日生化需氧量(BOD_5)	4	6	
6	化学需氧量(COD_{Cr})	20	30	
7	总有机碳(TOC)	8	12	单位污水总排放口
8	氨氮	1.0(1.5)	1.5(2.5)	
9	总氮	10	15	
10	总磷(以磷计)	0.2	0.3	
11	石油类	0.05	1.0	
12	动植物油	1.0	5.0	
13	阴离子表面活性剂(LAS)	0.2	0.3	

由表1-6可以看出,北京市《水污染物综合排放标准》中的各类污染物排放标准全部严于《石油炼制工业污染物排放标准》和《石油化学工业污染物排放标准》,这对企业的环境保护提出了更高的标准要求。

第三节　石油石化污水处理现状与问题

一、我国石化企业的分布特点

我国的石化行业是高度依赖进口原油的行业,因为历史原因和石化行业生产特点,多沿江沿河沿海分布。一方面是因为原料及成品交通运输方便,运输成本较低;另一方面,沿江沿海地区经济发达,市场比较完善。我国的石化产业布局主要集中在松花江流域、长江流域、黄河流域、沿海区域,也就是人口发达及水资源相对丰富的地方,企业排放的污水如果得不到很好的处理,或者因安全环保事故,导致污水控制不力,排入周围水域,将对当地的生态环境及人民群众的生命与健康带来极大影响。

二、石油石化污水处理现状

1. 污水预处理装置

石油炼制企业最主要的污水来源包括含硫污水、含油污碱液水及废碱液等。石油化工企业由于品种多样，排放的污染物更加复杂，如精对苯二甲酸污水、丙烯腈污水等。此类污水一般先经过预处理装置以达到削减负荷、降低毒性、均质等目的。

含硫污水全部经过汽提工艺处理后回用，或排放至后续的污水处理场处理。汽提工艺分为单塔汽提侧线抽氨、单塔汽提侧线不抽氨和双塔汽提三种。含硫污水经汽提处理后，硫化物、氨氮和石油类的去除率一般在99.5%、99%、90%以上，产水硫化物、氨氮和石油类浓度一般小于20mg/L、50mg/L、20mg/L。

废碱液一般采用湿式氧化法、生化法等工艺处理，其中湿式氧化处理法50%以上。另还有采用中和法、催化氧化法等工艺。含碱污水经过去除硫化物和部分COD后，送往污水处理装置进行处理。

精对苯二甲酸污水含有较高浓度的对苯二甲酸、苯甲酸等，COD浓度高达5000mg/L以上，一般先采用降温、酸沉、TA浓缩脱水等方法来降低有机负荷，有利于后续生化处理。

2. 污水综合处理设施

油气勘探开发过程产生的钻井污水、作业污水、采油污水和采气污水等，一般经沉降、气浮、过滤、中和、氧化等常规单元技术或设备，或采用深度处理组合工艺，实现污水的回注、回用或达标排放。

石油炼制与石油化工污水处理一般采用调节均质、二级隔油、二级浮选去除污水中的石油类，然后再进行生化处理，实现达标排放，即通常所说隔油—浮选—生化老三套工艺。

近年来，随着生产能力和原料的调整变化，石化企业大多经历过数次升级改造，工艺流程也由传统的老三套变为多级组合流程。特别是在生化处理单元，包括活性污泥法、厌氧/好氧(A/O)工艺、氧化沟工艺、膜生物反应器(MBR)、曝气生物滤池(BAF)工艺等。特别是石油炼制与石油化学工业污染物排放标准的出台，污水处理的难度更高，因而炼油污水处理设施大多采用2~3种组合工艺。炼油污水经处理后其COD、石油类、硫化物和挥发酚的去除率分别大于92%、99%、98%、97%以上，可实现达标排放。

随着企业节水减排及水资源节约的要求，针对处理达标排放后的污水，部分企业直接回用于循环水补充水。部分企业继续经过催化氧化、曝气生物滤池或高效沉淀池等，实现污水的深度处理，回用于循环水补充水。针对含盐污水，部分企业针对达标污水，采用超滤-反渗透装置实现污水的深度脱盐，产水回用于工艺用水。

三、石油石化污水处理存在的问题

1. 原油品质带来的污水水质恶化

随着经济的快速发展，市场对成品油的需求日益增加，受国际原油市场价格因素的影响，企业加工原油的种类多、变化大，劣质油的比例逐年增加。如某企业加工劣质油占加工总量的65%，平均硫含量也从1.10%增加到1.52%。

加工劣质原油产生的"三废"污染物成分更为复杂，污染物的产生量和浓度明显增加，处理难度加大。如常减压、催化裂化、焦化和加氢等装置产生的含硫污水，硫化物和氨氮浓度大幅度提高；加工重质高酸原油造成电脱盐工序排水乳化现象严重，出水含油量明显增加，经传统的一级隔油浮选处理后，石油类含量不能满足进入生化处理单元的要求，影响后续污水处理，污水处理场处理流程大大延长，规模加大，投资和处理成本均明显增加；劣质原油还带来恶臭、乳化、难降解、腐蚀等一系列问题。

2. 预处理设施运行不稳定

（1）电脱盐排水

近几年来，由于原油品质的劣质化，导致电脱盐水中溶入的污染物较多，排水乳化现象严重，影响油水分离效果，出水含油量明显增加。电脱盐排水带油影响后续污水处理，应在装置内增加隔油设施或对现有设施进行改造，提高隔油效率，稳定水质，避免对污水生化处理系统造成冲击。

（2）含硫污水汽提

由于加工原油的硫含量不断提高，且原油种类多、品种切换频繁，再加上含硫污水的成分复杂、污染物浓度高、水质和水量波动幅度大，造成汽提处理系统超负荷运行、抗冲击能力差、净化水水质不稳定等问题，对污水处理系统造成冲击。

受进水夹带焦粉、乳化油等杂质以及污水罐体积小、没有足够的容积均质的影响，汽提设施存在换热器及塔盘结焦堵塞现象，影响汽提效果及装置安全平稳长周期运行。

（3）碱渣污水处理设施

碱渣污水主要采用湿式氧化法处理，部分采用生化法、中和法和催化氧化预处理，再送往污水处理装置进行综合处理。目前部分碱渣污水处理装置的 COD 去除效果一般，有的装置出水浓度在几万 mg/L，且含盐量高，易对下游污水处理装置造成冲击。

3. 污水管网及分级控制不到位

（1）污水管网

目前，石化企业污水管网的构成形式以地下管线为主，材质多为碳钢和混凝土，重力流输送是污水管网主要的输送形式，由于投运时间久，多数企业存在污水管网腐蚀、渗漏、堵塞、互串等问题，特别是雨天经常出现雨水串入含油污水管道，导致清污不分，使含油污水量骤增，影响污水处理场的平稳运行。另外，重力流输送对管线泄漏没有监控能力，在管线破损后无法及时采取处理措施，存在污水渗入地下污染土壤和地下水的风险。企业应按照水平衡测试要求，及时进行管网测漏，同时加快管网改造，尽量采用地面输送或压力输送。

（2）污水分级控制过程监测及日常预警

由于石化装置产生的污水水质复杂，污染源在线监测手段缺乏，常规的在线监测仪表多为工业外排水在线监测仪表和环境监测仪表，这些仪表种类不全、量程小、运行环境苛刻，难以达到污染源分级控制稳定运行条件。分级控制的监测手段以人工监测为主，监测频率较低、随意性大，不能及时准确反映生产装置的事故性排污情况，后续污水处理场易受到污水的冲击而无法及时发现。目前，各装置产生的污水多为合流后一并排入各污水管线，当水质发生较大波动时难以准确查找原因。

（3）污污分流

石化装置产品品种多样，其排放污水中的特征污染物不同，其处理工艺不同。由于对各单元装置污染因子的综合叠加效应认识不足，部分特征污染物没有实现污污分流，如丁二烯的 DMF 污水、废胺液、废碱渣、高低盐污水等，未经预处理直接排入后续的污水处理场，影响了综合污水处理效果，影响了企业全口径的达标排放目标。

4. 综合污水处理系统优化不够

石化企业污水处理核心生化工艺主要包括活性污泥法、A/O 法、曝气生物滤池、氧化沟工艺和 MBR 等。由于水质复杂、污染物种类多，综合污水处理系统大多采用多种工艺串联组合的处理方式。

近年来为适应生产规模扩大和加工劣质原油的需要，特别是新的石油炼制与石油化学污染物排放标准及地方污染物排放标准的纷纷出台，石化企业都在原有基础上进行了多轮改造，治理技术新老交错。由于原装置采用的技术各不相同，现在基本上都是在老的基础上改造，涉及到一些技术应用的适应性，致使一些处理单元之间不匹配、处理流程不合理。应进一步解决好污水处理系统的改造，优化现有污水处理流程，在做好高浓污水分级分质预处理的基础上，进一步提高污水处理场处理水平，并实现达标污水的资源化利用。

石化装置由于种类繁多，水质复杂多样，加之部分污水可生化性差，如己内酰胺污水、对苯二甲酸污水、腈纶污水、有机磷污水、有机氮污水、反渗透浓水等，致使污水处理系统运行稳定性差，处理费用高，无法实现高水平的达标排放，需要新技术的开发与应用支持。应通过采用生物菌种、生物改性、催化氧化、强化混絮凝、生物倍增、高效填料等技术，提高此类污水的可生化性，以突破技术瓶颈。

5. 含盐污水处理技术缺乏，部分技术成本高

随着节水减排措施的持续实施，污水水量逐步减少，污染物浓度逐步增加，污水处理难度加大。特别是含盐污水，包括反渗透浓水、催化裂化再生烟气脱硫脱硝高含盐污水等，由于含盐量大，生化处理效果差，难于满足目前严格的环保标准要求。煤化工行业污水近零排放的要求也加大了含盐污水处理技术的开发与应用需求。

结合含盐污水，一是培养驯化耐盐菌种，包括嗜盐菌种，提高生化的处理效果；二是针对低浓度 COD 含盐污水开发深度处理技术，如催化氧化技术、高级氧化技术、曝气生物滤池技术等，实现其达标排放；三是利用低压余热，开发蒸发浓缩技术，综合处理含盐污水，做到浓水的固液分离；四是优化含盐污水深度浓缩处理流程，实现污水的分盐与综合利用。

6. 水体风险防控能力不足

部分石化企业没有建立完整的装置—厂—公司的界区三级防控体系，清污分流设计标准低，达不到新规范要求，存在事故情况下雨污混合事故污水量暴增的风险；部分企业罐区由于建设时间早、建设标准低，在防火堤构造、有效容积、堤外雨污切换设施、墙体密封性能等防控性能方面已不能满足现有标准规范的要求；部分企业的事故污水收集储存设施存在缺失、容积不足和停电时事故污水无法收集的问题；部分企业码头没有围堰、污水储存和转输设施、紧急切断阀等水体风险防范设施；部分企业装卸车站场存在雨污不分、无事故池的情况；部分企业厂外管道存在物料泄漏后进入市政排水沟渠或敏感水体的风险；多数企业的装置区和罐区没有采取防渗措施。

第二章 石油石化污水产生及评价

第一节 油气勘探开发过程污水

一、概述

油气勘探开发主要包括地球物理勘探、钻井、测井、井下作业、采油(气)、油气集输、储运及辅助配套工艺等过程。

地球物理勘探是根据地下岩层物理性质的差异，通过物理量测量，对地质构造或岩层性质进行研究，以寻找石油和天然气的过程。

钻井是利用钻机设备及破岩工具破碎地层形成井筒的工艺过程。根据钻井目的和开发要求，对单井划分为探井和开发井两大类。根据所钻井眼轨迹不同，分为直井和定向井。根据一个井场井口数量的多少，分为单井和丛式井。一口井的建井过程按其顺序可分为三个阶段，即钻前准备、钻进和完井。

测(录)井是利用电、磁、声、热、核等物理和化学原理制造的各种测井仪器，使地面电测仪可沿着井筒连续记录随深度变化的各种参数，通过参数曲线识别地下岩层。录井主要是通过岩心、岩屑、气测和综合录井等方法获取地下情况和施工情况资料。

井下作业是利用地面和井下设备、工具，对油、水井采取技术措施，达到提高注采量，改善油层渗流条件及油、水井技术状况，提高采油速度和采收率的目的。井下作业主要有油水井大修、油层改造和试油。油水井大修主要包括井下事故处理、复杂落物打捞、套管修理、侧钻等。油层改造包括酸化和压裂。试油是对初步确定的油、气、水层进行直接测试，并取得目的层的产能、压力、温度和油、气、水性质等资料的工艺过程。

采油(气)是通过生产井和注入井使油、气畅流入井，并将其举升到地面进行分离和计量，提高油井产量和原油采收率。通常把利用油层能量开采石油称为一次采油；向油层注入水、气，给油层补充能量开采石油称为二次采油；而用化学的物质来改善油、气、水及岩石相互之间的性能，开采出更多的石油，称为三次采油。提高石油采收率的方法很多，主要包括注表面活性剂、注聚合物稠化水、注碱水驱、注CO_2驱、注碱加聚合物驱、注惰性气体驱、注烃类混相驱、注蒸汽驱、微生物方法等。采油工艺技术主要分为自喷采油和机械采油。采气过程与采油过程大体相同，天然气生产主要依靠地层能量，将天然气直接输送到地面，通过井口的采气工艺流程经过加热、分离、降压等过程后进入输气管网。

油气集输及储运就是把油井生产的油气收集、处理成为合格原油并输送的过程。该系统将油井生产出来的原油和伴生的天然气进行集中和必要的处理或初加工，使之成为合格的原油后，再送往长距离输油管线的首站外输，或经其他运输方式送到炼油厂或转运码头。合格的天然气集中到输气管线首站，再送往石油化工厂、液化气厂或其他用户。脱出的污水经污水处理站处理，达到标准后回注地层或外排。

二、油气勘探开发污水产生及特性

在物探、钻井、测井、井下作业、采油(气)、油气集输、储运及辅助配套生产活动中，不同工艺和不同开发阶段，其排放的水污染物及构成是不尽相同的。主要水污染产生在钻井、井下作业、采(油)气和油气集输和储运过程中。

(一) 钻井

钻井污染物排放以点源为主，污水主要由钻井废弃泥浆析出水、冲洗地面设备及钻井工具的冲洗水、机泵冷却水、洗井替喷水及井场雨水组成。大多为无组织、间歇和不可控排放。

钻井污水主要是在钻井施工过程中产生的污水，其性质随泥浆体系不同而有所不同。钻井污水中含有泥浆中的各种组分，组成复杂，污染物主要是石油类、钻井液添加剂(如褐煤、磺化酚醛)、岩屑等，其构成见表2-1。

表2-1 钻井污水的主要来源和组成

序号	名称	主要污染物(或特征)
1	泥浆析出水	COD、石油类、重金属、挥发酚、悬浮物、pH
2	冲洗水	泥砂、石油类、COD
3	冷却水	石油类、COD
4	井下返出水	COD、Cl$^-$、氨氮等，随地层性质而有所不同
5	井场雨水	石油类、COD等
钻井总排水		pH = 8.3~12.5，COD 1000~8300mg/L，石油类 50~200mg/L，悬浮物 1000~7500mg/L，挥发酚 0.03~7.0mg/L

钻井污水具有pH值偏高，色度高、悬浮物含量高，COD_{Cr}值高，且其有机质的生物可降解性差的特点。具体体现在：

(1) pH值偏高：绝大多数钻井液pH值均控制在7以上，一般情况下多在7.5~10之间，钙处理钻井液甚至达11以上。

(2) 含悬浮物高：钻井污水中的悬浮物含量多在2000~2500mg/L以上，其中包括钻井液中的胶态粒子(主要是膨润土及有机高分子处理剂)、黏土、加重剂材料及分散的岩屑及其他污水流经地面时所携带的泥砂、表层土等。

(3) 含有一定数量的污染物：钻井污水中常有钻井液混入，加之钻井液处理剂及钻井液材料存在的影响，使其含有一定数量的有毒聚合物、有机污染物和无机污染物。

对于盐水钻井液钻井及水中矿化度较高的地区，污水中Cl$^-$的含量也很高，如果不经处理直接外排，将对环境及井场周围农田造成危害。

(二) 井下作业

作业污水主要包括井喷或压井、洗井、冲砂等井下作业施工时由井内带出井口的原油；在试油、大修、小修、侧钻等施工中，主要由洗井、冲砂、排液、压井等工序产生的污水；油井酸化、酸压后返排的废酸液；油井压裂施工后产生的返排废压裂液。作业污水(尤其是酸化、压裂污水)中的污染物浓度很高，若直接外排，势必对环境造成不利影响。

作业污水中固体含量高、颗粒粒径小；有机物含量高，如挥发酚、硫化物等；矿化度高，腐蚀性大，外排后对环境危害较大。

(1) 洗井污水

洗井污水主要来自井下作业洗井及注水井的定期洗井。洗井水主要含有石油类、表面活性剂及酸、碱等污染物。

(2) 酸化废液

酸化废液主要为油井酸化、酸压后返排的废酸液。酸化排出的残液及添加剂中的有毒物质会对环境造成污染。酸化所用的酸液(盐酸、氢氟酸等)，具有强烈的腐蚀性，排入土壤后会使土壤酸化；酸液与硫化物的积垢作用可产生有毒气体硫化氢。

酸化废液的主要污染物悬浮物 45～600mg/L，COD 200～3860mg/L，硫化物 6～35mg/L，石油类 20～300mg/L。

(3) 压裂废液

压裂废液成分比较复杂，含有各种有机化合物、重金属、各类表面活性剂及原油等，治理难度较大，如果直接排入环境，将会对水体、土壤造成污染，并对人、动物、植物造成一定危害。据统计，每口压裂井在常规压裂过程中会产生 50～200m^3 的压裂返排废液。

压裂废液的主要污染物悬浮物 45～4500mg/L，COD 500～20000mg/L，石油类 20～1000mg/L，黏度 5.5mPa·s。

(三) 采油(气)

油田采出水是指油田开采注入的水，注入蒸汽凝结的水，或原有地层存在的水又随着原油被开采出来，从含水原油中脱出的含油污水的统称。注水开发是最重要的油田开发方式，其水源主要是油田采出水，通过注入采出水补充地层能量，保持油层压力，提高采油速度和采收率。随着油田开发进入高含水期以及多种采油方式的应用，造成注采不平衡，部分油田采出水剩余，有的需要排放到环境中，这部分污水通常称为采油污水。

采油污水的特点是被原油所污染，在高温、高压的油层中还溶解了地层中的各种盐类和气体，从油层里带出的大量悬浮固体，采油、原油集输和脱水过程中加入的各类化学药剂，含有多种有机物。具体体现在以下几个方面：

(1) 含多种有机物：油田采出水中含有多种原油有机成分和各种化学药剂，B/C 通常小于 0.25。

(2) 水温高：水温一般为 40～60℃，对生物处理会产生影响。

(3) 矿化度高：部分油田采出水矿化度在 10000mg/L 以上，甚至可高达 14×10^4mg/L，对微生物的生长造成抑制。

采气污水中主要包括地层凝析水、地层水以及净化污水，各天然气田水质也有不同，其普遍特点是：

(1) 水质盐度较高：地层水盐度较高，一般氯离子含量为 1 万 mg/L 至十几万 mg/L，对气田生产设备等腐蚀较为严重，尤其天然气中含有硫化氢、二氧化碳等酸性气田时腐蚀尤为严重。

(2) 水温较高：由于地层温度较高，采气污水流出地面以后水温一般在 40～60℃。

(3) 具有腐蚀性：气田水中溶解有硫化氢、二氧化碳等物质，对设备和仪器有一定的腐蚀性。

目前，对高含盐的采气污水治理难度很大、费用很高。天然气气田采气污水的处理的主要出路是回注。

(四) 油气集输和储运

原油集输处理过程中产生含油污水，主要包括原油脱水脱出的大量含油污水；油气分离器、分离罐排出的含油、含砂污水；原油稳定流程中的油气水三相分离器、真空罐、冷凝液储罐排出的含油污水；联合站、污水站、油水泵区、油罐区、装卸油站台的管线、设备、地面冲洗所排出的含油、溶剂等杂质的污水。其中原油脱出的污水量最大。

天然气集输过程中污水，主要为天然气净化站分离器和聚结分离器分离的采气污水。

第二节 石油炼制过程污水

一、概述

石油炼制主要是将原油通过一次加工、二次加工生产各种石油产品。原油一次加工，主要采用物理方法将原油切割为沸点范围不同、密度大小不同的多种石油馏分。原油二次加工，主要用化学方法或化学-物理方法，将原油馏分进一步加工转化，以提高某种产品收率，增加产品品种，提高产品质量。石油炼制主要生产装置有：常减压蒸馏、催化裂化、加氢裂化、延迟焦化、催化重整、芳烃分离、加氢精制、烷基化、气体分馏、沥青、制氢、脱硫、制硫等，部分炼厂还有溶剂脱沥青、溶剂脱蜡、石蜡成型、溶剂精制、白土精制和润滑油加氢等装置。主要生产汽油、喷气燃料、煤油、柴油、燃料油、润滑油、石油蜡、石油沥青、石油焦和各种石油化工原料。典型炼厂的物料流程图见图2-1。

(一) 石油炼制生产污水产生的主要因素

石油炼制过程是根据原油特性和市场需要，将原油经过物理分离或化学反应，生产众多产品的工艺过程。石油炼制过程污水产生的主要因素如下。

1. 生产原料

原油的组成，尤其是原油的硫含量是影响石油炼制"三废"产生的主要因素之一。国产原油的硫含量一般在0.1%~1%。近年来由于原油加工量急剧增加，进口原油数量、种类有较大的变化，其中高含硫原油、高含氮、高酸值原油、高黏度原油比例很大，影响了最终排水中的污染物。

2. 工艺流程及设备

不同的加工流程不仅可以改变石油产品的品质，而且也会影响到石油炼制过程排放污染物的种类和数量。加工流程取决于社会、经济和技术等综合条件，原油中石油烃和氧、氮及一些金属的碳氢化合物的构成也会影响原油加工流程的选择。

3. 生产规模

石油炼制过程所排放污水与其加工原油规模的大小直接相关。加工能力大的炼油厂其污染物排放总量也大，但是从"加工每吨原油"指标考察，大型炼油企业由于工艺先进、流程集约化、能量和物料利用清洁化、装置配套合理等原因，其吨产品指标比加工能力小的炼油厂具有明显优势。例如加工吨原油污水排放量，大型炼油厂约为中小型炼油厂的50%甚至更低。

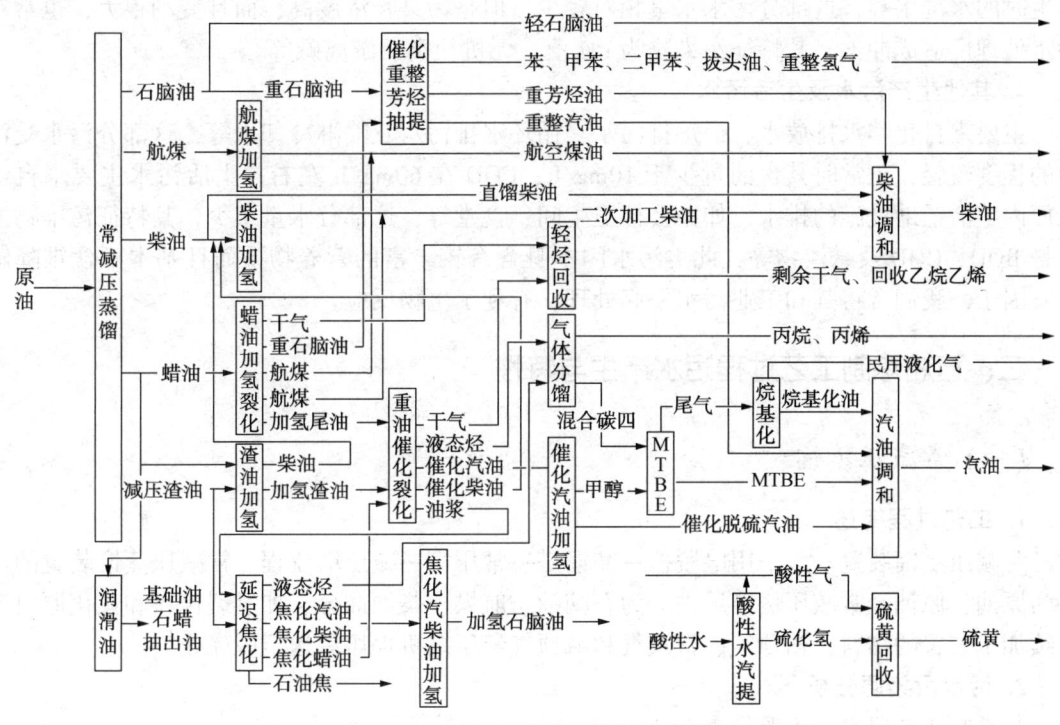

图 2-1 炼油生产典型物料流向图

4. 生产管理

生产管理模式影响炼油厂的环境保护的水平。粗放型的管理直接导致物料的流失、外排污染物的增加。例如装置的跑、冒、滴、漏等直接造成水污染；用新鲜水冲洗地面及设备等非规范操作，雨污分流标准低及操作管理不到位，直接造成污水量增加等。

（二）污水污染源分析

炼油厂的污水按其可处理性能和可回用性能，通常分为含油污水、含硫污水、含盐污水、生活污水及其他污水等四大类。

1. 含油污水

含油污水主要来自厂区内生产装置、储运系统、公用工程系统排出的一定量的含油污水。主要包括油水分离器排水、油品水洗水、机泵轴封冷却水、地面冲洗水、油罐切水及清洗水。还有装置检修时设备的排空、吹扫、清洗时的排水。

污水中的特征污染物有石油类、硫化物、酚类化合物。与油品相接触的含油污水，如油水分离器排水、机泵轴封冷却水、油罐切水等，其主要污染物的浓度较高，如石油类为 500~1000mg/L、COD 在 1000mg/L 左右；另外一部分含油污水，如地面冲洗水、含油雨水，其主要污染物的浓度较低，如石油类约为 100~200mg/L、COD 约在 500mg/L 以下。

2. 含硫污水

主要来自加工装置的轻质油油水分离罐、富气水洗罐、液态烃水洗罐等。其特征污染物主要是硫化物、氨氮(有机胺)、氰化物、酚类化合物等，浓度较高，废水带有生物毒性，此类废水如不加以监测控制，会对污水处理厂产生冲击。

3. 含盐污水

电脱盐排水、部分炼油厂碱渣综合利用时的中和水、来自油品碱洗后的水洗水、催化剂再生时的水洗水等,这部分污水水量相对较少,但是污染物浓度高,而且变动很大,也常对污水处理厂造成冲击,其特征污染物为pH值、无机盐类、游离碱等。

4. 其他生产污水及生活污水

主要来自化学水排放水、锅炉排污水、循环水排污水及喷淋冷却水等,这部分污水受污染的程度较轻,正常时其含油量少于10mg/L,COD在60mg/L左右;生活污水主要来自炼油厂内生活辅助设施的排水,如办公楼卫生间、食堂等,这部分水量很少,其特征污染物主要是BOD、COD及悬浮物等,此类污水因本身含有较丰富的营养物质而且基本不含难降解污染因子,我们常将其和工业污水一起处理,有利于生物反应。

二、石油炼制工艺过程污水产生与特性

(一)常减压蒸馏

1. 工艺过程简述

常减压蒸馏装置一般采用电脱盐—初馏塔—常压塔—减压塔流程。常减压蒸馏装置的进料为原油,原油经常减压蒸馏后被分为石脑油、航煤、柴油馏分、加氢裂化料和焦化原料等后续加工装置的物料,初顶气、常顶气和减顶气经压缩机提压后送至脱硫处理。

2. 污水污染源分析

某常减压装置水污染源见表2-2。

表2-2 某常减压蒸馏装置水污染源及数据

污染源名称	水量/(t/h)	pH	石油类/(mg/L)	COD/(mg/L)	氨氮/(mg/L)	硫化物/(mg/L)	挥发酚/(mg/L)
电脱盐污水	45	8.7	100	1088	182	24	42
含油污水	5	7.5	101	480	5.7	3.4	4.8
含硫污水	12	8	88	885	280	235	84

电脱盐排水:电脱盐过程所排的污水,来自原油进装置时的自身携带水和溶解原油中的无机盐所注入的水。此外,加入破乳剂使原油在电场的作用下将其中的油和含盐污水分离。由于这部分水与油品直接接触,溶入的污染物较多,特别是电脱盐罐油水分离效率不高时,这部分排水中石油类和COD均较高。排水量与注水量有关,一般注入量为原油的5%~8%。

塔顶油水分离器排水:常减压蒸馏装置其初馏塔顶、常压塔顶、减压塔顶产物经冷凝后均分别进入各自的油水分离器,进行油水分离并排水。这部分水是由原油加工过程中的加热炉注水,常压塔和减压塔底注汽及产品汽提塔所用蒸汽冷凝水、大气抽空器冷凝水、塔顶注水、注缓蚀剂所含水分等组成。由于这部分水也是与油品直接接触,所以溶入污染物质较多,排水中硫化物、氨、COD均较高。

机泵冷却水:机泵冷却水由两部分构成,一部分是冷却泵体用水,全部使用循环水冷却后进循环水回水管网循环使用。另一部分是泵端面密封冷却用水,随用随排入含油污水系统。

(二)催化裂化

1. 工艺过程简述

催化裂化装置是炼油厂最重要的二次加工装置,一般由反应-再生系统、分馏系统、稳

定系统、脱硫系统、三机及热工系统六部分组成。主要原料为常压蒸馏装置的常压渣油或减压蜡油，主要产品为催化汽油、轻柴油、液化石油气、催化油浆、干气、焦炭等。

原料经雾化进入提升管反应器，与高温催化剂接触并迅速升温、汽化、反应，生成汽油、轻柴油、液化气、干气、油浆等产物。反应油气与待生催化剂在提升管出口处快速分离，进入沉降器和分馏塔，经分馏得到液化气、粗汽油、轻柴油等产品；待生剂进入沉降器下部的汽提段，置换催化剂携带的油气后，进入烧焦罐进行烧焦。

2. 污水污染源分析

某催化裂化装置污水污染源见表2-3。

表2-3 某催化裂化装置水污染源数据

污染物名称	水量/(t/h)	pH	石油类/(mg/L)	硫化物/(mg/L)	挥发酚/(mg/L)	COD/(mg/L)	氨氮/(mg/L)
含硫污水	13	9.5	160	2860	198	7630	2030
含油污水	2	9.0	8.6	0.8	0.7	102	1.2

含硫污水：主要包括粗汽油罐排水、凝缩油罐排水等，这部分水与油气充分接触，吸收了反应中产生的硫化氢、氨、酚等物质，其污染物含量主要与加工原料种类有关。由于污染负荷大，不能直接送污水场处理，必须送含硫污水汽提装置进行脱硫、脱氨处理。

含油污水：包括机泵冷却水等，除泵密封漏油外，机泵检修也会排出一些油进入下水。如原料泵、油浆泵、回流泵端面冷却水中带油较多。

(三) 催化重整

1. 工艺过程简述

催化重整加工的原料一般是来自常压蒸馏装置生产的直馏石脑油、烃重组装置生产的烃重组石脑油、柴油加氢装置生产的加氢石脑油等，主要产品为高辛烷值汽油调合组分、苯、甲苯、芳烃原料等，同时副产 H_2、液化气等。催化重整将石脑油中的环烷烃、烷烃脱氢，异构化生成芳烃。主要采用固定床半再生、连续再生重整两种工艺。

2. 污水污染源分析

某连续重整装置污水污染源见表2-4。

表2-4 某连续重整装置水污染源数据

污染物名称	水量/(t/h)	pH	石油类/(mg/L)	硫化物/(mg/L)	挥发酚/(mg/L)	COD/(mg/L)	氨氮/(mg/L)
含硫污水	4	6~9.5	80	1700	0.5	1800	1600
含油污水	6	6~8.0	60	0.8	0.15	38	2
含碱污水	4	8~9.0	—			500	

含硫污水：原料中的硫、氮等杂质经预加氢后，生成易堵塞设备的铵盐，为防止铵盐结晶堵塞设备造成系统压降增大影响生产，在预加氢进出换热器前增加了注水点。注入的水在油气分离器进行分离，水中含有氯化物、硫化物等污染物。

含碱污水：重整催化剂再生中产生含氯酸性气体，在气体中注入水及10%的NaOH溶液，使之与酸性气发生中和反应，保证再生气循环使用而不致对再生器产生腐蚀。

（四）延迟焦化

1. 工艺过程简述

延迟焦化装置的生产原料主要是常减压装置产出的减压渣油，产品主要是脱硫干气、脱硫和脱硫醇液化气、汽油、柴油、蜡油、焦炭及少量甩油。

延迟焦化是使重质油品通过加热裂解，聚合变成轻质油，中间馏分油和焦炭的加工过程，包括原料换热、加热炉、焦炭塔、分馏塔及换热、冷切焦水处理、焦炭塔吹汽放空、高压水泵及水力除焦等。

2. 污水污染源分析

某延迟焦化装置污水污染源见表2-5。

表2-5 某延迟焦化装置水污染源数据表

污染物名称	水量/(t/h)	石油类/(mg/L)	硫化物/(mg/L)	挥发酚/(mg/L)	COD/(mg/L)	氨氮/(mg/L)
含油污水	0.3	22	1.3	0.36	119	1.4
含硫污水	8.7	677	576	88	4410	387
其他污水	0.5	1.	0.3	0.1	47	0.3

（五）加氢裂化

1. 工艺过程简述

加氢裂化装置根据原料与目的产品的不同，分为高压一段（包括一段串联）一次通过流程、高压一段串联全循环流程、高压两段全循环流程及中压一次通过流程四种类型。装置进料主要包括常减压装置产出的直馏轻蜡油、直馏重蜡油和减压渣油，主要产品为干气、液化气、轻石脑油、重石脑油、柴油及加氢尾油。

高压加氢裂化装置主要由反应器、分馏塔、酸性气处理系统和酸性水处理系统等组成。原料油升温后进入加氢反应器，蜡油中含硫、含氮化合物与氢反应生成H_2S和NH_3，然后进入裂化反应器，在催化剂存在的条件下，烃分子裂解反应，经分馏得到燃料气、石脑油、柴油等产品。

2. 污水污染源分析

加氢裂化装置污水污染源包括：含硫污水、含油污水、含碱污水。污水分析数据见表2-6。

表2-6 污水加氢裂化水污染分析数据

污染物名称	pH	COD/(mg/L)	挥发酚/(mg/L)	硫化物/(mg/L)	氨氮/(mg/L)	石油类/(mg/L)
含硫污水	6.5	25000	157	19600	8870	150
含油污水	3.5	142	0.3	1.0	1.5	15

含硫污水：加氢裂化反应过程中产生硫化氢和氨，为了防止硫氢化铵在冷却过程中结晶而堵塞工艺管线及设备，需在特定部位注入软化水冲洗溶解易结晶物，因而产生高含硫含氨污水从高压、低压分离器排出，随油品夹带进入分馏塔的少量水经分馏塔顶冷凝后从回流罐排出。含硫污水是加氢裂化装置一大污染源，含硫污水送含硫污水汽提装置处理。

含油污水：含油污水来自装置内的工艺管线导凝排液、原料罐切水少量机泵冷却水、减压抽真空蒸汽冷凝水、机泵设备维修放空冲洗、采样口排放水等。

含碱污水：催化剂再生产生含碱污水。当装置反应器内催化剂活性下降到一定限度，需要再生催化剂以恢复活性时，根据再生催化剂工艺技术要求，需注入氢氧化钠溶液吸收再生烟气中硫化物。

（六）制氢

1. 工艺过程简述

制氢装置是加氢精制、加氢裂化等用氢装置的重要配套生产装置，有轻油制氢、干气制氢、轻油与干气混合制氢三种工艺。干气制氢主要包括原料预处理、水蒸气转化、CO中温变换、变压吸附提纯（PSA）等单元，原料为炼厂加氢处理干气、加氢裂化低分气、加氢裂化干气、加氢精制干气、焦化干气或天然气等，产品是高纯氢气。轻油制氢主要包括原料脱硫预处理、蒸汽转化、中低温变换、苯菲尔脱碳、甲烷化等单元，原料为炼厂脱硫轻油，产品是高纯氢气。

2. 污水污染源分析

制氢装置污水污染源见表2-7。

表2-7 制氢装置水污染源数据

污染物名称	水量/(t/h)	pH	石油类/(mg/L)	硫化物/(mg/L)	挥发酚/(mg/L)	COD/(mg/L)	氨氮/(mg/L)
分液罐分离水	16	6.5	0.13	0.03	0.05	31	3.82
废热锅炉排水	4	6.9	0.20	0.05	0.05	16	0.41
机泵冷却水	3	6.8	2.75	0.03	0.05	25	1.37

（七）润滑油酚精制

1. 工艺过程简述

润滑油酚精制装置因使用溶剂的不同，采用的工艺有糠醛精制工艺、酚精制工艺和NMP精制工艺三种。润滑油酚精制包括萃取系统、精制液回收系统、抽出液回收系统三部分。在萃取系统，利用酚对理想组分和非理想组分溶解能力对润滑油馏分进行分离，改善油品的黏温性能和抗氧化安定性，降低油品残炭、酸值和色度。

2. 污水污染源分析

润滑油酚精制装置污水污染源见表2-8。

表2-8 润滑油酚精制装置水污染源数据

污染物名称	水量/(t/h)	pH	石油类/(mg/L)	硫化物/(mg/L)	COD/(mg/L)	挥发酚/(mg/L)
吸收塔顶排水	20	7~8	4.55	0.020	139	0.103
机泵冷却排水	5	7~8	4.26	0.019	53	0.063

吸收塔顶排水：吸收塔进料是原料油及酚水共沸物气体，塔顶蒸汽经过水混合冷凝、冷却排入装置含油污水系统，这股污水是该装置水量最大的，需加强对该污水的监督，做好吸收塔的平稳操作。

机泵冷却水：在生产中装置的机泵排出少量污水进入下水系统。

（八）分子筛脱蜡

1. 工艺过程简述

分子筛脱蜡装置分气相固定床和液相模拟移动床两种。气相固定床分子筛脱蜡装置包括原料预加氢、溶剂脱附、分子筛再生三个部分。它是利用分子筛的选择吸附性将直馏煤油或粗柴油中的正构烷烃与非正构烷烃分离，被吸附在分子筛上的正构烷烃经溶剂脱附和必要的精制，得到产品液蜡。

2. 污水污染源分析

分子筛脱蜡装置废污染源见表2-9。

表2-9 分子筛脱蜡装置水污染数据

污染物名称	水量/(t/h)	pH	石油类/(mg/L)	COD/(mg/L)	硫化物/(mg/L)	挥发酚/(mg/L)	氨氮/(mg/L)
含硫污水	1.5	8.45	26.6	3273	816	105.9	18.28
机泵冷却水	35.0	7.77	10.0	47	0.006	0.164	10.41
燃料油罐切水	0.3	6.03	633.3	1726	14.74	2.5	18.28
原料罐切水	0.5	6.9	3880	3273	13.38	1.383	23.72

含硫污水：主要来自装置原料预加氢系统注水。这部分水量不大，且间断排放，但硫化物、COD含量均比较高，应密闭送至综合利用装置。

油罐切水：主要来自罐区原料罐切水、燃料油罐切水。水量取决于罐中物料带水多少，切水方式一般为人工控制。

机泵冷却水：大部分机泵采用循环水冷却后返回循环水系统。少量机泵冷却水间断排入含油污水。

（九）润滑油糠醛精制

1. 工艺过程简述

润滑油糠醛精制装置由抽提系统、精制液回收系统、废液回收系统、水溶液回收系统、真空脱水系统、燃料系统和蒸汽发生系统七部分组成。在抽提系统，利用糠醛对理想组分与非理想组分溶解度的不同，进行润滑油分离，改善油品的黏温性能和抗氧化稳定性，降低油品的残炭、酸值和色度。

2. 污水污染源分析

润滑油糠醛精制装置污水污染源数据见表2-10。

表2-10 润滑油糠醛精制装置水污染源数据

污染物名称	水量/(t/h)	pH	石油类/(mg/L)	硫化物/(mg/L)	COD/(mg/L)	挥发酚/(mg/L)
脱水塔	1.2	6.7	28	5.07	1995	0.1

脱水塔排水：脱水塔进料是水溶液分离罐内的糠醛水溶液，塔底通过重沸器加温并吹入水蒸气汽提，吹脱水中的糠醛。脱水塔底的水排到装置内含油污水系统。由于这股污水与糠醛溶剂直接接触溶入污染物质，其排水COD较高。

（十）酮苯脱蜡

1. 工艺过程简述

酮苯脱蜡装置根据选择溶剂的不同分为丁酮-甲苯型、甲乙酮-苯型、丙酮-苯型等类型。重油酮苯脱蜡的装置进料为糠醛精制油与白油料；轻油酮苯脱蜡装置的进料主要是常减压侧线润滑油馏分油、残渣脱沥青油和加氢改质四线（轻脱）油。酮苯脱蜡装置的主要产品为脱蜡油、脱油蜡、蜡下油等。

以某丁酮-甲苯型酮苯脱蜡为例，装置由结晶单元、过滤和真空密闭单元、溶剂回收和干燥单元、冷冻单元四部分组成。在结晶单元，利用溶剂对油和蜡溶解度的不同，使原料中的油、蜡分离，得到低凝点的润滑油；在过滤和真空密闭单元，使滤液和蜡液两相分离；在溶剂回收和干燥单元，采用多段蒸发工艺回收溶剂并回用。

2. 污水污染源分析

酮苯脱蜡装置污水污染源数据见表2-11。

表2-11　酮苯脱蜡装置水污染源数据

污染物名称	pH	石油类/(mg/L)	硫化物/(mg/L)	挥发酚/(mg/L)	COD/(mg/L)	NH_3-N/(mg/L)
轻油酮回收塔排水	6.05	88	3.69	0.10	1318	1.34
重油酮回收塔排水	4.86	70.4	5.61	0.10	835	5.80

酮苯脱蜡装置的溶剂回收部分，采用五塔三效蒸发工艺，经多次闪蒸后，溶剂含量降到很低，进入汽提塔后直接吹入水蒸气汽提，蒸汽和溶剂经冷凝形成水溶液，再进入酮回收塔汽提回收溶剂，该塔底部水排入含油污水系统。这部分水的水量由汽提蒸汽量确定，由于与溶剂直接接触，水质较差，COD浓度较高。

（十一）硫黄回收

1. 工艺过程简述

硫黄回收装置采用克劳斯工艺处理炼厂产生的酸性气回收制取硫黄。根据酸性气中H_2S含量的高低，制硫工艺分为部分燃烧法、分流法和直接氧化法三种方法。部分燃烧流程主要由制硫、尾气处理、尾气焚烧及液硫成型四部分组成。制硫部分采用常规克劳斯硫回收工艺；尾气采用加氢还原吸收及热焚烧工艺；液硫成型采用粒状成型工艺。装置生产原料是上游各装置和污水汽提装置来的酸性气，生产产品是固体粒状硫黄。

2. 污水污染源分析

硫黄回收装置污水污染源数据见表2-12。

表2-12　硫黄回收装置水污染源数据

污染物名称	水量/(t/h)	pH	石油类/(mg/L)	硫化物/(mg/L)	挥发酚/(mg/L)	COD/(mg/L)	NH_3-N/(mg/L)
酸性气凝结水	间断	9.0	194	58000	190	84000	38000
机泵冷却水	30~40	6.5	2.5	未检出	0.1	6	0.1

酸性气凝结水：脱硫装置因操作波动及酸性气的长距离输送，酸性气管线中往往会夹带液相组分，此股液相含有高浓度的硫化物，并有可能夹带醇胺溶剂及其他污染物。在酸性气

进燃烧炉之前必须在密闭的环境下脱除凝结水，并引入含硫污水汽提装置处理。

机泵冷却水：冷却水中主要污染物是油，它与鼓风机轴承的密封性能相关。

（十二）丙烷脱沥青

1. 工艺过程简述

丙烷脱沥青装置主要采用溶剂抽提-蒸汽汽提溶剂回收工艺。装置进料为常减压蒸馏装置来的减压渣油，主要产品是脱沥青油。装置主要由抽提部分和溶剂回收部分等组成。在抽提系统，利用丙烷对减压渣油中的润滑油组分和蜡的溶解度，对胶质和沥青质几乎不溶的特性，生成高黏度润滑油、裂化原料油和产品沥青；在回收系统，脱沥青油在临界条件下脱除其中的丙烷，得到产品脱沥青油。

2. 污水污染源分析

丙烷脱沥青装置污水污染源见表2-13。

表2-13 丙烷脱沥青装置水污染源数据

污染物名称	水量/(t/h)	pH	石油类/(mg/L)	硫化物/(mg/L)	挥发酚/(mg/L)	COD/(mg/L)	NH_3-N/(mg/L)
混合冷凝器排水	3	7.76	345.2	13.286	1.598	571	1.32
机泵冷凝水	1	7.30	23.6	0.020	0.056	59.8	1.09

混合冷凝器排水：萃取分离的轻、重脱沥青油经临界塔回收大部分丙烷，再经汽提塔汽提进一步分离丙烷。脱油沥青经沥青蒸发塔回收丙烷，再经汽提塔汽提进一步分离丙烷。

机泵冷却水：装置原料油泵、沥青油泵和抽出油泵轴封冷却水使用软化水，其他机泵轴封冷却水使用循环水，用水量不大，漏油较多时，水质情况较差，直接排入含油污水。

（十三）汽油氧化脱硫醇

1. 工艺过程简述

汽油氧化脱硫醇装置主要分为"液-液抽提氧化法"和"固定床法"两种工艺流程。它利用碱液吸收油品中的硫化物，在钴催化剂的作用下，将溶于碱液中的硫醇钠氧化为二硫化物并脱除，得到低硫醇的油品。

汽油液-液抽提氧化脱硫醇装置：汽油与循环碱液逆向接触，硫醇被碱液反应吸收；汽油中未被吸收的硫醇被氧化为二硫化物；硫醇被碱液吸收生成的硫醇钠盐被空气氧化呈二硫化物并分离，使碱液得到再生利用。

2. 污水污染源分析

汽油氧化脱硫醇装置的水污染源见表2-14。

表2-14 汽油液-液抽提氧化脱硫醇装置水污染源数据

污染物名称	水量/(kg/h)	pH	石油类/(mg/L)	硫化物/(mg/L)	挥发酚/(mg/L)	COD/(mg/L)	NH_3-N/(mg/L)
尾气分液罐排水	50	9.58	75	11.2	75	2115	170

尾气分液罐排水：汽油液-液抽提氧化脱硫醇工艺一般用40%左右的碱液来提供碱性环境。尾气中携带的水分主要来自催化剂碱液，以及工艺反应过程中产生的水。油品及碱液中的挥发酚、硫化物易被空气携带而成为尾气分液罐排水中的主要污染物。

（十四）氧化沥青

1. 工艺过程简述

以连续塔式氧化法氧化沥青装置为例，该装置由原料加热、氧化、成型及尾气焚烧四部分组成。沥青加热到260~280℃后进入氧化塔，与空气中的氧发生反应产生胶质和沥青，沥青冷却成型，尾气中的有害物质通过焚烧进行无害化处理。

2. 污水污染源分析

氧化沥青装置污水污染源见表2-15。

表2-15 氧化沥青装置污水污染源数据

污染物名称	水量/(t/h)	pH	石油类/(mg/L)	硫化物/(mg/L)	挥发酚/(mg/L)	COD/(mg/L)
污油罐排水	间断1~5	5.19	210	18.35	4.01	4294
机泵冷却水	5	8.21	37.3			

污油罐排水：氧化沥青的生产过程中，为了控制氧化釜的温度，在气相和液相中注入一定量的水，其汽化后随同氧化沥青尾气进入气液分离罐，凝释出的水含有一定的石油类、硫化物、挥发酚和较高的COD。

机泵冷却水：压缩机的冷却水直排入储存沥青的水池，进行自然冷却，供重复使用和氧化釜注水用。其污染物主要是含有一定量的油，不影响重复使用。

（十五）加氢精制

1. 工艺过程简述

加氢精制根据处理的原料可分为汽油加氢精制、柴油加氢精制和润滑油加氢精制。以柴油加氢为例，原料与氢气通过固定式床催化剂床层，经过化学反应将硫、氮、氧转化为烃类和易于除去的 H_2S、NH_3 和 H_2O，金属截留在催化剂床层中，同时烯烃和芳烃得到饱和。

2. 污水污染源分析

加氢精制装置污水污染源见表2-16。

表2-16 加氢精制装置排水污染源数据

污染物名称	水量/(t/h)	pH	COD/(mg/L)	挥发酚/(mg/L)	硫化物/(mg/L)	氨氮/(mg/L)	石油类/(mg/L)
高压分离器	4~6	9.0	20600	21.4	39300	7230	480
低压分离器		8.5	12000	34.0	11000	7400	45
汽提塔回流罐	1.5~3	7.5	7350	286	15600	1090	48.5

含硫污水：反应过程中生成硫化氢和氨，为了防止硫氢化氨在冷却过程中结晶而堵塞工艺管线及设备，需在特定部位注入软化水冲洗溶化易结晶物，因而产生含硫、含氨污水。送污水汽提装置处理后回用或外排。

含油污水：来自装置内的工艺管线导凝排液、原料罐切水、液面计排液、机泵冷却水、冲洗水、采样口滴液等集中流入隔油池，进行油水分离，并回收污油后进入污水处理场处理。

(十六) 含硫污水汽提

1. 工艺过程简述

含硫污水汽提装置采用水蒸气汽提法处理炼油厂二次加工装置产生的炼油污水。污水汽提包括单塔低压汽提、单塔加压汽提、双塔加压汽提和双塔高低压汽提等工艺流程。含硫污水汽提装置主要由脱油脱气、蒸汽汽提和气氨精制三部分组成。经汽提处理所得到的净化水可供工艺装置回用或进生化处理,分离出的副产物硫化氢气体可送克劳斯装置回收硫黄,气氨可通过深度脱硫后生产液氨或氨水。

2. 污水污染源分析

某含硫污水汽提装置污水污染源见表2-17。

表2-17 某污水汽提装置水污染源数据

污染物名称	水量/(t/h)	pH	石油类/(mg/L)	硫化物/(mg/L)	氨氮/(mg/L)	挥发酚/(mg/L)	COD/(mg/L)
脱硫净化水	100	8.0	16	12	47	342	2300
水封水	0.5~1	7.5	微量	4	15	0.3	30
机泵冷却水	0.5~1	7.0	3	7	13	0.1	16
蒸汽冷凝水	0.8~1.2	7.0	—	1	3	0.1	5

脱硫净化水:装置产生的含硫含氨污水,经双塔、单塔汽提后均可将 NH_3-N 脱除至 50~100mg/L,硫化物含量 10~50mg/L。可供工艺装置回用或进入污水处理场处理后达标排放。

水封水:装置内的原料水罐、氨水罐加水封罐,水封水可引入地下污水池,再返回装置处理。

机泵冷却水:主要是指机泵端面密封的冷却水和部分机泵冲洗水。这部分水中的主要污染物是石油类。

蒸汽凝结水:主要来自氨精馏塔底重沸器,排放的温度较高(80~100℃)。

(十七) S Zorb 催化裂化汽油吸附脱硫

1. 工艺过程简述

S Zorb 技术通过选择性吸附含硫化合物中的硫原子而达到脱硫目的,与加氢脱硫技术相比,具有脱硫率高(可将硫脱至 10 $\mu g/g$ 以下)、辛烷值损失小、氢耗低、操作费用低的优点。装置主要包括进料与脱硫反应、吸附剂再生、吸附剂循环和产品稳定4个部分。

2. 污水污染源分析

S Zorb 装置污水污染源见表2-18。

表2-18 S Zorb 装置水污染源数据

污染物名称	水量/(t/h)	pH	石油类/(mg/L)	硫化物/(mg/L)	COD/(mg/L)	氨氮/(mg/L)
含硫污水	1.0	9.0	300	20	5000	2000
含油污水	1.0	8	150		300	

含硫污水为原料缓冲罐排放,这部分污水去污水汽提装置进行处理。

含油污水主要来自气液分离罐、稳定塔回流罐,经含油污水系统排放至污水处理场统一进行处理。

第三节 石油化工过程污水

一、概述

(一) 石油化工流程概述

石油化工生产使用石油炼制后产生的轻质油品，或以天然气为原料，通过裂解制取乙烯、丙烯等有机化工原料，然后将这些基本有机化工原料经过特定的工艺进行加工，生产出合成树脂、合成橡胶、合成纤维以及其他精细化工产品。

煤化工是指以煤为原料，经化学加工使煤转化为气体、液体和固体燃料以及化学品的过程，主要包括煤制气、煤制油、煤制甲醇、煤制乙二醇、煤制烯烃等工艺过程。化肥生产主要是指以煤、天然气、渣油、石油焦等为原料，生产液氨、氨水、尿素等的工艺过程。

石油化工生产的典型物料流向见图 2-2。

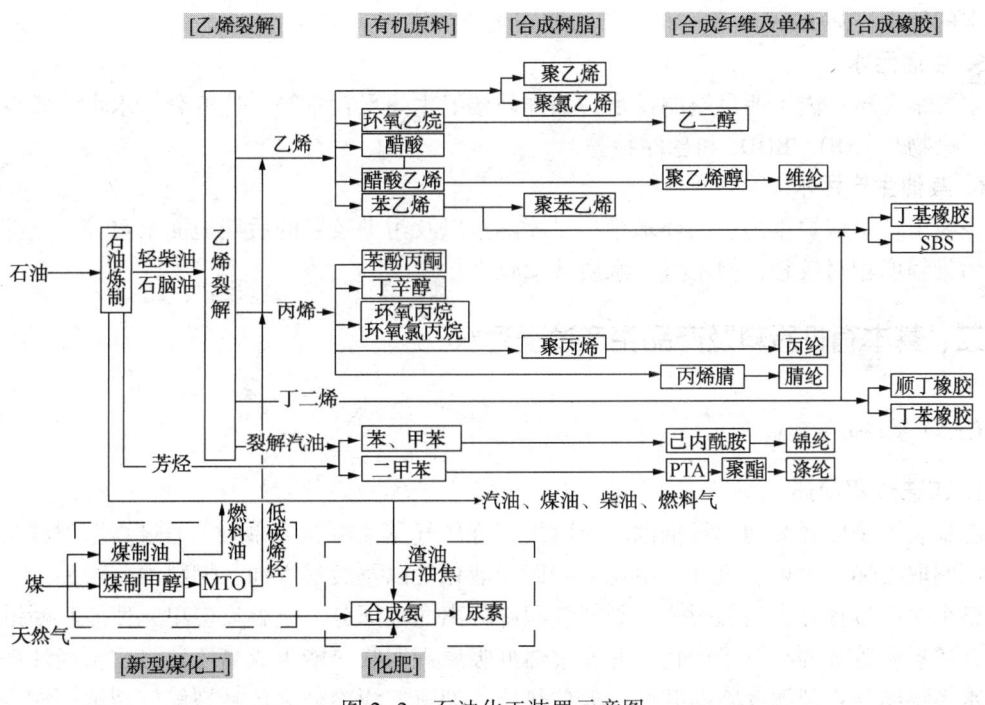

图 2-2 石油化工装置示意图

(二) 污水分类及其特征污染物

石油化工装置与炼油装置相比，工艺过程种类复杂、变化大，产品品种多，使用的生产原料也相对较多，故石化污水中的污染物组分比炼油污水复杂，除普遍含油外，还含有许多特征污染物，污水中的污染物具有多样性、复杂性，其中有的污染物还具有生化难降解性，因此必须特别重视污染性质划分及污水处理工艺的选择问题。按其主要污染成分，石化污水大致可分为以下几类。

1. 含油污水

主要来自厂区内生产装置、储运装置、公用工程系统的油罐切水、油罐设备清洗水、地面冲洗水、以及装置检修时的设备排空、吹扫、清洗时的排水等，水中的特征污染物主要为石油类以及硫化物、挥发酚、COD等，不同来源的含油污水的污染组分存在明显差异。例如，油水分离器排水、油罐切水的油含量较高，地面冲洗水、初期含油雨水等含油较低。含油污水一般经装置内隔油池预处理后送至污水处理厂。

2. 氨氮污水

主要来自于化肥生产过程中的氨氮污水，如煤化工造气污水、合成氨及尿素的工艺冷凝液等，催化剂生产过程中产生的高浓度氨氮污水，己内酰胺生产中产生的氨氮污水。

3. 酸碱污水

某些装置产生的工艺污水，其pH过高或过低，构成工艺酸碱污水。如醋酸、乙醛装置的酸性水等。这些酸碱污水一般在装置内经中和处理后送排往污水处理厂。

4. 高浓度有机污水

由于生产工艺及产品的特点，某些生产装置产生高浓度的有机污水，其浓度较高，组分复杂，COD浓度一般达几千 mg/L，部分高浓度有机污水还含有生物难降解物质，直接影响了污水的处理。如PTA生产污水、己内酰胺生产污水等。

5. 生活污水

主要来自于厂内生活设施的排水，如办公楼卫生间、食堂等。这部分污水水量较少，其特征污染物是COD、BOD_5和悬浮物等。

6. 其他生产污水

主要来自于锅炉排污、循环水排污、喷淋水以及污染较轻的后期地面雨水等。这部分污水的污染程度相对较轻，但水量、水质波动较大。

二、基本有机原料及产品生产过程污水

（一）乙烯

1. 工艺过程简述

乙烯装置是以轻柴油、石脑油、天然气、炼厂气及油田气等原料，通过高温裂解与深冷分离而制取乙烯、丙烯、氢气、甲烷、碳四、液化气以及裂解汽油、燃料油等产品。

整个生产过程分为高温裂解和裂解气深冷分离两大部分。裂解反应单元使原料断链，生成富含烯烃和芳烃的小分子产物，并通过热虹吸原理回收热能生成高压蒸汽，再经油系统循环和水系统循环将裂解气降温并回收低位热能。裂解气深冷分离包括裂解气裂解压缩、酸性气体脱除、干燥、炔烃脱除和裂解气的分离精制。

2. 污水污染源分析

乙烯装置的污水污染源主要包括：含酚污水、含硫污水、废碱液、清焦污水。

含酚污水：含酚污水来自于工艺水系统，工艺水与物料一起在系统中循环，因此其中含有少量的有机成分。为了去除工艺中杂质，保证稀释蒸汽质量、减少对设备的腐蚀，需对工艺水先进行汽提，塔底排出含酚污水。含酚污水与处理后的含硫污水汇合进入污水处理厂。

含硫污水：含硫污水来自于裂解气碱洗水洗塔的水洗段，目的是脱除含硫钠盐。乙烯装置污水中的硫含量以及酸性气体脱除工艺的选择都取决于原料种类。产生的含硫污水进入废

碱塔下塔用二氧化碳中和，经汽提生成硫化氢进入火炬烧掉。

废碱液：废碱液来自于裂解气碱洗水洗塔碱洗段。碱洗的目的是脱除硫化氢等酸性气体，有利于裂解气的分离精制、防止设备腐蚀和防止反应器催化剂中毒。用碱洗脱除二氧化硫和硫化氢。产生的废碱液可送至废碱液预处理装置进行处理。

清焦污水：清焦污水排放量与裂解炉运行周期有关，主要是烧焦所用中压蒸汽凝液和水力清焦所用的消防水，此类污水经过滤除焦后排入污水管线。

（二）芳烃（苯、甲苯、二甲苯）

1. 工艺过程简述

芳烃装置是以裂解汽油和含芳烃成分的石油炼制产物为原料，经抽提等过程得到苯、甲苯、二甲苯等产品，主要生产工艺包括：N-甲酰基吗啉抽提工艺、环丁砜液-液抽提工艺。

N-甲酰基吗啉工艺：裂解汽油脱水后送脱戊烷塔，塔顶得到C_5；塔釜液脱砷后进入预分馏塔，塔顶馏分进行加氢得到的$C_6 \sim C_7$馏分送芳烃抽提、轻组分送燃料气系统。$C_6 \sim C_7$馏分经过切割塔、蒸馏塔，富集在溶剂相中的芳烃组分进入汽提后得到的芳烃组分进入苯塔进行精馏，侧线得到苯产品，塔釜液送白土塔脱除溶剂，得到甲苯。

环丁砜液-液抽提工艺：C_7馏分油、苯馏分油进入抽提塔，芳烃溶解于溶剂中形成富溶剂从塔底流出，不溶于的非芳烃从塔顶流出。非芳烃经水洗塔脱除环丁砜溶剂，送出装置。富溶剂进行抽提蒸馏后进入回收塔，回收的贫溶剂经溶剂再生除去胶质和聚合物后返回回收塔。回收塔顶馏出的混合芳烃送至芳烃分离单元，经白土塔精制后进入苯塔、甲苯塔，得到苯和甲苯产品。

2. 污水污染源分析

N-甲酰基吗啉工艺污水主要有：制苯隔油池出水，脱戊烷塔回流罐、预分馏塔回流罐、稳定塔回流罐、高低压闪蒸罐切水、蒸汽喷射器排水、进料缓冲罐排水。主要污染物为COD、石油类、苯等。

环丁砜液-液抽提工艺污水主要有：苯塔水包的脱水、机泵端面冷却水、溶剂再生塔高浓污水、废碱渣，主要污染物是COD、石油类。以某芳烃装置排水为例，污水量为25t/h，其中COD 126mg/L、石油类 5.6mg/L、氨氮 0.5mg/L。

（三）丁二烯

1. 工艺过程简述

丁二烯生产工艺包括：DMF萃取法、ACN萃取法和NMP法，并以DMF萃取法、ACN萃取法为主。

DMF萃取法：原料裂解C_4馏分，首先以DMF作溶剂脱除丁烷、丁烯；再脱除乙烯基乙炔。得到的粗丁二烯，再脱除DMA；再经精制得到丁二烯产品。DMF溶剂经脱除水、丁二烯二聚物等低沸物和焦油等高沸物后，循环使用。

ACN萃取法：原料裂解C_4馏分，以乙腈作萃取剂，在萃取精馏单元，分别除去丁烷、丁烯和乙基乙炔、乙烯基乙炔等组分，得到粗丁二烯；粗丁二烯经水洗后，再经过脱轻塔、脱重塔，脱除甲基乙炔、水和1,2-丁二烯、2-顺丁烯等杂质，得到1,3-丁二烯产品；萃取剂经去除二聚物及硝酸钠等杂质后循环使用。

2. 污水污染源分析

DMF萃取法产生的污水主要来自于溶剂精制塔回流罐污水,主要污染物为COD、石油类。以某DMF法丁二烯装置为例,污水量为2.45t/h,COD为55mg/L,石油类为2.2mg/L。ACN萃取法主要污水来自于溶剂回收塔塔釜污水,主要污染物为二聚物。以某ACN法丁二烯装置为例,污水量为8t/h,COD为92mg/L,石油类为0.7mg/L。

(四)醋酸

1. 工艺过程简述

醋酸生产以乙烯、氧气为原料。乙烯和氧气进入反应器生成乙醛。乙醛和氧气在醋酸锰氧化塔内发生气液相鼓泡反应,生成的氧化液再进入醋酸氧化塔,在过量氧气的作用下使乙醛进一步氧化,得到粗醋酸氧化液。经脱除高沸物,塔釜得到高浓度的冰醋酸;冰醋酸经过蒸发,得到浓度为99.8%以上冰醋酸。

2. 污水污染源分析

醋酸装置污水主要污染物是COD,浓度在300~4000mg/L左右,经中和处理后排入污水处理厂。以某醋酸装置排水为例,污水量为43t/h,COD为4544mg/L。

(五)醋酸乙烯

1. 工艺过程简述

醋酸乙烯的生产主要以醋酸、乙烯、乙炔为原料,其生产工艺有乙烯气相-拜耳法和天然气乙炔固定床气相合成法。

乙烯气相-拜耳法:乙烯、氧气和醋酸气体反应生成醋酸乙烯,反应产物进入气体分离塔。冷凝的醋酸、水和醋酸乙烯混合液送精馏工序,醋酸乙烯精制达到产品质量标准,副产品乙醛提纯到99%以上。

天然气乙炔气相法:乙炔经净化,除去饱和水、高级炔烃、二氧化碳后,进入合成反应器生成醋酸乙烯,反应气体经冷凝后得到液相粗醋酸乙烯。粗醋酸乙烯脱出溶解性气体后,经过精馏,得到产品醋酸乙烯和醋酸,醋酸送合成单元循环使用。

2. 污水污染源分析

乙烯气相-拜耳法的污水包括精馏塔釜液、清洗水、机泵污水,主要污染物是COD。以某乙烯气相-拜耳法醋酸乙烯装置排水为例,污水量为8.35t/h,COD为400mg/L。

天然气乙炔气相法的污水包括净化碱洗塔污水、排气回收碱洗塔污水、乙醛精馏塔污水、污水精馏塔污水、精馏机封水,主要污染物是COD。以某天然气乙炔气相法醋酸乙烯装置排水为例,污水量为15t/h,COD为1133mg/L。

(六)环氧乙烷/乙二醇

1. 工艺过程简述

氧气和乙烯混合后,通入装有含银催化剂的固定床反应器,进行氧化反应,生成环氧乙烷;然后经水洗除去弱有机酸和甲醛,经吸收塔后得到环氧乙烷溶液;环氧乙烷溶液进入解析塔脱除CO_2、乙烯、甲烷等不凝气,进入精制塔得到商品级环氧乙烷。精制的环氧乙烷溶液在水合反应器进行无催化加压水合,生成乙二醇溶液,经三效脱水和真空脱水提浓后,进入乙二醇精制系统得到乙二醇。

2. 污水污染源分析

环氧乙烷/乙二醇装置污水污染源主要有再生塔冷凝器凝液排水和醛脱除塔冷凝器凝液排水，主要污染物是COD，同时污水中含有的环氧乙烷对后续的生化处理有生物抑制性，在污水的分级控制中应充分考虑。以某环氧乙烷/乙二醇装置排水为例，污水量为39t/h，COD为513mg/L。

（七）环氧丙烷

1. 工艺过程简述

环氧丙烷主要以液态丙烯、氯气为原料，主要生产工艺为氯醇法。液态丙烯进入丙烯蒸发器，加热蒸发成气相，与气相氯气反应，反应液进行气液分离。气相经碱洗、压缩、气液分离。氯丙醇水溶液预热后进入皂化进料混合器，与石灰乳进行混合及预反应，然后在皂化塔内完成皂化反应生成环氧丙烷。

2. 污水污染源分析

环氧丙烷装置的主要污水污染源是皂化污水，具有高温、高盐、高pH、高悬浮物的特点，其COD浓度一般为700~1000mg/L。以某环氧丙烷装置排水为例，污水量为520t/h，pH为12.5，COD为875mg/L。

（八）丁辛醇

1. 工艺过程简述

丁辛醇生产主要采用低压羰基合成法工艺。重油在高温和高压下部分氧化产生粗合成气，经过脱硫、脱羰基铁（镍）后与经过脱硫和汽化的丙烯、催化剂溶液一起进入羰基合成反应器，生成混合丁醛。混合丁醛经过异构物塔分离，塔顶出异丁醛，塔釜出正丁醛。分离出的正丁醛一部分直接加氢、精馏得到产品正丁醇；另外一部分正丁醛经过缩合、加氢、精馏得到产品辛醇；分离出的异丁醛经过加氢、精馏得到产品丁醇。

2. 污水污染源分析

丁辛醇装置主要污水污染源是造气工段的含氰污水和合成工段的含碱污水。含氰污水的主要污染物为氰化物、氨氮；含碱污水的主要污染物为COD。含碱污水的COD浓度较高，一般可达50000mg/L左右，可通过酸化萃取或汽提及多效蒸发进行预处理以降低污水COD至500mg/L左右，再进入闪蒸罐汽脱氨，送污水处理场。

（九）苯酚/丙酮

1. 工艺过程简述

苯酚/丙酮装置主要采用异丙苯法生产工艺。在烃化反应器，苯和丙烯反应生成异丙苯；在反烃化反应器，苯和二异丙苯反应生成粗异丙苯；经沉降、水洗、中和后，再经多级精馏，得到高纯度的异丙苯。异丙苯经碱洗后送入氧化塔生成过氧化氢异丙苯，经过提浓后，在硫酸的作用下分解成苯酚、丙酮。中和后的分解液经粗丙酮塔、精丙酮塔分离得到丙酮产品，经粗苯酚塔、脱烃塔、精苯酚塔分离得到苯酚产品。

2. 污水污染源分析

苯酚/丙酮装置污水主要有氧化工段含酚污水和精馏工段含酚污水，其主要污染物为苯、苯酚、丙酮和COD，具有COD高、盐度高的特点。以某苯酚/丙酮装置排水为例，污水量为7.10t/h，COD为9480mg/L，石油类为68mg/L，挥发酚为38mg/L。

（十）苯乙烯

1. 工艺过程简述

苯乙烯生产通常采用乙苯脱氢的方法。乙烯和苯加热到390℃后在烃化反应器中反应生产乙苯、多乙苯和其他的组分，反应流出物在精馏塔分离乙苯及多乙苯。乙苯经预热后与高温蒸汽混合，在脱氢反应器内发生脱氢反应，主要产物为苯乙烯，经冷却冷凝后在脱氢液/水分离罐中分离，水相经汽提处理后回收利用，油相送往苯乙烯精馏塔，得到产品苯乙烯。

2. 污水污染源分析

苯乙烯装置污水主要污染源是脱氢单元脱氢凝液，含有硫化物、氰化物、挥发酚和氨氮等，COD浓度约80~300mg/L，采用汽提塔回收有机物后，送入污水处理场。

三、合成树脂

合成树脂是三大合成材料之一，主要品种有聚乙烯、聚丙烯、聚苯乙烯、聚氯乙烯等，此外还有部分环氧树脂、聚醚树脂、聚氨酯树脂、不饱和树脂等。在合成树脂中，聚乙烯和聚丙烯是占主导地位的两大品种。

（一）聚乙烯

1. 工艺过程简述

聚乙烯装置按产品分为三类：低密度聚乙烯(LDPE)、高密度聚乙烯(HDPE)、线性低密度聚乙烯(LLDPE)。

低密度聚乙烯(LDPE)生产工艺：以管式法工艺为例，乙烯气体在管式反应器中，以有机过氧化物为引发剂，在高温高压下进行聚合。产物经过急冷进入高、低压分离器，分离得到的乙烯循环使用，聚乙烯与液体添加剂进入切粒空送单元的挤压机，经挤出被切成颗粒，再经净化后包装为成品。

高密度聚乙烯(HDPE)生产工艺：高密度聚乙烯生产以淤浆法为主。以高纯度乙烯作为主要原料，丙烯或1-丁烯作为共聚单体，正己烷作为溶剂，在高效催化剂作用下，进行低压淤浆聚合，聚合淤浆进行分离干燥成聚乙烯粉末。经混合、混炼造粒、固化，得到颗粒状的高密度聚乙烯产品。

线性低密度聚乙烯(LLDPE)生产工艺：生产主要采用气相流化床工艺。聚合原料经过精制后与三乙基铝进入反应器，在钛系催化剂作用下，反应生成聚乙烯。经脱除粉料中的烃类物质，进入造粒系统造粒成形，包装后得到聚乙烯产品。

2. 污水污染源分析

聚乙烯装置排放的污水主要是造粒颗粒水池(水箱)污水；此外还有切粒水槽溢流污水、压缩机冷却水、低聚物冷却水等间歇排出的少量含油污水。污水中的主要污染物为COD和石油类。以某高压聚乙烯装置排水为例，污水量为4.3t/h，COD为93.9mg/L，石油类为2.2mg/L；以某高密度聚乙烯装置排水为例，污水量为4.5t/h，COD为101mg/L，石油类为3.0mg/L。

（二）聚丙烯

1. 工艺过程简述

聚丙烯的生产方法包括：液相本体环管法工艺、气相聚合法工艺、HYPOL（液相本体+气相流化床）工艺。

液相本体环管法（Spheripol）工艺：在催化剂的作用下，以氢气作为调节剂，丙烯发生聚合反应生成聚合物。脱除并回收未反应的丙烯单体，并迅速降低催化剂活性，停止聚合反应。经氮气干燥，脱除水分后，送往挤出造粒单元，经造粒及干燥处理、均化后送往产品包装。

气相聚合法工艺：以丙烯为主要原料，以氢气为分子量调节剂。在催化剂体系的作用下，经气相反应聚合生成聚丙烯粉料。将脱活及干燥后的聚丙烯粉料送入造粒单元，加入稳定剂和添加剂，经混炼机加工成合格形状粒料，经过脱水、干燥及筛分处理后将粒料送至粒料仓。

2. 污水污染源分析

聚丙烯装置排放的污水主要是聚丙烯装置洗涤塔、洗蒸干燥、造粒、机泵等部位排出的少量含油污水。以某聚丙烯装置的排水为例，排水量为23.6t/h，COD为74.1mg/L，石油类为4.1mg/L。对于该部分污水，有些聚丙烯装置设有隔油池进行简单隔油预处理，大部分均直接排往污水处理场，处理达标后排放。

（三）聚苯乙烯

1. 工艺过程简述

聚苯乙烯装置主要的生产工艺为本体聚合法。苯乙烯经切碎后送入浆液罐，再进入溶胶罐进行溶解，与矿物油及乙苯混合，经过滤和预热后进入反应器，苯乙烯单体被转化成聚合物。脱除挥发物的聚合物进行造粒，经干燥、切粒、处理后的合格粒至料仓。

2. 污水污染源分析

聚苯乙烯装置工艺污水主要来源于造粒排水，主要污染物为苯乙烯、乙苯等，污水的COD浓度较低。

（四）聚氯乙烯

1. 工艺过程简述

聚氯乙烯装置主要的生产工艺为悬浮聚合法。聚合釜内注入软水、引发剂、分散剂，按比例加入回收单体和新鲜单体，通过加热升温实现聚合反应。反应后的浆料排入浆料槽，输送至汽提塔，使未反应的单体与聚氯乙烯浆料分离，单体送至回收工序。汽提塔来的浆料经干燥、筛分，成品聚氯乙烯送至料仓进行包装。

2. 污水污染源分析

聚氯乙烯装置的污水污染源主要是聚合污水和干燥污水。以某聚氯乙烯装置排水为例，污水量为45t/h，COD为342mg/L。

四、合成纤维

合成纤维是使用化学合成方法制得的纺织用纤维材料。包括合成纤维原料、合成纤维聚合物、合成纤维以及合成纤维加工产品。

合成纤维原料有精对苯二甲酸、丙烯腈、己内酰胺、乙二醇等。合成纤维聚合物主要品种有聚酯、聚乙烯醇、聚己内酰胺等。合成纤维主要包括涤纶、锦纶、腈纶、维纶和丙纶等。

（一）精对苯二甲酸（PTA）

1. 工艺过程简述

PTA生产主要采用二甲苯氧化法。以醋酸、对二甲苯、钴锰催化剂和氢溴酸助剂配制的溶液和空气进入氧化反应器进行氧化反应，生成的浆料经减压、降温、过滤，粗对苯二甲酸干燥后送精制单元，母液通过蒸馏、汽提、精馏回收醋酸。将粗对苯二甲酸配制成浆料，经升温至完全溶解后，在钯碳催化剂的作用下除去其中的杂质，在精制结晶器减压得到粗对苯二甲酸结晶，离心分离后，打浆、过滤，滤饼经干燥后送产品料仓。母液经冷却进入母固回收系统，回收的固体与醋酸再打浆后循环使用，滤液部分进行回收利用，部分送污水处理场。

2. 污水污染源分析

PTA装置的生产污水主要包括氧化过程产生的反应生成水和加氢精制单元的母固回收系统的分离水。氧化过程产生的反应生成水来自氧化溶剂脱水塔塔顶回流罐，主要含有对二甲苯、醋酸和醋酸甲酯等污染物。加氢精制单元的母固回收系统的分离水，主要污染物为对苯二甲酸和对甲基苯甲酸等。污水经过沉降、中和预处理后，排入污水处理场。某装置污水排放情况见表2-19。

表2-19　某PTA装置污水排放情况

排水位置	水量/（m³/h）	主要污染物及其浓度
溶剂脱水塔	10~15	COD：5000~31500mg/L；对二甲苯：0.2%~0.4%，醋酸：0.1%~0.8%
PTA母液	80~90	对苯二甲酸：0.05%~0.15%；对甲基苯甲酸：0.15%~0.25%；COD：4000~6000mg/L
精制塔	60~80	COD：3000~7000mg/L；醋酸：0.15%~0.25%，乙醛：0.05%~0.15%
其他污水	10~40	COD：3000~12000mg/L

（二）己内酰胺

1. 工艺过程简述

己内酰胺生产采用苯法和甲苯法。

甲苯法：原料甲苯与催化剂醋酸钴、空气一同送入氧化反应器，反应得到的苯甲酸，加氢后生成六氢苯甲酸。六氢苯甲酸和亚硝基硫酸进行酰胺化反应，并进一步水解，生成粗己内酰胺水溶液。经萃取脱除酰胺油中的杂质，再经蒸馏、高锰酸钾处理、NaOH处理和精馏精制，得到纤维级己内酰胺产品。

苯法：以液体苯和氢气经气相加氢和液相加氢制取环己烷。环己烷被氧化成环己基过氧化氢，在碱性条件下分解成环己酮、环己醇，再经脱除有机酸、有机酯和醛，环己醇经脱氢转化为环己酮和氢气。精制的环己酮、氨和双氧水，用钛硅分子筛催化反应制备环己酮肟。环己酮肟在发烟硫酸作用下进行贝克曼重排反应生成己内酰胺，然后经提纯、精制，得到己内酰胺产品。

2. 污水污染源分析

甲苯法己内酰胺装置的污水主要来自甲苯氧化单元苯甲酸蒸馏塔出来的含甲苯和醋酸的污水，COD 平均浓度较高，并含有一定浓度的氨氮。以某甲苯法己内酰胺装置排水为例，排水量为 100t/h，COD 为 7000mg/L，氨氮为 600mg/L。

苯法己内酰胺装置的污水主要来自氨肟化单元的污水汽提塔排水，主要污染物浓度为 COD、氨氮。以某苯法己内酰胺装置排水为例，排水量为 200~230t/h，COD 为 2200mg/L，氨氮为 330mg/L。

（三）丙烯腈

1. 工艺过程简述

丙烯腈的主要生产工艺为丙烯氨氧化法，包括反应和精制两个单元。原料丙烯、氨和空气在催化剂的作用下，进行氧化反应，生成丙烯腈。反应气体经冷却后进入吸收塔，得到含丙烯腈大约 4%~6% 水溶液。经复合萃取塔分离，得到含丙烯腈 80% 的水溶液和含乙腈 70% 的水溶液，乙腈由侧线抽出送至乙腈装置加工生成成品乙腈。将粗丙烯腈中的氰氢酸、水及其他微量轻重组分除去，得到合格的丙烯腈产品。

2. 污水污染源分析

丙烯腈装置的生产污水有：反应单元急冷塔下段污水、粗乙腈精馏后的分离水、硫氨装置污水。污水的主要污染物为 CN^- 和氨氮，污水送污水焚烧炉焚烧处理。反应单元的丙烯腈、乙腈分离萃取塔塔釜液，送至四效蒸发装置处理后，再送至污水场进一步处理。表 2-20 列出了某丙烯腈装置污水排放情况。

表 2-20 某丙烯腈装置污水排放情况

污水名称	水量/(m³/h)	主要污染物及其浓度
回收塔釜液	21~25	COD：20000~25000mg/L 总氰：0~1000mg/L
急冷塔下段污水	8~12	AN：0.1%~0.3%

（四）聚酯

1. 工艺过程简述

聚酯的主要生产工艺为直接酯化法。PTA、EG 两股物料同时加入浆料罐中，配制成一定摩尔比浆料，送进酯化反应釜进行酯化反应。酯化物依次进入第一、第二预缩聚反应釜，在一定真空度和温度下进行预缩聚。预聚物送终聚釜进一步缩聚，达到一定的黏度要求后送到切粒系统。

2. 污水污染源分析

聚酯装置的污水主要是酯化反应生成水，来自乙二醇/水的分离塔塔顶污水。主要含有乙二醇、乙醛等低沸物。工艺尾气淋洗塔的淋洗污水，主要污染物是乙二醇、乙醛。表 2-21 列出了某聚酯装置污水排放情况。

表 2-21 某聚酯装置污水排放情况

污水名称	平均水量	主要污染物及其浓度
回馏罐污水	6t/h	COD：10000~20000mg/L
短丝油剂污水	40t/d	COD：610~2090mg/L 石油类：6.99~41.3mg/L
直纺油剂污水	31.8t/d	COD：977~2800mg/L 石油类：34.4~110mg/L

（五）腈纶

1. 工艺过程简述

腈纶生产主要包括聚合和纺丝两个单元。由丙烯腈、醋酸乙烯、甲基丙烯磺酸钠组成混合单体，以 $NaClO_3$-$NaHSO_3$ 氧化还原体系为引发剂，在聚合釜中共聚生成聚丙烯腈。再经终止、脱单、水洗、脱水、浆化、溶解、脱泡、压滤等工序制成纺丝原液。原液在凝固浴中经由喷丝板喷出细流，通过双扩散凝固成初生纤维，再经后处理加工工序制成腈纶丝束。

2. 污水污染源分析

湿法腈纶生产污水主要包括聚合污水、溶剂回收污水和纺丝污水。聚合污水主要由水洗滤液、脱水滤液和机泵水组成，主要污染物包括丙烯腈、醋酸乙烯酯等未反应单体，以及反应过程中产生的小分子聚合物、无机盐、氰基。溶剂回收污水包括树脂在酸洗、碱洗再生时产生的污水，蒸发线水洗水，以及蒸发线、滤机的碱洗水等。纺丝污水主要包括预热、热牵伸机溢流污水，污水罐直排污水，污水罐溢流污水，预热、热牵伸机溢流接收罐溢流污水等。表 2-22 列出了某腈纶装置污水排放情况。

表 2-22 某腈纶装置污水排放情况

污水名称	水量/(t/h)	COD/(mg/L)	氨氮/(mg/L)	石油类/(mg/L)	氰化物/(mg/L)
聚合污水	125	1391	5.2		7.5
纺丝污水	110	421	3.23	1.23	
溶剂回收污水	40	445	2.67	0.86	0.56

五、合成橡胶

合成橡胶是国民经济不可缺少的重要的原材料，也是重要的战略资源。主要品种有丁苯橡胶、顺丁橡胶、丁基橡胶和 SBS 等。

（一）丁苯橡胶

1. 工艺过程简述

丁苯橡胶的主要生产工艺为溶液聚合法。以丁二烯、苯乙烯为主要原料，过氧化氢二异丙苯为引发剂，甲醛次硫酸氢钠和乙二胺四乙酸铁钠盐为活化剂，歧化松香酸钾和脂肪酸钠混合皂液为乳化剂，水为分散介质，用共聚方法生产丁苯胶乳，然后经单体回收、胶乳掺合、无盐凝聚与后处理生产块状丁苯橡胶。

2. 污水污染源分析

丁苯橡胶装置的生产污水主要有苯乙烯蒽析器污水、凝聚清浆槽排水等，污染物为COD、氨氮等。主要特点是污水中含有低分子的聚合物，难于生物降解，且易于在污水处理过程中形成聚合物，影响污水处理效果。以丁苯橡胶装置排水为例，排水量为120t/h，COD为1700mg/L，氨氮为51.35mg/L，石油类为1.0mg/L。

（二）顺丁橡胶

1. 工艺过程简述

顺丁橡胶的主要生产工艺为低温乳液聚合法。丁二烯、催化剂、溶剂油进行配位阴离子聚合，得到顺式聚丁二烯胶液，然后加入防老剂，经静态混合器送往胶液罐，聚合后顺丁橡胶溶液经凝聚、后处理工序得到顺丁橡胶产品。在回收单元，回收处理溶剂油和丁二烯，循环使用。

2. 污水污染源分析

顺丁橡胶装置的生产污水主要来自于丁二烯脱水塔回流罐、丁二烯回收塔回流罐、切塔回流罐和脱水塔回流罐的底部排水，凝聚水罐排水，凝聚油罐排水，碱洗塔排水凝聚热水罐排水，洗涤水罐排水，挤压脱水机排水等。主要污染物为COD和石油类。以顺丁橡胶装置排水为例，排水量为41.2t/h，COD为60mg/L，石油类为11.8mg/L。

（三）丁基橡胶

1. 工艺过程简述

丁基橡胶生产主要采用阳离子聚合工艺。以异丁烯和异戊二烯为反应单体，以$AlCl_3$为引发剂，以氯甲烷为稀释剂，发生共聚反应生成丁基橡胶。含有丁基橡胶颗粒的淤浆除去未反应的单体和氯甲烷，经脱水、干燥后得到丁基橡胶产品。氯甲烷和未反应单体经脱水、干燥后，回收氯甲烷供聚合循环使用。

2. 污水污染源分析

丁基橡胶装置的生产污水主要来自于装置振动筛排水和碱洗塔排水等。主要污染物是COD和氯甲烷等。以丁基橡胶装置排水为例，排水量为36.1t/h，COD为145mg/L，石油类为5.6mg/L。

（四）SBS

1. 工艺过程简述

SBS生产主要采用锂系聚合工艺。苯乙烯与丁二烯以环己烷为溶剂、以四氢呋喃为活化剂、以烷基锂为引发剂在聚合釜中经阴离子嵌段聚合得到SBS胶液，经凝聚成小颗粒，经干燥、洗胶、脱水、干燥，得到SBS产品。脱除的溶剂经处理回收环己烷循环使用。

2. 污水污染源分析

SBS装置的污水主要包括各种罐的排水，主要污染物为COD。以某SBS装置排水为例，排水量为58t/h，COD为57.2mg/L，石油类为2.2mg/L。

六、煤化工

传统煤化工是指以煤为原料，经化学加工使煤转化为气体、液体和固体燃料以及化学品的过程，主要包括煤的气化、液化、干馏，以及焦油加工和电石乙炔化工等。主要产品包括合成氨、尿素等。

新型煤化工以生产洁净能源和化学品为目标产品，通常指煤制气、煤制油、煤制甲醇、甲醇制烯烃等。以煤基生产化学品，主要是将煤先制成甲醇，再将甲醇制成其他化学产品。新型煤化工对于中国减轻燃煤造成的环境污染、降低中国对进口石油的依赖均有着重大意义。

（一）煤制气

1. 工艺过程简述

煤制气是所有煤制天然气、煤制油、煤化工的龙头和基础。是通过煤直接液化制取油品或在高温下气化制得合成气，再以合成气为原料制取甲醇、合成油、天然气等一级产品及以甲醇为原料制得乙烯、丙烯等二级化工产品的核心技术。

煤炭气化过程是以煤为原料、以氧气为主要气化剂、蒸汽作为辅助气化剂，在气化炉内在高温、高压下通过化学反应将煤炭转化为气体的过程。一般分为煤的干燥、热解、气化和燃烧四个阶段，生成以 CO、H_2、CO_2、H_2S 和 CH_4 为主的粗合成气，同时煤炭中的灰分以渣或灰渣的形式排出。

根据物料流动方式，煤气化工艺可分为固定床气化技术、流化床气化技术、气流床气化技术等。固定床气化技术包括 Lurgi 气化技术、BGL 等气化技术和 YM 气化技术等。流化床气化技术代表性炉型为常压 Winkler 炉和加压 HTW 炉等。气流床气化技术代表为 GE 水煤浆气化技术、康菲 E-Gas 气化技术、华东理工大学四喷嘴水煤浆气化技术、Shell 粉煤气化技术、西门子 GSP 气化技术、航天炉 HT-L 技术等。

固定床气化技术也称移动床气化技术，一般以块煤或焦煤为原料，煤（焦）由气化炉顶部加入，自上而下经过干燥层、干馏层、还原层和氧化层，最后形成灰渣排出炉外，气化剂自下而上经灰渣层预热后进入氧化层和还原层。固定床气化对床层均匀性和透气性要求较高，入炉煤要有一定的粒(块)度(6~50mm)和均匀性。

流化床气化技术的气化剂由炉底部吹入，使细粒煤（粒度小于 6mm）在炉内呈并逆流反应，通常称为流化床气化技术。煤粒（粉煤）和气化剂在炉底锥形部分呈并流运动，在炉上筒体部分呈并流和逆流运动，固体排渣。

气流床气化技术采用粉煤或煤浆的进料方式，在气化剂的携带作用下，两者并流接触，煤料在高于其灰熔点的温度下与气化剂发生燃烧反应和气化反应。为弥补停留时间短的缺陷，必须严格控制入炉煤的粒度（小于 0.1mm），以保证有足够大的反应面积，灰渣以液态形式排出气化炉。

2. 污水污染源分析

煤气化工艺的不同，生产过程产生的污染物的数量和种类也不同。

一般情况下，中温气化炉型产生的气化污水，由于反应温度低，污水中有机物的浓度高，成分复杂，含有较高的氨氮、酚、多元酚、脂肪酸及多环芳烃等难降解污染物，可生化性差，处理难度大；而高温气化工艺由于气化温度高，污水中有机物浓度就低，且污染物多为小分子化合物，可生化性也好。某鲁奇炉生产企业煤气化污水单元酚 2500~6500mg/L，多元酚 1000~2500mg/L，氨氮 4000~6000mg/L，石油类 200~1200mg/L，必须采用酚氨回收预处理工艺，经预处理后的气化污水 COD 2000~3000mg/L，氨氮 150mg/L，挥发酚 300mg/L。

某 Shell 粉煤气化污水 COD 600~1500mg/L，氨氮 10~30mg/L，总氰 30~50mg/L，SS400mg/L。

(二) 煤制甲醇

1. 工艺过程简述

通过煤气化得到的粗合成气经气液分离器去除夹带的水分和杂质后进入变换炉，在耐硫变换催化剂作用下进行变换反应，将气体中的 CO 部分变换成 H_2。变换气进入甲醇吸收塔，依次脱除 H_2S+COS、CO_2、其他杂质和 H_2O。此合成气经管壳式反应器进行甲醇合成，生成粗甲醇。粗甲醇再进入精馏系统，在常压塔侧线采出甲醇、乙醇和水的混合物，送入汽提塔，经汽提得到液体产品。

2. 污水污染源分析

煤制甲醇污水主要包括煤气化过程污水和甲醇合成及精馏过程污水。煤气化过程污水的产生与污染情况与煤气化工艺相关，煤气化工艺不同，煤制甲醇装置产生的污染物的数量和种类也不同，主要污染物是 COD、氨氮、挥发酚、总氰、SS 等。甲醇合成及精馏过程主要产生粗甲醇常压塔排水、污水汽提塔排水等，主要污染物是 COD、甲醇、氨氮、总氰等。

(三) 甲醇制烯烃 (MTO)

1. 工艺过程简述

甲醇制乙烯、丙烯等低碳烯烃 (methanol-to-olefin，简称 MTO) 具有代表性的工艺技术主要是：UOP/Hydro、ExxonMobil 的技术，以及鲁奇 (Lurgi) 的 MTP 技术。国内自主开发的工艺主要包括 SMTO 和 DMTO 技术。

MTO 装置包括甲醇制烯烃单元和轻烃回收单元。甲醇在反应器中反应，生成的产物经分离和提纯后得到乙烯、丙烯和轻质燃料等。

2. 污水污染源分析

MTO 装置的污水主要包括：急冷塔排水、汽提塔混合排水、氧化物汽提塔排水、废碱液等，主要污染物为 COD。某 MTO 装置污水排放情况如表 2-23 所示。

表 2-23 某 MTO 装置污水排放情况

污水来源	水量/(m^3/h)	COD/(mg/L)	SS/(mg/L)	总碱度(以 NaOH 计)/(mg/L)
急冷塔	13~14	1500~2000	<100	—
汽提塔	55~62	500~1000	50~200	—
碱洗塔废碱液	1.2	~3500	—	~25000

(四) 合成氨

1. 工艺过程简述

合成氨生产是氢气和氮气在高温高压和催化剂的作用下合成为氨。氮气一般由空气分离制取，氢气则由天然气、炼厂气、石脑油、渣油、脱油沥青、焦炭或煤等原料通过水蒸气转化或部分氧化制得。

以天然气、炼厂气或石脑油为原料的合成氨装置主要包括水蒸气转化、高低温变换、净化脱碳、甲烷化、压缩合成和冷冻储存等工序。

以渣油、脱油沥青、焦炭或煤等为原料的合成氨装置，随原料和气化后粗原料气的净化工艺的不同而不同。其共性可归结为固(液)体原料的气化、炭黑污水回收处理、CO变换、变换气脱碳脱硫、气体精制、压缩合成、冷冻储存及硫黄回收等工序。

2. 污水污染源分析

合成氨生产污水受原料影响较大，以煤和渣油、石油焦为原料的合成氨装置的生产污水主要有：变换工艺冷凝液、造气污水等，污水中的主要污染物是氨氮、COD。某合成氨装置污水排放情况见表2-24。

表 2-24　某合成氨装置污水排放情况

污水名称	水量/(t/h)	主要污染物及其浓度
炭黑污水	6~15	NH_3-N：500~800mg/L，CN^-：5~15mg/L，COD：500~1500mg/L，硫化物：2~6mg/L，悬浮物：5~10mg/L
工艺冷凝液	5~15	NH_3-N：5000~8000mg/L，COD：600~1000mg/L，S^{2-}：10~30mg/L

七、催化剂生产

(一) 炼油催化剂

炼油催化剂主要包括裂化催化剂、催化重整催化剂、加氢催化剂、制氢催化剂等。催化剂合成的基本流程为原料经过合成、过滤、交换、焙烧、打浆、储存、干燥、包装等工序，合成催化剂。

炼油催化剂生产的特点是产品产量小，排放的氨氮污水水量大、浓度高，污染问题突出。催化剂生产过程中，在分子筛合成的过滤工序，产生的含碱污水；在分子筛合成的交换工序、裂化催化剂的水洗工序，加入大量的硫酸铵溶液，产生含氨污水，氨氮浓度高达几千mg/L。对高浓度氨氮污水需回收利用，对低浓度氨氮污水经处理达标排放。某炼油催化剂生产厂主要生产分子筛、催化裂化催化剂等，污水产生量154m³/h，COD 100~300mg/L，氨氮100~1000mg/L，高浓度的氨氮污水经蒸汽汽提预处理后再排放污水处理厂采用生化处理达标排放。

(二) 化工催化剂

化工催化剂主要包括聚乙烯催化剂、聚丙烯催化剂、裂解汽油加氢催化剂、碳二/碳三加氢催化剂、乙苯脱氢催化剂、甲苯歧化催化剂、丙烯腈催化剂、环氧乙烷催化剂等。

化工催化剂生产的特点是产品种类多、生产工艺各异、产量相对较小，单位产品排放的污染物总量高。以某聚丙烯催化剂生产为例，在催化剂生产过程中产生含钛高沸物残液。此残液一般先经水解釜进行水解，生成20%以上浓度的盐酸废液，此废液含有钛的化合物，且有机物浓度很高，需经进一步处理处置，以实现达标排放或合规处置。水解产生的氯化氢气体经冷凝器冷凝、水洗、碱液吸收后实现达标排放。

八、公用工程及辅助设施

（一）循环水场

石化行业通常采用敞开式循环冷却系统，主要由冷却塔、循环水旁滤池、水质稳定加药、补水及排污等组成。

通常情况下，循环水系统排污水的悬浮物较高，采用磷系水稳定剂时，循环水排污水中的磷可能超标；补充水采用再生水或 COD 较高的地表水时，循环水排污水中的 COD 可能超标；循环水系统进行管道钝化、清洗时，产生高浓度污水，因此需要进行适度处理实现达标排放。

（二）给水净化厂

以地表水为水源的给水净化场通常主要由沉砂、混凝沉淀澄清、过滤消毒三部分组成。沉砂是将原水中的泥砂沉降下来进行固液分离；混凝是向原水中投加混凝药剂，使原水中的胶体颗粒脱稳；沉淀是将脱稳后的胶体颗粒从水中沉淀分离；消毒则是深度杀灭细菌。

沉淀池排泥、滤池反洗排水含有较高浓度的悬浮物，可采用浓缩、絮凝、混凝后脱水方式去除悬浮物或送污水处理场处理。

第三章 污水预处理

第一节 污水预处理方法

对于石油化工、煤化工等污水处理厂，污水预处理是污水进入传统生物处理之前，根据生物处理流程对水质的要求而设置的预处理设施，是污水处理装置非常重要的前提条件。预处理方法包括格栅、筛网、隔油、过滤、沉砂、气浮、均质、磁分离、汽提等处理设施。由于石油化工、煤化工产品种类繁多，其生产工艺不同，产生的污水组成也不相同，可根据污水组成与特性，选择其中一种或几种组合作为污水预处理方法。若预处理工艺选择不当，会造成污水处理系统栅渣、砂砾过多、油分或其他污染因子浓度过高，对后续的生化处理产生不利影响，也会对测量监控和机泵等设备设施造成损耗，故必须在污水生化处理前设置污水预处理。

一、格栅

1. 格栅的作用

格栅由一组平行的金属栅条或筛网、格栅柜和清渣耙三部分组成，一般斜置于污水提升泵、集水池之前的重力流来水主渠道上，格栅主要作用是用以阻挡截留污水中的呈悬浮或漂浮状态的大块固形物，如草木、塑料制品、纤维及其他生活垃圾等大块污染物，以防止阀门、管道、水泵及其他后续处理设备堵塞或损坏。其基本结构示意见图 3-1。

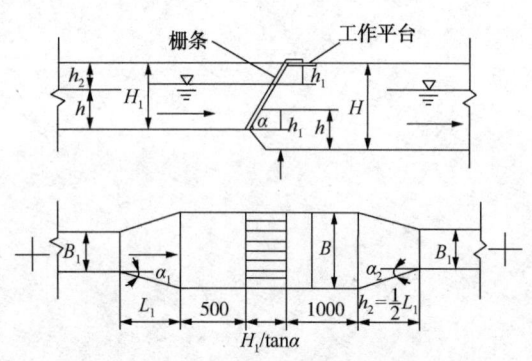

图 3-1 格栅基本结构示意图

2. 格栅选型应考虑的原则

（1）格栅分人工格栅和机械格栅两种，为避免污染物对人体产生的毒害和减轻工人劳动强度，提高工作效率及实现自动控制，应尽可能采用机械格栅。

（2）要根据污水的水质特点如 pH 值的高低、固形物的大小等确定格栅的具体形式和材质。

（3）格栅栅条间距应满足水泵构造的要求（一般要小于水泵叶轮的最小间隙），同时满足后续水处理构筑物和设备的要求。与常用排水泵相匹配的栅条间距见表 3-1。

表 3-1 常用栅条间距

格栅种类	格栅间距/mm	适用水泵型号
细格栅	≤15	1 1/4LP-6-2、1 3/4LP-6-3、4LP-7、4LP7-(409)
	≤20	2 1/2PW、2 1/2PWL

续表

格栅种类	格栅间距/mm	适用水泵型号
中格栅	≤25	20Sh,24Sh
	≤40	4PW-4PWL,32Sh,14ZLB-70
粗格栅	50~70	6PWL,12PWL-7,12FWL-12,14PWL-12,20Z
	70~90	8PWL,10PWL,32PWL,28ZLB

（4）常用格栅栅条断面形状较多。圆形栅条水力条件好，水流阻力小，但刚度较差，容易受外力变形，最好采用矩形断面。

（5）格栅一般安装在处理流程之首或泵站的进水口处，位属咽喉，为保证安全，要有备用单元或其他手段以保证在不停水情况下对格栅的检修。

（6）其他要求：格栅前的渠道应保持5m以上的直管段，渠道内的水流速度为0.4~0.9m/s，流过栅条的速度为0.6~1.0m/s；放置格栅的渠道与栅前渠道的连接，应有一个小于20°展开角。格栅的安装角度45°~90°，若考虑人工清渣，宜采用低值。通过格栅的水头损失，一般0.08~0.15m，因此，栅后渠道比栅前相应降低0.08~0.15m。格栅设有栅顶工作平台，其高度高出栅前最高设计水位0.5m以上。工作台设栏杆等安全设施和冲洗设施，两侧平台过道应不小于0.7m，正面过道宽度不应小于1.5m。污水中含有挥发性可燃性气体时，机械格栅的动力装置应有防爆设施。

3. 格栅除渣机的类型

如前所述，格栅实质是由一组平行的金属栅条制成的可以拦截水中杂物的框架，根据水质特点即可选择格栅的形式。机械格栅即是指在格栅上配备了清除栅渣的机械，机械格栅的不同关键在于除渣机的区别。常用的几种除渣机的适用范围及优缺点见表3-2：

表3-2 不同类型除渣机的比较

类 型	适用范围	优 点	缺 点
链条式	主要用于安装深度不大的中小型粗、中格栅	结构简单，制造方便，占地面积小	杂物进入链条与链轮时容易卡住，套筒滚子链造价高，易腐蚀
圆周回转式	主要用于中、细栅格耙钩式用于较深中小栅背耙式用于较深格栅	用不锈钢或塑料制成耐腐蚀，封闭式传动链，不易被杂物卡住	耙钩易磨损，造价高。塑料件易破损
移动伸缩臂式	主要用于深度中等的宽大型粗、中格栅，耙斗式适于较深格栅	设备全部在水面以上，可以不停水检修，钢丝绳在水面上运行，寿命长	移动部件构造复杂，移动时耙齿与栅条不好对位
钢丝绳牵式	主要用于中、细格栅固定适用手中小格栅，移动式适用于宽大格栅	水下无固定部件者，维修方便。适用范围广	钢丝绳易腐蚀磨损，水下有固定部件者，维修检查时需停水

二、筛网过滤

某些工业污水中常含有纤维状的长软性悬浮或漂浮物，这些污染物或因尺寸太小，或因质地柔软细长能钻过格栅的空隙。这些悬浮物如果不能有效去除，可能会缠绕在泵的叶轮上，影响泵或表曝机的效率。对一些含有这样漂浮物的特殊工业污水可利用筛网进行预处理，方法是使先经过格栅截留大尺寸杂物后用筛网过滤，或直接经过筛网过滤。

从结构上看，筛网是穿孔金属板或金属网，要根据被去除漂浮物的性质和尺寸确定孔眼的大小。依照安装形式的不同，筛网可分为固定式和转动式两种。常用固定式筛网构造形式分为固定平面式和固定曲面式，其示意图分别见图3-2和图3-3。

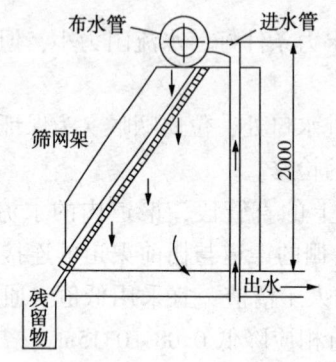 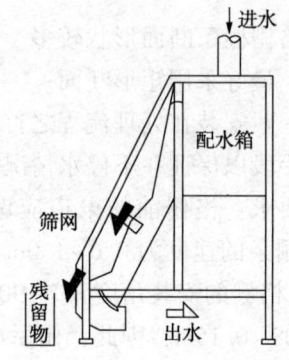

图3-2 固定平面式筛网示意图　　图3-3 固定曲面式筛网示意图

转动式筛网呈圆筒状，含悬浮杂质的污水进入筒内（或筒外），净化后的污水从筒外（或筒内）收集排出，悬浮杂质被截留在筒内（或筒外）。转动式筛网工作原理见图3-4。

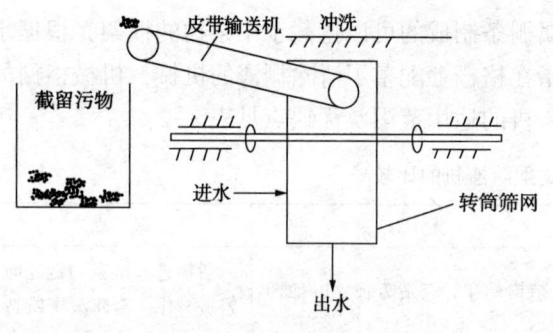

筛网的运行管理：

（1）筛网总是处于干湿交替状态，故其材质必须耐腐蚀。

（2）为消除油脂对筛网孔眼的堵塞，要根据具体情况，随时用蒸汽或热水及时冲洗筛网。

（3）筛网得以正常运转的关键是将被截留的悬浮杂质及时清理排出，使筛网及时恢复工作状态。

图3-4 转动式筛网示意图

（4）如果自动除渣情况不理想，就要求操作工在巡检时，及时将堵塞筛网孔眼的杂物人工清理掉。

三、沉砂池

1. 沉砂池的作用

沉砂池的作用是从污水中分离出相对密度大于1.5且直径为0.2mm以上的无机颗粒。一般设在提升设备和处理设施之前，以保护水泵和管道免受磨损，防止后续构筑物的堵塞，缩小污泥处理构筑物的容积，减少活性污泥中无机物成分，提高活性污泥的活性。

2. 沉砂池的类型

常见的沉砂池有平流、竖流和曝气沉砂等形式，各自优缺点、适用条件及排砂方式见表3-3。目前，应用较多的是曝气沉砂形式。

表 3-3 常用沉砂池的特点

池型	优点	缺点	排砂方式	适用条件
平流式	构造简单、水流平稳，沉砂效果好，施工方便	占地面积较大，采用多斗排泥时，每个泥斗需单独设排泥管，排泥操作复杂	重力斗式排砂，空气提升锥排砂，旋提升器排砂	适用于大、中、小各种类型的污水处理场
竖流式	排砂方式简单，占地面积较小	池深较大，施工困难，对冲击负荷适应能力差，池径不宜太大，否则布水不均	重力斗式排砂，中心传动刮砂机排砂，水射器排砂	适用于处理水量不大的小型污水处理场
曝气式	泥沙中有机物含量少，对小粒径砂粒去除效率高，可去除部分COD	需要曝气，消耗一定动力	重力斗式排砂，链条带式刮砂机排砂	适用于处理有机物含量多、水量较大且多变的污水处理场

3. 沉砂池的基本要求

（1）以初期雨水、冲洗地面水和生活污水为主的污水应设置沉砂池。

（2）沉砂池的格数应为2个以上，且是并联运行。当污水水量较少时，部分工作、其余备用。

（3）排砂斗斗壁与水平面的角度应不小于55°。排砂管的管径应不小于$DN200$，排砂管的长度应尽可能短，排砂管的控制阀门应尽可能设在靠近砂斗的位置，这样可使排砂管排砂畅通且易于维护管理。

（4）尽量避免有机物与砂粒一同沉淀，以防沉砂池或储砂池因有机物腐败发臭而影响周围环境。

4. 曝气沉砂池

普通沉砂池的最大缺点就是在其截留的沉砂中夹杂有一些有机物，这些有机物的存在，使沉砂易于腐败发臭，夏季气温较高时尤甚，这样对沉砂的处理和周围环境产生不利影响。普通沉砂池的另一缺点是对有机物包裹的砂粒截留效果较差。

曝气沉砂池是在长方形水池的一侧通入空气，使污水旋流运动，流速从周边到中心逐渐减小，砂粒在池底的集砂槽中与水分离，污水中的有机物和从砂粒上冲刷下来的污泥仍呈悬浮状态，随着水流进入后面的构筑物。从曝气沉砂池分出的沉砂中，有机物只占5%左右，长期搁置也不会腐败发臭。

（1）曝气沉砂池的基本构造见图3-5。

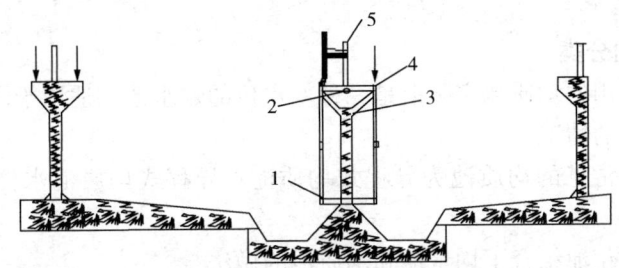

图3-5 曝气沉沙池构造示意图
1—扩散器组件；2—空气干道；3—头部支座；4—活动接头；5—单轨吊车支架

(2) 曝气沉砂池的基本数据，停留时间 1~3min，若兼有预曝气的作用，可延长池身，使停留时间达到 15~30min。旋流速度 0.25~0.3m/s，水平流速 0.08~12m/s。有效水深 2~4m，宽深比为 1~1.5m。曝气管距池底 0.6~0.9 m，曝气管上的曝气孔孔径为 2.5~6 mm，曝气量为 1m³ 污水/0.2m³ 空气。

为防止水流短路，进水口应与水在沉砂池内方向一致，出水口应设在旋流水流的中心部位，并设置挡板诱导水流。曝气沉砂池的形状以不产生偏流和死角为原则，因此，为改进除砂效果，降低曝气效果，应在集砂池附近安装纵向挡板，若池长较大，还应在沉砂池内设置横向挡板。

四、均质调节池

1. 均质调节池的作用

在石油化工、煤化工生产企业中，无论从效益、管理上都充分体现了装置规模化、大型化、产品多样化及管理精细化的优势，所以石油化工、煤化工各生产企业都会有较多化工产品。但在生产过程中由于生产工艺、原料、温度、压力及催化剂等的不同，产生的污水组成也不一样，而一般生产企业在设计污水处理装置时只会考虑少数几套污水处理装置，有的设计就一套综合污水处理装置，故将各产品污水进行均质就显得非常重要。另外，随着水质在线监测仪的大量应用和控制技术的进步，污水组分可以在线进行监测，为均质池的组分均匀，事故池的及时切换提供了基础。

均质调节池的作用是用来克服污水排放的不均匀性，均衡调节污水的水质、水量、水温的变化，储存盈余，补充短缺，使生物处理设施的进水量均匀，从而降低污水的不一致性对后续生物处理设施的冲击性影响。尤其是对于综合水处理场，当排放的污水不止一种，而它们的水质水量又是经常性变化的，设置均质调节池是非常必要的。

2. 均质调节池的目的

（1）使间歇生产的工厂在停止生产时，仍能向生物处理系统继续输入污水，维持生物处理系统连续稳定地运行，比如，在 PTA 污水处理中，由于生产装置停车碱洗，会产生大量的碱性废水，而同时正常废水停止排放，没有一定的事故池和均质调节能力，生物处理系统难以为继。

（2）提高对有机负荷的缓冲能力，防止生物处理系统有机负荷的急剧变化。

（3）对来水进行均质，防止高浓度有毒物质进入生物处理系统。

（4）控制 pH 值的大幅度波动，减少中和过程中酸或碱的消耗量。

（5）避免进入一级处理装置的流量波动，使药剂投加等过程的自动化操作能够顺利进行。

3. 均质调节池的分类

（1）均量池：常用的均质池实际上是一种变水位的贮水池，适用于两班生产面污水处理场需要 24h 连续运行的情况。

（2）均质池：最常见的均质池为异程式均质池。异程式均质池水位固定，因此只能均质，不能均量。

（3）均化池：均化池结合了均量池和均质池的做法。

（4）间歇式均化池：当水量较小时，可以设间歇贮水、间歇运行的均化池。间歇均化池效果可靠但不适合于大流量的污水。

(5)事故调节池。

4. 均质调节池的混合方式

常用的混合方法有：水泵强制循环，空气搅拌，机械搅拌，穿孔导流槽引水和静态混合器。其中空气搅拌不仅起到混合均化的作用，还具有预曝气的功能，可以防止水中固体物质在池中沉降下来和出现厌氧的情况，还可以使污水中的还原性物质被氧化，吹脱去除挥发性物质，使污水的BOD_5值下降，改进初沉效果和减轻曝气池负荷。空气搅拌的缺点是能使污水中的挥发性物质散逸到空气中，产生异味，且消耗一定的动力。

均质调节池中采用穿孔曝气管搅拌时，曝气强度一般为 $2\sim3m^3/(m\cdot h)$ 或 $5\sim6m^3/(m^2\cdot h)$，当进水中悬浮物的含量为 200mg/L 时，保持悬浮状态所需动力为 $4\sim8W/m^3$（污水）。为使污水保持好氧状态，所需空气量平均为 $0.6\sim0.9m^3/(m^3\cdot h)$。空气搅拌时，布气管常年淹没在水中，使用普通碳钢管材容易腐蚀损坏，必须使用玻璃钢、ABS 塑料等耐腐蚀材质，安装要求较高。在有臭氧、纯氧介质的均质中，不锈钢材质的射流器在特殊的池体空间中能够满足特殊的均质需要。此外，管道式静态混合器因体积小，直接安装在管道上，和加药系统、测量控制仪表联合应用时，水质调控效率非常好，是一种性价比很好的混合技术。

5. 均质调节池的基本要求

（1）为使均质调节池出水水质均匀和避免其中污染物沉淀，均质调节池内应设搅拌、混合装置。可以采用水泵循环搅拌、空气搅拌、射流搅拌、机械搅拌等方式，其中空气搅拌因简单易行和效果好而被广泛应用，空气搅拌强度一般为 $0.08\sim0.1m^3/(m^2\cdot min)$。利用压缩空气搅拌的均质调节池的平面布置见图 3-6。

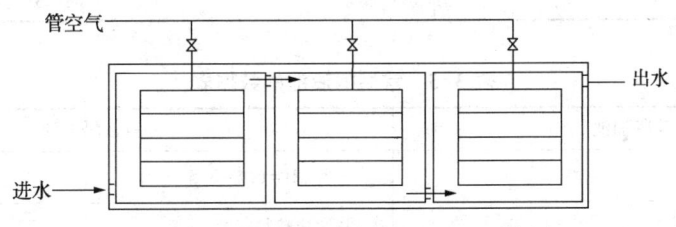

图 3-6 空气搅拌均质调节池平面示意图

（2）停留时间根据污水水质成分、浓度、水量大小及变化情况而定。一般按水量计为 10~24h，特殊情况可延长到 5d。

（3）调节池还可以起到储存事故排水的作用，若以事故泡作用为主，则要尽量保持低水位。

（4）以均化水质为目的的均质调节池一般串联在污水处理主流程内，水量调节池可串联在主流程内，也可以并联在辅助流程内。均质调节池池深不宜太浅，有效水深一般为 2~5m。

（5）为保证运行安全，均质调节池要有溢流口和排泥出口，污水中如果有发泡物质，应设置消泡设施；如果污水中含有挥发性气体或有机物，应当加盖密闭，并设置排风系统定时或连续将挥发出来的有害气体（搅拌时产生的更多）高空排放。

五、隔油池

1. 隔油池的作用及基本要求

隔油池的作用是利用油和水的密度差异，去除污水中处于漂浮和粗分散状态的相对密度小于1.0的石油类物质，而对处于乳化、溶解及细分散状态的油类几乎不起作用。其基本要求是：隔油池必须同时具备收油和排泥措施。应密闭或加活动盖板，以防止对环境的污染和火灾的发生。寒冷地区的隔油池应采取有效的保温防寒措施，以防止污油凝固。为确保污油流动顺畅，可在集油管及污油输送管下设热源为蒸汽的加热器。隔油池附近要有蒸汽管道接头，以便接通临时蒸汽扑灭火灾，或在冬季气温低时清理因污油凝固引起管道堵塞或池壁等处粘挂。油港的压舱水和洗舱水等含油污水，乳化程度较炼油厂含油污水低，用物理方法可以除去大部分油污，甚至可以达到排放标准以下。目前研制的船用油水分离器也基本上是物理法。用隔油池处理含油污水，不仅工艺流程简单，而且对废渣也较易处理。

2. 常用隔油池的类型

常用隔油池的型式有平流式和斜板式两种，也有在平流隔油池内安装斜板，即成为具有平流式和斜板式双重优点的组合式隔油池。常用隔油池的特点和主要数据分别见表3-4和表3-5。装有链条板式刮油刮泥机的平流隔油池基本构造见图3-7。

表3-4 常用隔油池的比较

池型	优点	缺点	适用条件
平流式	耐冲击负荷，施工简单	布水不均匀，采用刮油刮泥机操作复杂，不能连续排泥操作量大	适用于各种规模的含油污水处理场
斜板式	水力负荷高，占地面积少	斜板易堵需增加表面冲洗系统，不宜作为初次隔油设施	适用于各种规模的含油污水处理场
组合式	耐冲击负荷，占地面积少	池子深度不同，施工难度大，操作复杂	适用于对水质要求较高的含油水处理场

表3-5 常用隔油池的数据表

平流隔油池	斜板隔油池
进水 pH＝6.5~8.5	进水 pH＝6.5~8.5
去除油粒粒径≥150	去除油粒粒径≥60
停留时间 1.5~2h	停留时间 5~10min
水平流速 10mm/s	板间流速 3~7mm/s
集泥斗按含水率99%、8h沉渣计	板间水力条件 $Re<500$，$Fr>10.5$
集油管管径为200~300mm，最多串联4根	板体倾斜角度45°
池体长宽比≥4；深宽比为0.3~0.5，超高时>0.4	板体材料疏油、耐腐蚀、光洁度好
刮油泥速度 0.3~1.2m/min	刮油泥速度 0.3~1.2m/min
排泥阀直径≥200mm，设压力水冲泥管	排泥阀直径≥200mm，设压力水冲泥管
自流进水使水流平稳	自流进水使水流平稳
寒冷地区池内要设加热设施	寒冷地区池内要设加热设施
池顶要设阻燃盖板和蒸汽消防设施	池顶要设阻燃盖板和蒸汽消防设施
池体数≥2个，并能单独工作	池体数≥2个，并能单独工作

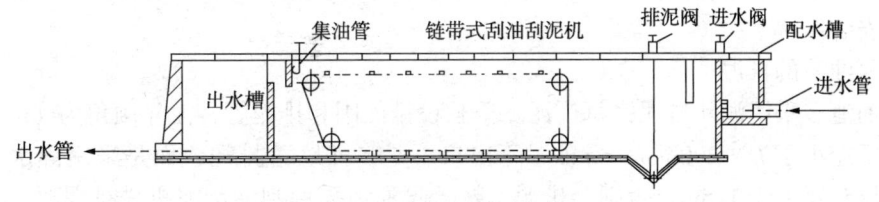

图 3-7 平流隔油池构造示意图

3. 平流隔油池的基本要求

（1）平流隔油池的进水端要有不少于2m的富裕长度作为稳定水流的进水段，该段与池主体宽深相同，并设消能、整流设施，以尽可能降低流速和稳定水流。

（2）为提高出水水质、降低出水中的含油量，平流隔油池的出水短也要有不少于2m的富裕长度来保持分离段的水力条件，该段与池主体宽深相同，并分成两格、每格长度均为1m左右，并设固定式或可调式堰板，出水堰板沿长度方向出水量必须均匀。

4. 斜板隔油池

根据浅池理论发展而来的斜板隔油池，是一种异向流分离装置，其水流方向与油珠运动方向相反。目前，斜板隔油池所用斜板可以选用定型波纹斜板产品，根据不同的处理水量来确定斜板体块数。斜板隔油池的基本要求如下：

（1）为避免油珠或油泥粘挂在斜板上，斜板的材质必须具有不粘油的特点，斜板体的倾角要在45°以上；

（2）布水板与斜板体断面的平行距离为200mm。布水板过水通道为孔状时，孔径一般为12mm，孔隙率为3%~4%，孔眼流速为17mm/s。布水板过水通道为栅条状时，过水栅条宽20mm，间距30mm；

（3）为保证斜板体过水的畅通性和除油效果，要在斜板体出水端200~500处设置斜板体清污器。清污动力可采用压缩空气或压力为0.3MPa的蒸汽，根据斜板体积多少随时进行清污。

5. 隔油池的收油和排泥

（1）隔油池的收油

隔油池隔出的浮油必须及时排出隔油池，这样才能保证隔油池的隔油效果。通常是在隔油池浮油积聚到一定程度后，和用收油装置将其引入集油池集中处理。隔油池的收油装置一般采取以下3种形式：

① 固定式集油管收油，固定式集油管设在隔油池的出水口附近，其中心线标高一般在设计水位以下60mm，距池顶高度要超过500mm。固定式集油管一般由直径为300mm的钢管制成，由蜗轮蜗杆作为传动系统，既可顺时针转动也可以逆时针转动，但转动范围要注意不超过40°。集油管收油开口弧长为集油管横断面60°所对应的弧长，平时切口向上，当浮油达到一定厚度时，集油管绕轴线转动，使切口浸入水面浮油层之下，然后浮油沿集油管流到集油池。小型隔油池通常采用该方式收油。

② 移动式收油装置收油，当隔油池面积较大且无刮油设施时，可根据浮油的漂浮和分布情况，使用移动式收油装置灵活地移动收油，而且移动式收油装置的出油堰标高可以根据具体情况时调整。

③ 自动收油罩收油，隔油池分离段没有集油管或集油管效果不好时，可安装自动收油

罩收油。要根据回收油品的性质和对其含水率的要求等因素，综合考虑出油堰口标高和自动收油罩的安装位置。

（2）隔油池的排泥

小隔油池多采用泥斗排泥，每个泥斗单独设排泥阀和排泥管，泥斗倾角为45°～60°，排泥管直径不能小于$DN\ 200mm$。当排泥管出口不是自然跌落排泥，而是采用静水压力排泥时，静水压头要大于1.5m，否则会排泥不畅。隔油池采用刮油刮泥机械排泥时，池底要有坡向泥斗的1%～2%的坡度。刮油刮泥机的运行速度要控制在0.3～1.2m/min之间，刮板探入水面的深度为50～70mm。刮油刮泥机应当振动较小、翻板灵活，刮板不留死角。刮油刮泥机多采用链条板式，如果泥量较少，可以只考虑刮油。刮油刮泥机具体性能见表3-6。

表3-6 链条板式刮油刮泥机主要性能表

机型 项目	刮油机	刮油机	刮油刮泥机
隔油池规格/m	长×宽=20×45	长×宽=3.6×2.4	长×宽=30×45
温度/℃	<50	<50	<50
操作方式	连续运行	连续运行	每4h行一次
刮板规格/mm	3660×120×8	1640×120×8	4440×150×20
刮板块数	9	2	14
刮板移动速度/(mm/s)	0.016	0.0155	0.016
减速机型号	XWED0.55-63-1/1003	XWED0.55-63-1/1003	XWED1.5-84
电机功率/kW	0.6	0.4	1.5
传动链条型号	TG381x1-92	20A-1×92	单排套筒滚子链
传动链条规格/mm	38.10×22.23×25.30	37.15×19.05×18.9	45×27×27
牵引链条种类	片式牵引链	片式牵引链	
牵引链条规格/mm	150×300×29	150×33×24	200×44×44

6. 隔油罐

在空间不足的区域，也常用隔油罐来替代隔油池，在罐中设置内罐（罐中罐技术），对浮油进行收集和回收利用，部分企业还通过在罐中设置超声棒，提高油水分离效果，缩短油水分离时间。

六、气浮

1. 气浮原理及作用

气浮作用是一般用于生化处理之前，去除污水中的悬浮物。其原理是设法使水中产生大量的微细气泡，从而形成水、气及被去除物质的三相混合体，在界面张力、气泡上升浮力和静水压力差等多种力的共同作用下，促使微细气泡黏附在被去除的杂质颗粒上后，因黏合体密度小于水而上浮到水面，从而使水中杂质被分离去除。

传统用途是用来去除污水中处于乳化状态的油或密度接近于水的微细悬浮颗粒状杂质。为促进气泡与颗粒状杂质的黏附和使颗粒杂质结成尺寸适当的较大颗粒，一般要在形成微细气泡之前，在污水中投加药剂进行混凝处理。气浮通常作为对含油污水隔油后的补充处理，即为生物处理之前的预处理。隔油池出水一般仍含有50～150mg/L的乳化油，经过一级气浮法处理，可含油量将到 30mg/L 左右，再经过二级气浮处理，出水含油量可达 10mg/L 以下。另外，有的气浮以去除污水中悬浮杂质为主要目的，或是作为生物处理的预处理，保证生物处理进水水质的相对稳定，或是放在生物处理之后作为污水的深度处理，确保排放出水水质符合有关标准的要求。

2. 常用气浮

可分为涡凹气浮、细碎空气气浮、电解气浮、压力溶气气浮等。其中压力溶气气浮法又分为全溶气式，部分溶气式及固流溶气式。最常用的气浮法是部分回流压力溶气气浮法、涡凹气浮和喷射气浮法。

（1）涡凹气浮。该系统实行自动化控制，完全摒弃了过去溶气气浮系统中的压力溶气罐、电耗很高的空压机、循环泵以及易堵塞的喷嘴或释放器，具有结构简单、设备整体性好、占地小、能耗低、操作维修简单、去除率高、无噪音、安装方便等优点。其示意图见图 3-8。

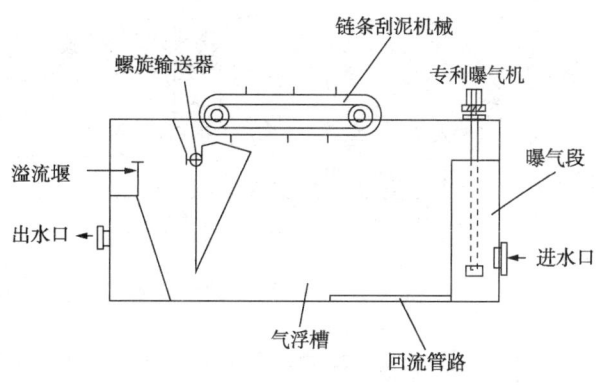

图 3-8 涡凹气浮示意图

设备结构主要有曝气区、气浮区、回流系统、刮渣系统及排水系统等几部分组成，其工作原理为：未经处理的污水首先进入装有涡凹曝气机的曝气区，该区设有专利的独特曝气机，通过底部的中空叶轮的快速旋转在水中形成了一个真空区，此时水面上的空气通过中空管道抽送至水下，并在底部叶轮快速旋转产生的三股剪切力下把空气粉碎成微气泡，微气泡与污水中的固体污染物有机地结合在一起，上升到液面。到达液面后固体污染物便依靠这些微气泡支撑和维持在水面上，通过刮渣机将浮渣刮入污泥收集槽，净化后的水由溢流槽溢流排放。

涡凹气浮系统的工作原理完全不同于压力溶气气浮。它是通过特制的曝气机来产生微气泡的，因此不需要空压机、高压泵、压力溶气罐、循环泵、絮凝剂预反应池、喷嘴等附属设备。未经处理的污水首先进入装有涡凹曝气机的小型充气段。污水在上升过程中通过充气段，在那里与曝气机产生的微气泡充分混合。曝气机将水面上的空气通过抽风管道转移到水下。曝气机的工作原理是利用空气输送管底部散气叶轮的高速转动在水中形成一个真空区，液面上的空气通过曝气机输入水中去填补真空，微气泡随之产生，并螺旋形上升到水面，空气中的氧气也随之溶入水中。由于气水混合物和液体之间密度的不平衡，产生了一个垂直向上的浮力，将固体悬浮物带到水面。上浮过程中，微气泡会附着到悬浮物上，到达水面后固体悬浮物便依靠这些气泡支撑和维持在水面上，并通过呈辐射状的气流推力来清除。

浮在水面上的固体悬浮物间断地被链条刮泥机清除。刮泥机沿着整个液面运动，并将悬浮物从气浮槽进口端推到出口端。刮渣机的刮板被固定在链条的两端，刮泥机由一个 0.5 马力(1 马力=0.735kW)的电机带动齿轮和传动装置来驱动，齿轮装在槽的一边。刮泥机沿着槽的整个宽度移动将附着的悬浮物刮到倾斜的金属板上，再将其推入污泥排放管道。污泥排放管道里有水平的螺旋推进器，将所收集的污泥送入污泥收集容器。净化后的污水经金属板下方的出口进入溢流槽。开放的回流管道从曝气段沿着气浮槽的底部伸展。在产生微气泡的同时，涡凹曝气机会在有回流管的池底形成一个负压区，这种负压作用会使污水从池子底部回流至曝气区，然后又返回气浮段。

使用效果，它对油脂的去除率可超过95%，对SS的去除率可超过90%，通过合适的化学药剂，对COD和BOD的去除率可达70%~85%以上。

（2）部分回流压力溶气气浮法。它是用水泵将部分气浮出水提升到溶气罐，加压0.3~0.55MPa，同时注入压缩空气使之过饱和，然后瞬间减压，骤然释放出大量的微细气泡，从而使被去除物质与微细气泡结合在一起并上升到水面，其工艺流程见图3-9。

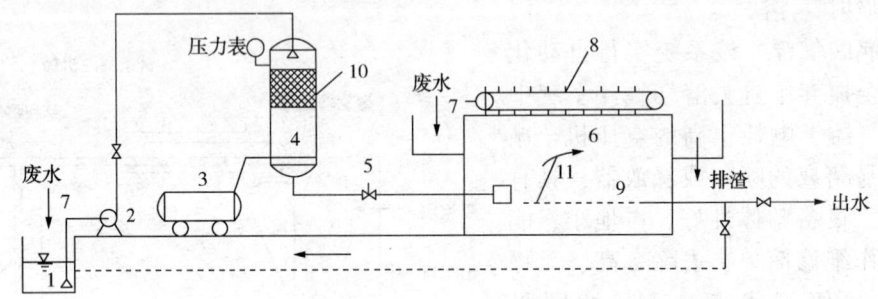

图3-9 部分回流压力溶气浮选（气浮）法流程示意图
1—吸水井；2—加压泵；3—空压机；4—压力溶气罐；5—减压释放阀；
6—浮上分液池；7—原水进水管；8—刮渣机；9—集水系统；10—填料层；11—隔板

喷射气浮是用水泵将污水或部分浮选（气浮）出水加压后，高压水流流经特制的射流器，将吸入的空气剪切成微细气泡，和污水中的杂质接触结合在一起后上升到水面。

3. 气浮的主要设备

（1）喷射器。其原理是高压水流流经喉管时形成负压引入空气，经激烈的能量交换后，动能转换为势能，增加了水中溶解的空气量，然后进入气浮池进行分离。一般要求喷射器后背压力值达到0.1~0.3MPa，喷嘴流速范围为20~30m/s。为提高溶气效果，喷射器后要配以管道混合器，混合器要保证水头损失0.3~0.4m，混合时间为30s左右。

因为喷射器效率较低，新建设处理水量较大的气浮工艺时，一般不再采用这种形式。但由于其构造简单、维修量小，在对出水水质要求不太严格时，许多应用这种形式的老气浮装置仍有使用价值。许多环保设备生产厂利用喷射器法不设溶气罐的优点，制造出各种规格型号的适于处理小水量的气浮净化机械。原理是利用水泵将部分净化水回流，高压水流经过喷射器将空气溶于水中，经溶气释放器一点或多点进入气浮净化机，通过调整加药量、溶气量和及时排渣达到净化污水的目的。其特征是同时具有喷射器法和部分回流压力溶气法的特点，优势在于土建费用较低，经过适当保温后，可安装于室外正常运行。

（2）溶气罐。可用普通钢板卷焊而成，规格很多，高度与直径的比值一般为2~4，许多设计研究单位和制造厂都可以提供有关技术，表3-7列出了常用溶气罐的主要参数。

表3-7 常用溶气罐主要参数

直径/mm	高度/mm	流量/(m³/h)	压力/MPa	进水管径/mm	出水管径/mm
200	2550	3~6	0.2~0.5	40	50
300	2580	7~12	0.2~0.5	70	80
400	2680	13~19	0.2~0.5	80	100

续表

直径/mm	高度/mm	流量/(m³/h)	压力/MPa	进水管径/mm	出水管径/mm
500	3000	20~30	0.2~0.5	100	125
600	3000	31~42	0.2~0.5	125	150
700	3180	43~58	0.2~0.5	125	150
800	3280	59~75	0.2~0.5	150	200
900	3330	76~95	0.2~0.5	200	250
1000	3380	96~118	0.2~0.5	200	250
1200	3510	119~150	0.2~0.5	250	300
1400	3610	151~200	0.2~0.5	250	300
1600	3780	201~300	0.2~0.5	300	350

溶气罐的溶气压力为 0.3~0.55 MPa，溶气时间即溶气罐水力停留时间 1~3 min，溶气罐过水断面负荷一般为 100~200 m³/m²·h。溶气罐形式有中空式、套筒翻流式和喷淋填料式三种(图 3-10)，其中喷淋填料式溶气效率最高，比没有填料的溶气罐溶气效率可高 30% 以上。可用的填料有瓷质拉西环、塑料淋水板、不锈钢圈、塑料、阶梯环等，一般采用溶气效率较高的塑料阶梯环。

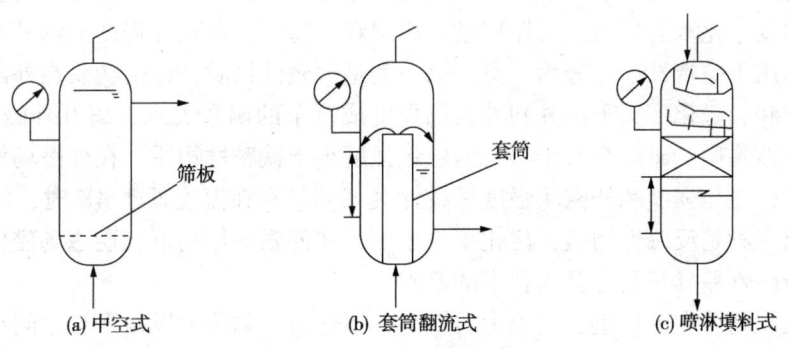

图 3-10 常用溶气罐形式

污水在溶气罐内完成空气溶于水的过程，并使污水中的溶解空气过饱和。多余的空气必须及时经排气阀排出，以免分离池中气量过多引起扰动，影响气浮效果。排气阀设在溶气罐的顶部、一般采用 DN25 手动截止阀，但是这种方式在北方寒冷地区冬季气温太低时，常会因截止阀被冻住而无法操作，必须予以适当保温。排气阀尽可能采用自动排气阀。采用喷淋填料式溶气罐时，填料高度 0.8~1.3 m 即可。不同直径的溶气罐要配置的填料高度也不同，填料高度一般在 1 m 左右。当溶气罐直径大于 0.5 时，考虑到布水的均匀性，应适当增加填料高度。溶气罐内的液位一般为 0.6~1.0 m 左右，过高或过低都会影响溶气效果。因此，溶气系统气液两相的压力平衡的及时调整很重要。除通过自动排气阀来调整外，可通过安装的浮球液位传感器探测溶气罐内液位的升降，据此调节进气管电磁阀的开或关，还可通过其他非动力式来实现液位控制。溶气水的过流密度即溶气量与溶气罐截面积之比，有一个最优化范围。

（3）释放器。是气浮的核心设备，其功能是将溶气水中的气体以微细气泡的形式释放出来，以便与待处理污水中的悬浮杂质黏附良好。消能时间应在 0.3s 以下，最优者可达 0.03~0.01s。性能较好的释放器能在较低的压力(0.2MPa 左右)下,能将溶气量的 99%左右予以释放,即几乎将溶气全部释放出来,以确保在保证良好的净水效果前提下,能耗较少。

(4)气浮池。一般采用矩形钢筋混凝土结构,常与反应池合建,池顶设有刮板,内设刮渣机,池内水流水平流速为 4~6mm/s。水流上升流速要控制在 10~20mm/s,水流在其中的停留时间要大于 60s。分离室深度一般为 1.5~2.5m,其中水流的下向流速度范围要在 1.5~3.0mm/s 之间,即控制其表面负荷在 5.5~10.8$m^3/m^2 \cdot h$ 之间。

(5)刮渣机。是将大量的浮渣及时清除,如果刮渣时对渣层扰动较大、刮渣时液位和刮渣程序不当、刮渣机行进速度过快都会影响气浮效果。尺寸较小的矩形气浮池通常采用链条式刮渣机,而对大型的矩形气浮池(跨度为 10m 左右)可采用桥式刮渣机。刮渣机的刮板运动方向要与水流方向相反,为使刮板移动速度不大于浮渣溢入集渣槽的速度,刮渣机的行进速度要控制在 50~100mm/s。一般情况下,当溶气罐实现自控后,根据渣量的多少,刮渣机每隔 2~4h 运行一次即可。

七、磁分离

1. 磁分离的作用及原理

磁分离的作用是利用污水中杂质颗粒的磁性进行分离,将污水中有磁性的悬浮固体分离出来,从而达到净化水的目的。其原理是一切宏观的物体,在某种程度上都具有磁性,但按其在外磁场作用下的特性,可分为三类。第一类是铁磁性物质,这类物质在外磁场作用下能迅速达到磁饱和,磁化率大于零并和外磁场强度成复杂的函数关系,离开外磁场后有剩磁。第二类是顺磁性物质,磁化率大于零,但磁化强度小于铁磁性物质,在外磁场作用下,表现比较弱的磁性,磁化强度和外磁场强度呈线性关系,只有在温度低于 4K 时,才可能出现磁饱和现象。第三种是反磁性物质,磁化率小于零,在外磁场作用下,逆磁场磁化,使磁场减弱。各种物质磁性差异正是磁分离技术的基础。

水中颗粒状物质在磁场里要受磁力、重力、惯性力、黏滞力以及颗粒之间相互作用力的作用。磁分离技术就是有效的利用磁力,克服与其抗衡的重力、惯性力、黏滞力(磁过滤、磁盘)或利用磁力和重力,使颗粒凝聚后沉降分离(磁凝聚)。磁分离按装置原理可分为磁凝聚分离、磁盘分离和高梯度磁分离三种;按产生磁场的方法可分为永磁磁分离和电磁磁分离(包括超导电磁磁分离);按工作方式可分为连续式磁分离和间断式磁分离;按颗粒物去除方式可分为磁凝聚沉降分离和磁力吸着分离。

2. 磁分离技术分类

(1)磁凝聚法

磁凝聚是促使固液分离的一种手段,是提高沉淀池或磁盘工作效率的一种预处理方法。当介质的特性一定时,污水中悬浮颗粒的沉降速度与颗粒直径的平方成正比。所以,增大颗粒直径可以提高沉淀效率。利用磁盘吸引磁性颗粒,颗粒越大受到的磁力越大,越容易被去除。当颗粒在水中以 50cm/s 的速度运动时,磁盘吸引直径 1mm 的粒子需 0.03N/g 的磁力,吸引直径 0.4mm 的粒子需 0.1N/g 的磁力。

磁凝聚就是使污水通过磁场,水中磁性颗粒物被磁化,形成如同具有南北极的磁体。由于磁场梯度为零,因此它受大小相等、方向相反力的作用,合力为零,颗粒不被磁体捕集。颗粒之间相互吸引,聚集成大颗粒,当污水通过磁场后,由于磁性颗粒有一定的矫顽力,因此能继续产生凝聚作用。

（2）磁盘法

磁盘法是借助磁盘的磁力将污水中的磁性悬浮颗粒吸着在缓慢转动的磁盘上，随着磁盘的转动，将泥渣带出水面，经刮泥板除去，盘面又进入水中，重新吸着水中的颗粒。

磁盘吸着水中颗粒的条件：第一颗粒磁性物质或以磁性物质为核心的凝聚体，进入磁盘磁场即被磁化，或进入磁盘磁场之前先经过预磁化；第二磁盘磁场有一定的磁力梯度。作用在磁性颗粒上的力除磁力外，还有粒子在水中运动时受到运动方向上的阻力。

为了提高处理效果，应提高磁场强度、磁力梯度和颗粒直径。磁盘设计时，当磁场强度和磁力梯度确定后，只有依靠增加颗粒的直径来提高去除效率。因此，磁盘经常和磁凝聚成药剂絮凝联合使用。污水在进入磁盘前先投加絮凝剂或预磁化，或者二者同时使用。同时使用时，应先加絮凝剂，再预磁化，预磁时间 0.5~1s，预磁场强度 0.05~0.1T（500~1000Gs）。加载絮凝磁分离技术是在传统的絮凝工艺中，加入磁粉，以增强絮凝的效果，形成高密度的絮体和加大絮体的比重，达到高效除污和快速沉降的目的。磁粉的离子极性和金属特性，作为絮体的核体，大大地强化了对水中悬浮污染物的絮凝结合能力，减少絮凝剂用量，在去除悬浮物，特别是在去除磷、细菌、病毒、油、重金属等方面的效果比传统工艺要好。同时污泥中的磁粉，利用磁粉本身的特性使用磁鼓进行分离后回收并在系统中循环使用。出水用高梯度磁过滤器捕集水中含有的残余微小颗粒，以达到高度净化、回收的目的。

（3）高梯度磁过滤法

磁过滤是靠磁场和磁偶极间的相互作用。磁偶极本身会使磁场内的磁力线发生取向，当与磁力线不平行时，磁偶极就受到转矩的作用，如果磁场存在梯度，偶极的一端会比另一端处于更强的磁场中并受到较大的力，其大小和磁偶极距及磁场梯度成正比。

磁场中磁通变化越大，也就是磁力线密度变化越大，梯度也就越高。高梯度磁过滤分离就是在均匀磁场内，装填表面曲率极小的磁性介质，靠近其表面就产生局部性的疏密磁力线，从而构成高梯度磁场。因此，产生高梯度磁场不仅需要高的磁场强度，而且要有适当的磁性介质。可用作介质的材料有不锈钢毛及软铁制的齿板、铁球、铁钉、多孔板等。

对介质的要求是：①可以产生高的磁力梯度；②可提供大量的颗粒捕集点；③孔隙率大，阻力小，污水方便通过，不锈钢毛一般可使孔隙率达到95%；④矫顽力小，剩磁强度低，跟磁快，在除去外磁场后介质上的颗粒易于冲洗下来；⑤具有一定的机械强度和耐腐蚀性，冲洗后不应产生妨碍正常工作的形变，如斩断、压实等。

（4）超导磁分离装置

超导体在某一临界温度下，具有完全的导电性，也就是电阻为零，没有热损失，因此可以用大电流从而得到很高的磁场强度，如用超导可获得磁场强度为2T的电磁体。此外，超导体还可以获得很高的磁力梯度。高磁力梯度除用钢毛等磁性介质获得外，不可以利用电流分布不同得到。

线表面的磁场与电流密度成正比，与离表面的距离成反比，超导体可以在表层达到极高的电流密度，从而在其附近形成高梯度磁场。同时使用不锈钢毛，就可以产生极高的磁力梯度。

3. 磁分离技术的优点

（1）磁分离技术处理效率高，该技术处理污水速度快、处理能力大，且不受自然温度的影响，对其他分离方法难以除去的极细悬浮物及低浓度的污水具有很强的分离能力。特别是高梯度磁滤分离器的过滤速度是一般处理用的高速过滤机的10~30倍,相当于沉淀池的100倍。

(2)磁分离设备体积小、结构简单、维护容易、费用低、占地少,如高梯度磁分离设备,容易实现自动化;工作高度可靠,维修量适中。占地少,以普通快滤池为例,磁滤器占地面积仅为其1/6,土建量也很少,可以大大缩短建设周期。因此,磁滤器特别适合中小型水厂及土地资源比较紧张的城镇采用。

(3)利用高梯度磁滤法,可去除那些耐药性和毒性很强的病原微生物、细菌以及一些难降解的有机物等。有研究表明,磁场力可使病原微生物、细菌等细胞内的水和酶钝化或失活,从而它们被杀灭,通过磁滤达到去除的目的,而且不产生有害的副产品。与用氯或氯制剂消毒相比,该磁分离技术不会产生污水是的有机物与氯反应产生三卤甲烷(THMs)和其他卤代烃化合物,这些化合物是多种疾病的致病因子。

(4)运行费用相对较低,对于中小型水厂而言,采用磁滤处理装置(过滤部分)与传统工艺(滤池部分)相比,增加的运行费用(运行时按投加铁粉考虑,回收率按80%计算)为0.49元/m^3(试验设备按单独定制,造价比批量生产要高得多),但磁滤器对水中有机物的去除效果远高于传统工艺,且能去除藻类,出水水质优于砂滤池出水。

4. 存在的技术难度和局限性

(1)介质的剩磁使得磁分离设备在系统反冲洗时,难以把被聚磁介质所吸附的磁性颗粒冲洗干净,因而影响着下一周期的工作效率。

(2)为了提高磁场梯度,必须选择高磁饱和度的聚磁介质,对聚磁介质的选择具有一定的技术困难,且增加运行的费用。

八、粗粒化(聚结)除油法

1. 粗粒化(聚结)除油法的原理及作用

所谓粗粒化(聚结)除油法的作用,就是使含油污水通过一个装有填充物(也叫粗粒化材料)的装置,在污水流经填充物时,使油珠由小变大的过程。经过粗粒化(聚结)后的污水,其含油量及污油性质并不变化,只是更容易用重力分离法将油除去。粗粒化(聚结)处理的对象主要是水中的分散油,粗粒化(聚结)除油是粗粒化及相应的沉降过程的总称。

粗粒化(聚结)除油法的原理是利用油和水对聚结材料表面亲和力相差悬殊的特性,当含油污水流过时,微小油粒被吸附在聚结材料表面或孔隙内,随着被吸附油粒的数量增多,微小油粒在聚结材料表面逐渐结成油膜,油膜达到一定厚度后,变形成足以从水相分离上升的较大油珠。

聚结材料都具有疏水性,不论其疏油还是亲油,只要粒径合适,都能取得较好的聚结性能。若聚结材料具有亲油性,当含油污水流经聚结材料的堆积床时,分散在水中的微小乳化油粒就会被吸附在材料表面,小油粒聚结成较大油珠后,在浮力作用下上升分离。若聚结材料具有疏油性,当含油污水流经聚结材料的堆积床时,乳化油粒在聚结材料之间的微小且方向多变的空隙内运动时,多个微小乳化油粒可通过相互接触而聚结成能靠浮力上升分离的大油珠。

有关研究表明,能够进行聚结处理的乳化油珠最小粒径为5~10μm,粗粒化(聚结)除油一般设置在隔油池后,代替气浮除油过程。

选择聚结材料时,首先要考虑其物理性能,然后还要用待处理的含油污水进行试验考证后再确定。表3-8列出了常用聚结材料的物理性能,表3-9列出了表面性质不同的聚结材料的除油结果。选择聚结材料的基本要求可归纳如下:耐油性能好,不能被所除油溶解或溶涨，尽可能选用亲油疏水材料，具有一定机械强度，不易磨损，再生冲洗方便简单，不易板结成团，使用颗粒材料时，粒径为3~5mm。

表3-8 常用聚结材料的物理性能

材料名称	润湿角	密度/(g/mL)	润湿角测定条件
聚丙烯	7°38′	0.91	(1)水温44℃； (2)介质为净化后含油污水； (3)润湿剂为原油
无烟煤	13°18′	1.60	
陶粒	72°42′	1.50	
石英砂	99°30′	2.66	
蛇文石	72°9′	2.52	

表3-9 表面性质不同的聚结材料的除油结果

类型含油量	粒状材料			纤维材料		
	原水/(mg/L)	出水/(mg/L)		原水/(mg/L)	出水/(mg/L)	
		亲油材料	亲水材料		亲油材料	亲水材料
最大值	306.4	66	75	297	89	107
最小值	81	3	5	93	58	53
平均值	218	16:9	20.8	151	74	78
效率/%		92.2	90.5		51.0	48.3

聚结材料不同，聚结效果也会有所差异。同种聚结材料，改变其外形或改变其表面疏水性质，都会影响其聚结性能。因此选择聚结材料时，一般要针对某种含油污水进行可聚结性试验和聚结除油试验。根据试验结果，确定使用何种聚结材料和确定聚结床层的高度和通水倍数，根据通水倍数确定聚结床层的工作周期。

2. 粗粒化(聚结)除油装置

粗粒化(聚结)除油装置由聚结段和除油段两部分组成，根据这两段的组合形式可将粗粒化(聚结)除油装置分为合建式和分建式两种，常用的是合建承压式粗粒化(聚结)除油装置(见图3-11)。

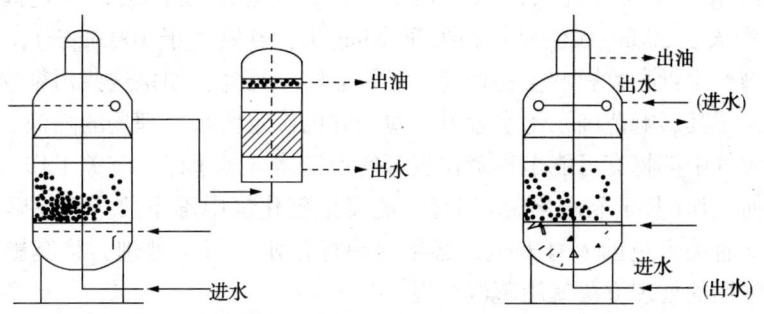

图3-11 常用聚结除油装置示意图

从一定意义上讲，粗粒化(聚结)除油装置和过滤工艺的承压滤池有许多相似之处。从下而上由承托垫层、承托垫、聚结材料层、承压层构成，水流方向多为反向流，聚结床工作周期结束后的清洗采用气水联合冲洗。常使用级配卵石作为承托垫层，卵石级配见表3-10。

管理方法和注意事项等与承压滤池也基本相同。

表 3-10 垫层卵石级配表

层状	粒径/mm	厚度/mm
上	16~32	100
中	8~16	100
下	4~8	100
总厚		300

承托垫一般由钢制格栅和不锈钢丝网组成，其作用是承托聚结材料层、承压层等部分的重量。钢制格栅的间距要比粒状聚结材料的上限尺寸大 1~2mm，而不锈钢丝网的孔眼要比粒状聚结材料的下限尺寸略小，以防聚结材料漏失。当使用密度小于 1.0 的聚结材料时，在聚结材料的顶部也要设置钢制格栅、不锈钢丝网及压网卵石层以防清洗时跑料。常用压网卵石粒径为 16~32mm，厚度 0.3m。钢制格栅、不锈钢丝网的选择原则与承托垫一样。

九、汽提

1. 汽提作用及原理

汽提作用是通过污水与水蒸气直接接触，使污水中的挥发性有毒有害物质按一定比例扩散到气相中去，从而达到从污水中分离污染物的目的。基本原理与吹脱法相同，只是所使用的介质不同，汽提是借助于水蒸气介质来实现的。将空气或水蒸气等载气通入水中，使载气与污水充分接触，导致污水中的溶解性气体和某些挥发性物质向气相转移，从而达到脱除水中污染物的目的。根据相平衡原理，一定温度下的液体混合物中，每一组分都有一个平衡分压，当与之液相接触的气相中该组分的平衡分压趋于零时，气相平衡分压远远小于液相平衡分压，则组分将由液相转入气相，即为汽提原理。一般使用空气为载气时称为吹脱；使用蒸汽为载气时称为汽提。

2. 汽提适用的水质

在石油炼制加工等工业排放的污水中常含有硫化物、酚、氰化物、氨氮等物质，使污水呈酸性。酸性污水不经处理进入污水处理场后，若这些酸性物质含量过离（硫化物大于 50mg/L、挥发酚大于 300mg/L、氰化物大于 20mg/L、氨氮大于 100mg/L），就可能对活性污泥中的微生物产生毒害，影响生物处理的正常运转。另外，如果这些污染物质随着污水流动，相当于扩大了其影响范围，污水管道、检查井内部及污水处理场的隔油、浮选、曝气等工艺设施附近大气中都将有可能出现硫化氢等有毒气体含量超标，有关工作人员在污水处理设施内从事任何工作（甚至取样化验）都有可能发生硫化氢中毒事故。为保障污水处理场的平稳运行和保证有关人员的人身安全，必须对超标污水进行预处理，将其影响范围降到最小。目前，最常用的处理方法就用蒸汽汽提。

石油加工过程中，原油蒸馏装置和各种二次油品加工装置都会排出酸性污水，酸性污水水质随所加工的油品性质和加工装置的不同而不同。加工高含硫原油时，同一生产装置排出的酸性污水中，硫化氢和氨的含量都较高。加工同一原料油时，酸性污水中硫化氢和氨的含量则因加工装置的不同而不同。表 3-11 列出了不同原油不同加工深度所排放污水中各种污染物的含量。

表 3-11　不同原油不同加工深度所排放污水中各种污染物的含量　　　mg/L

加工原油	污水来源	含量				
		硫化物	氨氮	挥发酚	油	氰化物
胜利原油	常压塔顶回流罐	3.4~168.1	51.2~151.5	22.5~28.6	96.5~464.5	
	减压塔顶回流罐	425.9	320.6	135.1	1408.2	0.84
	催化奋馏塔顶回流罐	1340~8929	1114~1355.2	591.8~1188	726	
	催化富气水洗分离罐	968~13061	7700~9278	57.8~138.4	141~795	29.67
	焦化分馏塔顶回流罐	4220~6606	2302~2413	541~1614	10300~37144	
	焦化富气水洗分离罐	4222	1730	60.7	17779	20
辽河原油	常压塔顶回流罐	22.1	60.7	8.55	3.29	0.01
	减压塔顶回流罐	27.5	37.3	8.21	288.6	73
	催化分馏塔顶回流罐	1185	1990	580.7	20.1	211.3
	催化富气水洗分离罐	1750.5	1839	32	5.9	690
	稳定塔顶回流罐	7091.5	3815	0.05	5.45	

3. 汽提类型

汽提产生的硫化氢和氨气必须予以回收，因为焚烧只是将硫化氢氧化为二氧化硫后排放，而二氧化硫是产生酸雨的一个主要原因，国家有关法规对此有严格的规定。因此，提倡使用的汽提装置要同时具备将硫化氢收集处理的能力，一般是将硫化氢送到硫黄回收装置制硫。处理含硫污水常用的蒸汽汽提方式有双塔汽提和单塔汽提两大类。双塔汽提是使原料污水依次进入硫化氢汽提塔或氨气汽提塔。在两个塔内分别实现硫化氢和氨气从污水中分离的过程。双塔汽提可同时获得高纯度的硫化氢和氨气，净化水水质较好，可回用或进入综合污水处理场处理后排放。其缺点是设备复杂，蒸汽消耗量大。单塔汽提的特点是在一个汽提塔内同时实现硫化氢和氨气分离的过程，其优点是设备简单，蒸汽单耗低。

常用的单塔汽提为单塔加压侧线抽出汽提（见图 3-12），该工艺流程具有设备简单，操作平稳，蒸汽单耗低，原料水质适应范围宽等特点，能同时高效率地将硫化氢和氨脱出，净化水水质好。单塔汽提是利用硫化氢和氨在不同温度下在水中溶解度的变化存在差异这一特性，使污水在汽提塔内温度高低变化，从而实现氨与酸性气分别从污水中脱出。具体原理是：在低温（低于80℃）和一定压力下，氨在水中溶解度较大，相比之下二氧化碳、氨等酸性气体的溶解度较小，即液相中氨含量较大而气相主要由酸性气组成。当温度较高（大于80℃）时，因为氨在水中的溶解度迅速下降而挥发至气相，从而改变气相组成，使气相主要成分为氨。其流程是以冷原料水或净化水作为冷进料打入汽提塔顶部，将塔顶温度降低后，实现硫化氢、二氧化碳从污水中分离的过程；经与净化水换热后的原料水作为热进料打入塔的上部，塔底部由重沸器或蒸汽直接供热，将硫化氢、二氧化碳和氨气从污水中分离出来，塔底排出合格的净化水，塔中部形成一个硫化氢含量最少，氨气浓度最高的区域，由此抽出富氨侧线气，实现氨气从污水中分离的过程。当污水中氨含量较低，只需脱出硫化氢时，为进一步简化流程和操作，可采用单塔加压无侧线抽出流程。

近些年，随着我国制造技术的快速进步，污水处理设施装备的小型化、模块化、多功能化已成为趋势。比如集曝气和沉淀、絮凝、混凝技术于一体的高效气浮，具有体积小、可移动、效率高等优点。同时具有自动监测、流量调节和精准配药的一体化水处理剂投加功能的

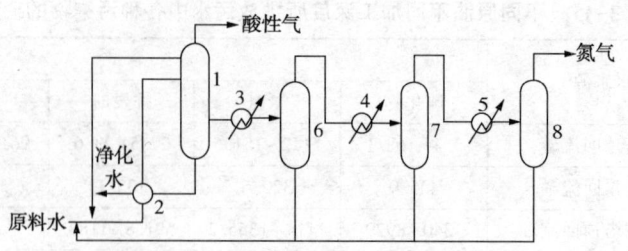

图 3-12 单塔加压侧线抽出汽提示意图

1—汽提塔；2—换热器；3——级冷却器；4—二级冷却器；
5—三级冷却器；6——级分凝器；7—二级分凝器；8—三级分凝器

设备大大提高了均质能力。罐中罐和超声技术相结合的隔油收油技术和传统隔油池相比，不仅占地小而且污水停留时间短，除油效果好。以上预处理的各种技术各有优势和不足，需要在水质评价基础上，结合现场空间、投资、人员操作维护等各种因素加以选择应用。总而言之，通过一种或多种预处理技术的串联应用，使污水能够满足生物处理的基本条件，为污水的最终达标处理和回用作充分的准备。

第二节　特殊污水预处理

石油化工、煤化工生产是一个产业链比较长的行业，以石油、煤为原料，通过裂解、精炼、分馏、重整、气化及合成等工艺为主的一系列有机加工过程。排出的污水和废液，其中含有随水流失的工业生产原料、中间产物、副产品以及生产过程中产生的污染物，是造成环境及水污染的重要原因。一般石油化工、煤化工生产污水中含有石油类、COD、悬浮物、氨氮等常规污染物，不同生产企业因产品不同，所产生的污水中还含有多种与产品相关的特征污染物，如酚、硫化物、氟化物、氰化物、磷、芳烃类化合物等，这些污染物中有的还具有难生物降解、毒性、高含盐等特点，在实际污水预处理过程中，应严格划分污水体系，并采用不同的预处理工艺，以利于污水的生物处理和深度处理，确保达标排放。应该说明的是，对于浓度极高，超出污水处理范畴的废液，如果符合国家危险废物名录，或经鉴定为危废的，应按照危废来进行处置。就目前而言，高浓度污水和危废间还没有明显的界定，如果经过适当的预处理，能够满足污水场接管指标，应可作为特殊污水处理。

一、丙烯腈污水

1. 生产简介及污水特点

丙烯腈是合成纤维，合成橡胶和合成树脂的重要单体。由丙烯腈制得聚丙烯腈纤维即腈纶，其性能极似羊毛，因此也叫合成羊毛。丙烯腈与丁二烯共聚可制得丁腈橡胶，具有良好的耐油性、耐寒性、耐磨性、和电绝缘性能，并且在大多数化学溶剂，阳光和热作用下，性能比较稳定。丙烯腈与丁二烯、苯乙烯共聚制得 ABS 树脂，具有质轻、耐寒、抗冲击性能较好等优点。丙烯腈水解可制得丙烯酰胺和丙烯酸及其酯类。它们是重要的有机化工原料，丙烯腈还可电解加氢偶联制得己二腈，由己二腈加氢又可制得己二胺，己二胺是尼龙66原料。可制造抗水剂和胶粘剂等，也用于其他有机合成和医药工业中，并用作谷类熏蒸剂等。

丙烯腈生产过程中会排放大量污水，污水中主要含有丙烯腈、乙腈、丙烯醛等物质，其COD 20000mg/L，CN^- 25mg/L，其中腈化物为剧毒物，该污水既不能直接排放，且必须经预处理降低生物毒性才能有利于后续处理。故对丙烯腈生产污水的处理至关重要。

2. 污水预处理工艺流程

某年产 10 万吨丙烯腈生产装置的污水经收集后首先进行硝化水解的碱化处理，再用酸调节 pH 值，然后进入曝气池降解污水中的有机物，达到排放浓度后排放。这种方法处理污水量大、成本较高。近几年，采用了蒸发、浓缩、焚烧等工艺组成的组合流程，使排放的污水量减少了一半；而后浓缩液经焚烧处理，并回收其中的部分热量，而少部分污水再进入生化系统做进一步处理。采用四效蒸发装置，主要由四效蒸发系统和轻有机物汽提塔两部分组成。蒸发器下段为换热段，上段为蒸发段，并配有循环泵和凝液外送泵。

四效蒸发系统的作用是将工艺污水进行清浊分流，经蒸发后的浓缩废液送焚烧炉，而各效的蒸汽凝液汇总后送往有机物汽提塔。四效蒸发器压力递减，采用真空泵控制；轻有机物汽提塔是在碱性高温条件下将氰醇分解，并汽提出其中轻有机物加以回收，釜液经换热冷却后作水封补充水返回装置，另一部分送去进行生化处理。丙烯腈装置污水四效蒸发处理工艺流程图见图 3-13。

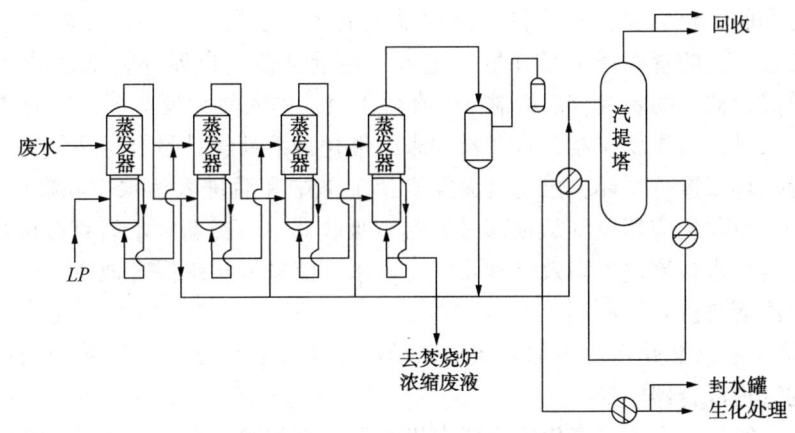

图 3-13 丙烯腈装置污水四效蒸发处理工艺流程图

3. 处理效果

经四效蒸发器处理，当污水处理量 28t/h，第四效蒸发器压力为 20kPa，排出蒸发凝液 5~9t/h，水封水 2~4t/h，浓缩废液 5~9t/h，含轻组分的有机物蒸汽 1~2t/h，蒸汽（0.3MPa）用量 7~9t/h。其处理效果见表 3-12。

表 3-12 四效蒸发器的进、出水水质

项目	进水	出水	项目	进水	出水
COD/(mg/L)	20000	2200	氨氮/(mg/L)	100	20
CN^-/(mg/L)	25	4	AN/(mg/L)	5	1
重组分/%(质)	0.9				

二、己内酰胺生产污水

1. 生产简介及污水特点

己内酰胺的生产工艺路线很多,已工业化的生产工艺路线有以下 5 类:①苯加氢环己烷氧化法,以苯为基础原料,经加氢制取环己烷,环己烷氧化生成环己酮,再与羟胺肟化生成环己酮肟,经贝克曼重排得到己内酰胺。②苯酚法,从苯酚经加氢制环己醇,经氧化生成环己酮,再与羟胺肟化生成环己酮肟,经贝克曼重排得到己内酰胺。③甲苯法,甲苯在催化剂作用下氧化制取苯甲酸,再加氢得到环己基羧酸,环己基羧酸在发烟硫酸的作用下,与亚硝酰硫酸反应,并经贝克曼重排得到己内酰胺。④硝基环己烷法,环己烷硝化得到的硝基环己烷,在催化剂作用下部分氢化还原为环己酮肟,经贝克曼重排得到己内酰胺。⑤己二腈法(丁二烯法),是由丁二烯与氢氰酸反应生成己二腈,己二腈经催化加氢得到氨基己腈,再经环化得到己内酰胺。

污水特点 COD4300mg/L、pH=6~9、NH_3-N200mg/L、P200mg/L、SS100mg/L。是一种高有机物、高磷、难生物降解污水。

2. 污水预处理工艺流程

某年产 30 万吨/年以苯为原料,经加氢制取环己烷,环己烷氧化生成环己酮,再与羟胺肟化生成环己酮肟,经贝克曼重排得到己内酰胺的生产装置,其污水预处理首先采取预酸化:氨肟化装置产生的管架污水经计量后进入管道混合器,自界外管架来的 98%硫酸经计量后进入管道混合器,两者混合后控制 pH 值为 2~4,进入酸化反应器。同时界外管架来的双氧水经计量后进入氧化反应器,自加药间来的催化剂溶液经计量泵送往氧化反应器中。氧化反应器设置循环泵进行循环,出水自流经管道加碱中和后进入污水中和罐中,中和罐 pH 值控制在 8~9。氧化反应器尾气从顶部进入酸雾吸收器中,经新鲜水后直接排往均质池。

氧化反应器来水自流进入高效沉砂器中,出水自流进入污水提升池中,由泵送往调节池配水箱后,上清液自流入均质调节池内。

(1) pH 调节,胺肟化污水中加入 98%浓硫酸,调节 pH=2~4,硫酸加药点在氧化反应器进水管道的管道混合器中加入。

(2) Fenton 氧化反应,向氧化反应器中投加催化剂和双氧水,污水通过循环泵和药剂充分混合反应,在催化剂作用下双氧水生成强氧化性的羟基自由基,和污水中的有机物发生反应,是难降解有机物得到降解。氧化反应器顶部的废气经过酸雾吸收器中之后,经新鲜水后直接排往均质池。双氧水的投加量约为 0.15%,催化剂投加量为约 0.1%。

(3) 中和絮凝反应,氧化反应后的污水进入污水中和罐,在中和罐中投加碱液对污水的 pH 值进行调节,以满足出水 pH=6~9 要求。由于 Fe^{3+} 本身就是非常好的混凝剂,可使污水中的铁泥发生混凝反应。在这个过程中除了发生混凝反应,同时对色度、SS 及胶体也具有一定的去除功能。

(4) 沉淀,加药絮凝之后的污水进入高效沉砂器进行泥水分离。底泥通过污泥螺杆泵输送至调节池配水箱,自流入均质调节池内。

脱磷:羟氨肟化装置产生的含磷酸盐污水经管架直接进入污水反应系统混合池中,与除磷药剂经搅拌进行化学反应后,自流依次进入混合池和沉淀池中,同时界外的新鲜水直接分两股进入磁分离 PAM,加药装置和磁分离加药装置中分别将 PAM 和除磷剂 $Ca(OH)_2$ 两种药剂进行溶解。加药装置的 PAM 溶液经混合溶解后计量泵送往污水反应系统混合池中,加药装置的除磷剂溶液经混合溶解后计量泵送往污水反应系统混合池中。经混合池中反应后的脱磷污水在沉淀池中絮凝沉淀，上清液自流进入污水提升池中，再由泵送往调节池配水箱后，自流入均质调节池内。絮凝沉淀物经泵送往污泥池中。沉淀池排出磁粉通过磁粉回收泵回收至磁分离器，经分离后再进入磁混合器，经混合后通过排污水沟进入污水提升池中。

3. 处理效果

处理后各值：

COD 2500mg/L、NH_3-N 100mg/L、P 50mg/L、SS 30mg/L、pH=8.9。

三、尿素污水

1. 生产简介及污水特点

尿素生产采用二氧化碳汽提法生产工艺，主要包括原料CO_2的压缩和液氨加压、尿素合成及CO_2气提、低压分解回收、蒸发造粒等几个步骤。其工艺冷凝液，包括尿液蒸发的冷凝液、常压吸收塔的废氨水和闪蒸槽尾气的冷凝液等，收集在氨水槽中，主要污染物组分为NH_3-N、尿素及CO_2。浓度变化范围大体为：NH_3-N为2.5%~8.1%，尿素为1.25%~1.6%，CO_2为2%~3.5%。

2. 污水预处理工艺流程

某年产60万吨尿素生产定装置污水采用两级解析（汽提）处理法。首先，提高第一解析（汽提）塔的尿素工艺冷凝液的温度，降低其上方的平衡气相压力，使NH_3和CO_2组分在液相中浓度大于与气相平衡的浓度，绝大部分的NH_3和CO_2可以从液相转入气相，然后进一步提高进水解塔的解析液温度，使废液中尿素分解为NH_3和CO_2，再通过第二解析（汽提）塔，从液相中析出NH_3和CO_2，使冷凝液中NH_3和尿素的含量降到数十或者几个毫克/升。工艺冷凝液的处理流程如图3-14所示。

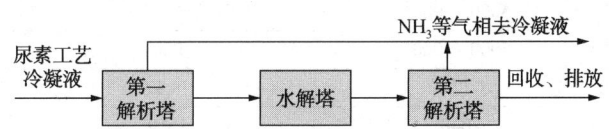

图3-14 尿素装置工艺冷凝液处理工艺流程图

3. 处理效果

解析水的NH_3和尿素的浓度可分别降到25×10^{-6}mg/L和26×10^{-6}mg/L左右，NH_3、CO_2和尿素的回收率可以达到99.99%以上；解析水回收利用率可达50%左右。

四、有机氯污水

1. 生产简介及污水特点

环氧丙烷（PO）是除聚丙烯和丙烯腈外的第三大丙烯衍生物，是重要的基本有机化工合成原料，主要用于生产聚醚、丙二醇等。它也是第四代洗涤剂非离子表面活性剂、油田破乳剂、农药乳化剂等的主要原料。环氧丙烷的衍生物广泛用于汽车、建筑、食品、烟草、医药及化妆品等行业。以氯醇法生产环氧丙烷时，排出的污水中含有有机氯化物，所以通称有机氯污水，包括含有二氯丙烷和二氯乙烷的污水。但是除了精馏塔底污水外（二氯丙烷含量高达10000mg/L左右，但是水量很少，小于1t/h），其他污水中有机氯化物的含量并不高。这种污水实质上以高盐、高温、高pH值以及有较高浓度的悬浮物为其特点。

2. 污水预处理工艺流程

某年产10万吨环氧丙烷生产装置其污水预处理流程包括：①闪蒸：去除二氯丙烷是利用污水预热使水中的二氯丙烷等随蒸出的二次蒸汽带走。在常压闪蒸时，二氯丙烷的去除率可达40%左右，如果利用蒸汽喷射泵或真空泵，在负压下进行减压闪蒸，二氯丙烷的去除率可达80%左右。②增稠：回收利用氢氧化钙。采用辐流和竖流沉淀池，加入絮凝剂进行絮凝，使悬浮物沉降、浓缩、增稠，形成石灰乳，其中氢氧化钙含量可达3%~5%，可作为皂化反应工序的原料(石灰乳)的补充。

3. 处理效果

该处理使用的主要设备为：常压闪蒸罐工作压力：常压、进罐水温106~107℃；辐流、竖流沉淀池，停留时间：1.5~2.0h；刮泥转速：25r/min。常压闪蒸效果见表3-13。处理效果见表3-14。

表3-13 常压闪蒸处理效果

项目	闪蒸罐进水浓度/(mg/L)	闪蒸罐出水浓度/(mg/L)	蒸出液中浓度/(mg/L)	去除率/%
1,2-二氯丙烷	1.077	0.52	71.58	49.3
1,3-二氯丙烷	13.28	7.4	953.8	44.13
COD_{Cr}	3218.3	2648.5	8539	17.7

表3-14 处理效果

项目	进水浓度/(mg/L)	上清液中浓度/(mg/L)	底废浆液中浓度/(mg/L)
丙二醇	800	800	800
二氯丙烷	10	10	10
$CaCl_2$	3000~40000	3000~40000	3000~40000
$Ca(OH)_2$	5000~7000	550~770	39560~48531
SS	5000~7000	200	46400
pH	12	3~12	12~13
COD_{Cr}	2648	1500	10684

五、腈纶污水

1. 生产简介及污水特点

腈纶生产工艺主要可分为干法纺丝和湿法纺丝两大类(简称干法和湿法)，其中湿法又分为一步法和二步法。二步法因其具有产品质量好、原料消耗低和污染物排放少等优势，为目前腈纶生产厂家普遍采用的生产工艺。但从水质特点上讲，干、湿法两类生产工艺所排放的污水中所含的主要污染物大致相同，但浓度相差较大，其主要物质为生产过程的各个工段剩余的原料和新合成的各类物质，具体来说主要为硫酸盐、丙烯腈(AN)、二甲基甲酰胺(DMF)、二甲基乙酰胺(DMAC)、丙腈磺酸钠、有机胺、氨氮、表面活性剂和聚丙烯腈低聚物等。

根据腈纶污水中存在的污染物，腈纶污水主要可概括为具有以下四个特点：一是生产中加入20多种原料，聚合反应中又同时生成各种不同分子量的高聚物和副产品，因此污水中污染物较多，含有难以生物降解且难自然沉降的高分子聚合物；二是生产过程中加入硫酸，且反应副产品丙腈磺酸钠经厌氧水解产生硫酸根，因此高浓度硫酸盐也成为污水中的主要污染物；三是污水中含有有机胺和氨氮，这就要求系统有脱氨氮的能力；四是污水中含有 $100×10^{-6}\sim150×10^{-6}$ 的 EDTA 和 $50×10^{-6}\sim70×10^{-6}$ 的壬基酚聚氧乙烯醚，这两种物质长期以来一直被认为是难以生物降解的物质，直接影响腈纶污水处理的达标排放。水质是总硬度 32mg/L，悬浮物 360mg/L，可滤残渣 16620mg/L，COD 3000mg/L，氨氮 50mg/L，挥发酚 360mg/L，BOD_5 8150mg/L。

2. 污水处理工艺流程

某年产 10 万吨腈纶生产装置，其污水预处理采用气浮法，通过在污水中产生大量微气泡，使其黏附水中的乳化油和细小悬浮物后上浮，通过去除浮渣来达到净化水质的目的。利用浅层气浮技术，在最佳混凝剂投加量（聚合硫酸铁 300～350mg/L、阳离子 PAM 为 7～10mg/L）下，对 COD 的平均去除率达到 11.3% 以上，并对低聚物进行了有效去除。另回收系统是腈纶生产过程工艺污水的主要污染源，回收装置由单体汽提塔和溶剂回收塔组成。单体汽提塔的作用是将聚合设施来的滤液中的单体，经精馏而分离出来使单体得到回收，塔釜残液经换热后与溶剂回收塔塔顶混合送往污水处理厂。

溶剂回收塔的是常压精馏设备，利用 DMF 与水、FA、DMA 沸点的不同而进行分离。产品（DMF）从侧线抽出；FA 及高沸点杂质从塔底排出；水、DMA 呈气态从塔顶蒸出，冷凝后部分回流返回塔顶，其余送污水处理厂。

3. 处理效果

处理后出水是总硬度 25mg/L，悬浮物 20mg/L，可滤残渣 245mg/L，COD 2600mg/L，氨氮 20mg/L，挥发酚 118mg/L，BOD_5 37mg/L。

六、醋酸乙烯–聚乙烯醇污水

1. 生产简介及污水特点

聚乙烯醇（PVA）是由醋酸乙烯（VAc）经聚合醇解而制成，生产 PVA 通常有两种原料路线，一种是以乙烯为原料制备醋酸乙烯，再制得聚乙烯醇；另外一种是以乙炔（分为电石乙炔和天然气乙炔）为原料制备醋酸乙烯，再制得聚乙烯醇。

（1）乙烯直接合成法：石油裂解乙烯直接合成法由日本可乐丽公司首次开发成功并用于工业化生产。目前，国际上生产聚乙烯醇的工艺路线以乙烯法占主导地位，约占总生产能力的 72%，美国已完成了乙炔法向乙烯法的转变，日本的乙烯法也占 70% 以上。其工艺流程包括：乙烯的获取及醋酸乙烯（VAc）合成、精馏、聚合、聚醋酸乙烯（PVAc）醇解、醋酸和甲醇回收五个工序。该法的工艺特点：生产规模较乙炔法大，产品质量好，设备易于维护、管理和清洗、热利用率高，能量节约明显，生产成本较乙炔法低 30% 以上。

（2）电石乙炔合成法：该法最早实现了工业化生产，其工艺特点是操作比较简单、产率高、副产物易于分离，因而国内至今仍有 10 家工厂沿用此法生产，且大部分应用高碱法生产聚乙烯醇。但由于乙炔高碱法工艺路线产品能耗高、质量差、成本高，生产过程产生的杂质污染环境亦较为严重，缺乏市场竞争力，属逐渐淘汰工艺。国外先进国家早于 20 世纪 70 年代已全部用低碱法生产工艺。

（3）天然气乙炔合成法：天然气乙炔为原料的 Borden 法，不但技术成熟，而且生产的乙炔有利于综合利用，VAc 的生产成本较电石乙炔法低 50%～70%，但天然气乙炔法投资和技术难度都较大。在天然气、煤和电力丰富的地区，天然气乙炔法仍具有生命力。欧洲及朝鲜等国家以天然气乙炔为主，我国有生产装置采用该方法。

在醋酸乙烯及聚乙烯醇的生产过程中，各精馏塔污水和聚合、醇解工序集水池排水都含有醋酸(及其盐类)、醋酸乙烯、醋酸甲酯、乙酯、甲醇、甲醛、炭黑等有机化合物，它们的浓度较高，一般为500~2500mg/L，SS为200mg/L，石油类为20mg/L，但是均属于比较容易生物降解的物质，因此采用生物处理技术。

2. 污水预处理工艺流程

某30万吨/年醋酸乙烯项目配套污水处理装置，日处理能力为12000m³，采用一体化生物处理技术——接触氧化组合工艺，污水处理系统由预处理系统、生化处理系统包括气浮处理设施、一体化反应池、接触氧化池、辐流式二沉池和污泥处理系统等组成。预处理系统主要采用溶气气浮，气浮装置由池体、接触区、分离区(包括集渣区、布水区、斜管分离区、集水区、集泥区)、溶气泵、溶气罐、溶气释放器等组成。原水与通过释放器进入接触区的回流溶气水及其释放的微气泡充分混合，悬浮物与微气泡结合形成气浮体，进入布水区，此时较大的气浮体迅速上升至集渣区，较小的气浮体进入斜板分离区，根据浅池原理，颗粒将下沉至气浮装置底部，通过自动排泥阀将其排出。处理后的污水一部分作为回流水约20%回到系统中，80%出水将进入下一级处理单元。

3. 处理效果

经预处理后出水SS小于50mg/L，炭黑、石蜡和无机杂质炭黑去除90%，石油类低于5mg/L。

七、双氧水污水

1. 生产简介及污水特点

双氧水是一弱酸性的无色无嗅透明液体，可以任何比例与水互溶。同时它又是一种极强的氧化剂，良好的漂白剂、杀菌剂、消毒剂、脱氧剂和发泡剂，广泛地用于造纸、纺织、化工、电子、食品、医药、军事等工业，以及水处理、生产废料处理和农业等部门。双氧水是1818年Thenard利用过氧化钡与酸反应而发现，迄今已近两百年。在这段时间内，由于各国专家的努力以及双氧水的应用，促使双氧水的生产得到了不断的发展。它的工业生产方法主要有电解法、异丙醇法和蒽醌法。蒽醌法生产双氧水工艺，其流程本身为一闭合循环流程，溶于重芳烃及磷酸三辛酯的2-乙基蒽醌为工作载体，用氢气、空气及纯水作为原料，经氢化、氧化反应生产双氧水，然后用纯水将其萃取，经净化后再配成产品，而工作载体及其溶剂在系统中循环使用，只需补充少量放空损耗及跑冒滴漏损失的量。

由于生产双氧水生产所用的原料氢气、空气及纯水均不是毒物，产品双氧水本身不仅不属毒物，还可净化毒物，用于污水处理。只有生产过程中所用溶剂重芳烃具有较大挥发性，可随氧化尾气带入大气，由于总挥发量小，符合国家有害气体排放标准，因此并不造成污染。另一溶剂磷酸三辛酯毒性极低，几乎无毒，不挥发。如此，从生产工艺本身来看，生产"三废"较少，对环境污染轻，采取适当措施后，可满足环境保护要求。双氧水正常生产过程本身无污水排放，只在装置开停车时和配制工作液时才产生污水。其水质COD 8000mg/L，石油类4000mg/L，SS 200mg/L，H_2O_2 0.1%，pH=6~9。

2. 污水处理工艺流程

某年产10万吨17.5%双氧水生产装置，产生的生产污水首先按工段污水pH不同，分别进入污水处理装置的酸性进水井和碱性进水井，经提升泵后进入隔油池与工作液混合，在隔去部分污油后进入缓冲池，经自吸泵流经过滤器后依次进入一级、二级隔油池再次隔油，隔油后的污水自流进入催化氧化池进行处理。

3. 处理效果

经上述工艺处理后，出水 COD 2000mg/L，石油类 100mg/L，SS 20mg/L，H_2O_2 0.01%，pH=6~9。

八、煤制油污水

1. 生产简介及污水特点

目前世界煤液化技术主要包括直接液化、间接液化和煤焦油加工三种途径。煤炭直接液化的优点是油品产率高，单位耗水量少，一般生产 1t 油品需要消耗 6t 水，缺点是对煤种比较挑剔，化学反应条件苛刻。间接液化的优点是煤种适应范围广，反应条件要求比直接液化低，缺点是油品产率低，单位耗水量大，一般生产 1t 油品需要消耗 6~8t 水。两种工艺在技术上具有互补性。

国内年产 100 万吨石脑油、液化气、汽柴油等产品，采用直接液化技术的煤制油生产企业，其污水特点是：低浓度污水处理工艺主要处理全厂含油污水、生活污水及煤制氢气化污水，COD 小于 500mg/L。高浓度污水处理工艺处理煤直接液化高浓度污水，高浓度污水是煤制油项目特有的工艺污水，COD 浓度最高可达到 10000mg/L，含杂环类芳烃、酚类等难降解的有机物。低含盐污水处理工艺主要处理全厂循环水场排污水、除盐水站酸碱中和污水。含有催化剂污水处理单元，主要处理煤液化催化剂制备单元排放的高含硫酸铵污水，含盐量 6%~7%。深度处理工艺考虑的是"分质回用"，但受工艺装置运行不稳定、季节变化等因素影响，循环水补水量变化频繁，造成某些时段达到循环水回用标准的水量过剩，而其水质又无法达到除盐水系统的进水标准，为此新增污水深度处理工艺，从而改为"一水多用"，便于企业用水的平衡和调度。

2. 污水预处理工艺流程

（1）煤直接液化项目污水处理场污水预处理部分，分为破乳隔油、氧化、沉淀过滤、加药。其中催化氧化主要去除高浓度污水的色度和 COD，以提高污水达标处理的稳定性、可靠性、可生化性，为后续生产打好基础。

污水预处理系统水源来自酚回收系统排出的高浓度污水。污水首先进入匀质罐，再重力流入或泵入 pH 调节池内进行破乳隔油后，重力流至隔油池中将沉渣、油及污水进行的有效分离。隔油池沉渣定期排至沉渣浓缩池，浮油定期撇出，油相再进行资源化利用。隔油出水通过水泵提升至核心单元——高效催化氧化单元，有效去除 COD 和不饱和致色物质，降低生物毒性并提高可生化性，出水经混凝沉淀处理再经过滤去除悬浮物后，进入产水池，调节 pH 值稳定在 5.5~6 后输送入生化池。混凝沉淀的污泥定期排至污泥浓缩池调理后，送至污泥脱水单元进行脱水，滤液和浓缩池上清液泵回 pH 调节池或混凝池。高浓度污水预处理系统工艺流程见图 3-15。

（2）装置构成，高浓度污水预处理组合装置用于处理加氢脱酚污水，具体包括破乳隔油、催化氧化、混凝沉淀及过滤、加药、电控等，其中催化氧化组合共四组，并联设置。工艺中采用的高效催化氧化成套装置，针对煤制油加氢脱酚污水水质特性，对催化剂、设备结构、操作条件等进行了进一步的优化，进一步提高了污水生物毒性的降低效果。在生化前增

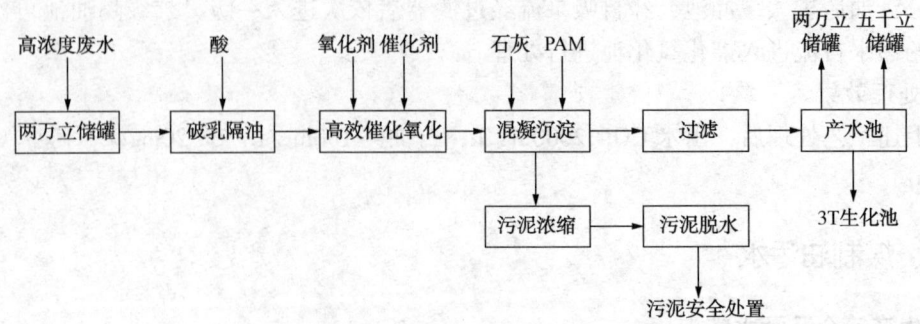

图 3-15 高浓度污水预处理系统工艺流程图

加高效预处理,大大降低了污水的生物毒性,增强了整体工艺的抗冲击负荷能力,减轻了对后续生化系统的冲击,有利于污水处理的稳定达标。

3. 处理效果

进出水水质,高浓度污水具有污染物浓度高、色度深、水质波动大、难生物降解等特点,主要来自加氢脱酚单元。污水主要污染物指标有COD、色度、挥发酚、总酚、氨氮、有机氮、硫化物、石油类等。高浓度污水预处理装置设计进出水水质情况见表3-15和表3-16。

表 3-15 进水水质表

pH	硫化物	色度(倍)	挥发酚	石油类	COD	毒性
6~9	180	1500	150	150	6000	强毒

表 3-16 出水水质表

pH	硫化物	挥发酚	石油类	COD
5.5~6	110	40	20	3800

九、煤制烯烃污水

1. 生产简介及污水特点

煤制烯烃,即煤制甲醇、甲醇制烯烃、烯烃生产PE及PP。

(1)甲醇工艺生产装置,原料煤经过原料制备、气化、部分变换、酸性气脱除、甲醇合成及甲醇精馏生产甲醇产品,为下游的MTO装置提供甲醇原料。

(2)MTO装置,由甲醇转化制取乙烯、丙烯的工艺技术,借助于流化、催化、裂化工艺,采用固定、流化床等连续反应再生方式,对甲醇进行转化,再经分离生产乙烯和丙烯等基本有机化工原料。由于聚乙烯等具有优良的性能、较宽的密度范围、应用领域多等特点,其用途包括薄膜、吹塑、注塑、电线电缆、管材、模塑、单丝、涂层料。

国内某年产60万吨煤制烯烃企业,污水处理装置接纳的污水包括气化、净化、甲醇制烯烃、烯烃分离、聚乙烯、硫回收、甲醇、火炬等装置生产污水及全厂地面冲洗水、污染雨水、生活污水等,处理后的出水送至回用水装置深度处理后回用于生产。污水中COD_{Cr} 500mg/L、NH_3-N 30mg/L、油500mg/L、挥发酚30mg/L、硫化物30mg/L。从进水水质看COD_{Cr}、油、硫等均较高,但污水的可生化性尚好,B/C值大于0.5;含油量太高,重点是有效去除含油的工艺。

2. 预处理工艺流程

煤制烯烃污水的预处理主要处理 MTO 装置的污水，该污水进入平流隔油池，去除较粗粒的油类，再依次进入涡凹气浮机和溶气气浮机。PAC 溶液由 PAC 溶解槽预先配制好，经计量泵加入涡凹气浮机前端。PAM 溶液由 PAM 自动溶解槽配制好，经 PAM 加药泵加入涡凹气浮机前端。同样，PAC 溶液经计量泵加入溶气气浮机前端，PAM 溶液由 PAM 加药泵加入溶气气浮机前端。经气浮处理后的污水进入 MTO 污水缓冲池，再经 MTO 污水提升泵提升至综合污水调节罐。平流隔油池产生的浮油由集油管流至浮油罐，至设定液位后，由浮油输送泵送至移动油罐车送出界外。而隔油池产生沉泥则流入沉泥池，由沉泥输送泵输送至污泥浓缩池。涡凹气浮机、溶气气浮机产生沉泥流入污泥池，浮渣排入浮渣池，经浮渣输送泵送污泥处理工序的污泥贮槽。

气化装置污水，直接进综合污水调节罐，进入界区后，在管道上设有流量在线仪表，同时设有 pH、COD、NH_3-N 浓度在线检测仪表，在检测仪表上设有报警和开关信号及控制阀，当污水中的浓度超过设定值时，将污水切换至事故污水罐。其余上游各装置的污水，有 OCU 装置带压污水、硫黄回收装置带压污水、空分装置带压污水、LDPE 装置带压污水、PP 装置带压污水、净化装置带压污水、甲醇装置带压污水均在进入界区前逐步汇至低浓度污水总管，再进入污水处理场界区送至污水调节罐。

生活污水和其他重力排放的污水均自地下管道来，在进水检查井汇合后进入格栅沉砂井，污水中的砂砾在格栅沉砂井前段的沉砂井内沉积。沉积的砂砾定期通过排砂泵提升到附近的砂斗，砂斗盛满后外运。沉砂后污水经细格栅除污机除去大粒径漂浮物后进入重力流污水集水池。格栅槽前设有进水闸门。集水池中的污水经重力流污水提升泵直接提升至 A/O 生化池进水配水渠。

污水调节罐内设有穿孔管搅拌设施，通过污水均质与提升泵出水部分回流，实现罐中的搅拌混合。污水均质与提升泵两台为搅拌泵，两台为污水提升泵。污水调节罐的出水方式，采用自动液和泵提升结合的方式进行，由出水管道上的流量检测仪表进行控制。当污水调节罐的液位高，能满足出水管道上的流量检测仪表的设定值时，就不启动污水均质与提升泵中剩余的泵，当液位低至一定高度，出水管道上的流量低于检测仪表的设定值时，再启动剩余的泵，这时出水总管上的流量调节阀将控制各管道上的流量。当调节罐的液位低至设定值时，将停止所有泵的运行，并发出报警信号。

3. 处理效果

MTO 装置的污水经平流隔油池、涡凹气浮机和溶气气浮机处理后，另和其他装置污水进行调节后，其出水 COD_{Cr} 350mg/L、NH_3-N 30mg/L、油 10mg/L、挥发酚 20mg/L、硫化物 10mg/L。

十、煤制天然气污水

1. 生产简介及生产污水特点

煤制天然气是以煤炭为原料，经煤气化生产的合成气，再经甲烷化处理，生产热值符合规定的代用天然气。天然气具有非常良好的环保性能，是一种受到广泛欢迎的清洁能源，生产过程中产生的污水、废物相对较少，也更易于处理，天然气正成为我国当前和今后能源使用的战略优选种类。以煤为原料生产合成天然气产品，采用粉煤气化、耐硫变换、气体净化、酸性气制酸、高温甲烷化、天然气干燥、液化制 LNG 等工艺技术。除主产品天然气（SNG 和 LNG）外，副产品有硫酸、硫铵。

污水预处理装置：主要处理粉煤气化装置或其他装置排出的酸性水，以除去酸性水中含有的 H_2S、NH_3 等杂质，净化凝水返回气化装置作为工艺水回用水，汽提出的不凝气体主要含 H_2S 和 NH_3，送制酸装置生产硫酸。汽提出的冷凝液为稀氨水，与外购液氨配制成适宜浓度的稀氨水用于动力站锅炉烟气脱硫。

污水处理难度相比于粉煤气化技术，固定床气化由于气化温度相对较低，干燥出的水分和气化剂蒸汽水份均进入粗合成气中，加之气体中杂质较多，需要用水洗涤，因此污水量较多，处理工艺相对复杂，需要完善的污水处理技术才能达到排放要求。而粉煤气化技术由于气化温度高，三废排放量较少，相对易于处理，属洁净煤气化技术。

2. 污水处理工艺流程

年产 40 亿立方米天然气项目采用碎煤加压气化工艺，污水来自气化、粗煤气变换冷却、低温甲醇洗、甲烷化、甲烷化汽包和锅炉排水及配套动力站锅炉排水等。污水来源来自气化和变换的含尘、含油煤气水在煤气水分离装置去除油和除尘后，部分去酚氨回收装置，其余供煤气化装置和变换装置循环使用。

（1）煤气水分离除油　利用重力沉降分离原理，根据不同组分的密度差，将煤气水中的油与水进行分离，如图 3-16 所示。

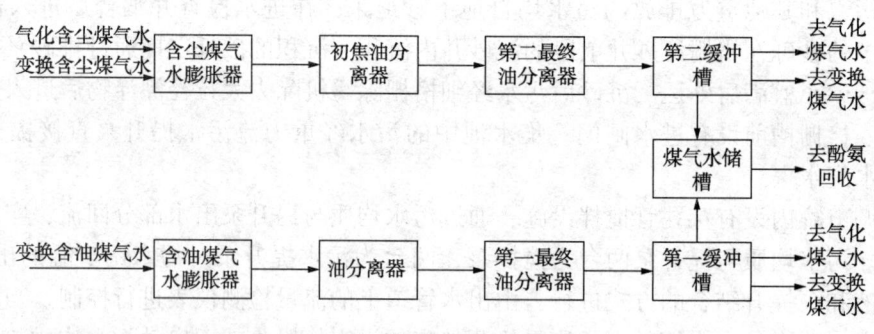

图 3-16　煤气水分离工艺流程图

（2）酚氨回收　气化来的煤气水在煤气水分离装置将焦油、中油分离出去后，还含有其他杂质，在酚氨回收单元将煤气水中的酸性气、氨、酚脱除，为污水生化处理创造条件。

处理工艺：酚氨回收采用先脱酸、脱氨再萃取脱酚的工艺。脱除的粗酚作为副产品出售。氨经精制后制备液氨，液氨一部分送热电站脱硫脱硝，另一部分送硫回收氨法脱硫，其余作为副产品出售。脱酚萃取剂选用甲基异丁基甲酮高效萃取溶剂，优于通常采用的二异丙醚溶剂，如图 3-17 所示。

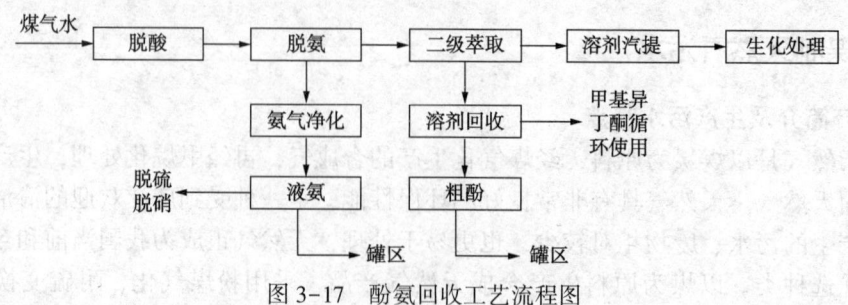

图 3-17　酚氨回收工艺流程图

3. 处理效果

通过以上工艺处理后，煤气水分离进出水水质控制指标见表 3-17，酚氨回收出水水质见表 3-18。

表 3-17 气化、变换煤气水水质   mg/L

项 目	进 水	出 水
总酚	4500~6500	4300
总氨	3000~3200	2700
油	20000	<1000

表 3-18 酚氨回收出水指标   mg/L

项目	pH 值	COD$_{Cr}$	油	总氨	总酚	硫化物	萃取剂
数值	5~7.5	≤2500	≤15	≤150	≤280	≤50	≤20

最后其出水总酚≤280mg/L、COD$_{Cr}$≤2500mg/L、总氨≤150mg/L。

十一、页岩气污水

1. 生产简介及污水特点

页岩气，一种以游离或吸附状态藏身于页岩层或泥岩层中的非常规天然气，正在成为搅动世界能源市场的力量。这种被国际能源界称之为"博弈改变者"的气体，极大地改写了世界能源格局。页岩气开采技术，主要包括水平井技术和多层压裂技术、清水压裂技术、重复压裂技术及最新的同步压裂技术，这些技术正不断提高着页岩气井的产量。正是这些先进技术的成功应用，促进了美国页岩气开发的快速发展。页岩天然气开采所使用的水压破裂技术需要消耗大量水资源，由于钻井所使用的水注入页岩层，比地下蓄水层要深得多，主要被岩石吸收，不能再回收利用。开发页岩气还容易造成环境污染。页岩油气开采在钻井过程中要经过蓄水层，钻井使用的化学添加剂会对地下水形成污染威胁。

由于在开采过程中增添了增黏剂、杀菌剂、破胶剂、助排剂、黏土稳定剂、表面活性剂、交联剂、pH控制剂、减排剂等，使得该污水成分复杂，某油田气开采污水主要是COD在10000mg/L；石油类100mg/L；SS在1000mg/L；色度在1000；总铬0.85mg/L；pH=6~9；硫化物在3000~10000mg/L，矿化度20000mg/L。

2. 污水处理工艺流程

国内某页岩气开采厂污水处理工艺流程见图 3-18。

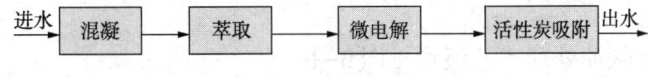

图 3-18 页岩气污水处理工艺流程

3. 处理效果

出水 COD100mg/L 以下；石油类 10mg/L 以下；SS 50mg/L 以下；色度 15 左右；总铬 0.2mg/L 左右；pH=6~9。

十二、油轮压舱水

1. 压舱水的性质

（1）沿海和江河地区用于装卸油轮和驳船的压舱水，及船舱的清洗水，一般使用相应的海水或淡水。海水的含盐量高，而淡水的悬浮物多、泥沙量大。

（2）随着装载不同的原油或成品油，压舱水中存在的石油类型物质也不同。装载轻质油时，其压舱水中石油的去除过程较为简单，一般油滴浮于压舱水的表面，因此在压舱水抽取时，当水几乎抽完才能见到石油。而装载重质油时则不然，在油舱排水的整个过程，污水中几乎都含油。

（3）压舱水系间断排放。因此和油轮到港的频率有关。但是油轮到港、驳船到岸，为了减少在港口的停滞时间，又要求在很短时间内排出油舱的水。

（4）由于使用化学清洗药剂以及空气吹扫、搅拌，因此在油舱清洗水中含有相应的化学药剂，有时会产生严重的乳化现象。

2. 压舱水处理流程

在设置压舱水处理设施时应考虑：

（1）一般应设置独立的处理设施，而且应尽量靠近码头，以减少管线的建设，降低造价，同时也有利于处理后净化水的回用。

（2）如果油码头或油库临近有炼油厂，也可以将压舱水排入炼厂的污水处理系统，但是必须有足够的调节能力，避免压舱水直接、瞬间排入而引起的冲击，造成整个炼油污水处理厂操作运行的失控。

（3）为了调节、稳定压舱水的水质、水量，可以设置带有旋流器的储罐，在采用一般的固定顶罐时，应不小于2个，以保证其调节效果。储罐的容量及处理规模要考虑运载吨位、次数等，并结合油码头或油库今后的发展。

（4）调节罐应有加热蒸汽盘管，以降低油品黏度便于流动、输送。要设置撇油并得到排除的设施，要有空气盘管以便搅拌和破乳剂的混合。在清罐时，慢慢搅动罐底积泥对排除底泥也有帮助。

（5）尽量利用压舱水排放泵本身的提升能力、并采用转速低的泵，以避免压舱水中油的再乳化。

（6）在确定处理流程及构筑物时，必须考虑压舱水的水质。如果水质基本不存在乳化现象，或者乳化不严重时，可以采用最简单的处理流程，而当水质乳化得较为严重时，简单的除油过程不能取得满意的效果，应该增加浮选过程，以达到排放标准。如果在除油后，压舱水的 COD 仍然达不到排放标准，或者对于特殊要求的排放水域，那么就有再补充进行生化处理的需要。

某油品运输企业除油处理工艺流程见图 3-19。

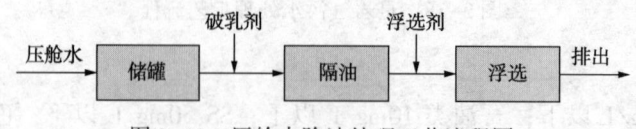

图 3-19　压舱水除油处理工艺流程图

3. 处理效果

通过以上工艺处理后，其处理效果见表3-19。

表3-19 油轮舱水的处理效果

序号	油珠颗粒直径/%		油含量/(mg/L)		COD/(mg/L)	
	5~10μm	10~15μm	进水	出水	进水	出水
1	19.0	3.4	40~80	15~40	250~500	150~250
2			15~40	≤10	150~250	≤60
3	33.0	47.5	15~20	≤10	30~200	≤100

十三、采油污水

1. 采油生产简介及污水特点

我国油田采出水处理及回注工艺有30多年的历史，各油田已形成了完整的采出水回注系统，采出水已成为各油田有效而可靠的注水水源。目前，多数油田的开发已进入高含水期，出现了油田开发后期的高含水、低渗透、稠油区块和小断块的特点，注水量虽然越来越大，产出的污水却不能全部回注，有一部分需要排放，因此油田采出水处理需提高处理效率和处理深度，特别是针对污水中的有机物，发展新的处理工艺和新的处理技术。

采油污水包括占98%以上的油田采出水，少量洗井、井下作业等过程产生的污水，少量稠油热采锅炉等配套设备、采出水处理设备等的排水。但由于采油污水在地层下已被原油污染，并在高温高压下溶解了地层中的各种盐类和气体；在原油的采出和集输过程中，又加入了多种化学药剂，使水中的有机物含量增加，同时水中还存在着大量的细菌等，特别是三次采油注入的多种化学药剂，也会溶解在水中，因此，加大了采油污水的处理难度。

该污水具有如下特点：①水温较高，一般为30~60℃；②水中的悬浮固体合理高，颗粒粒径小；③氯离子含量高达3000~20000mg/L，有的甚至高达10×10^4mg/L；④总盐量即矿化度高，通常为5000~32000mg/L；⑤有机物含量高，除原油外，其他如挥发酚、硫化物和采出、集输过程中加入多种化学药剂均存在于水中，其B/C小于0.25，可生化性较差。

2. 预处理工艺流程

由于原回注水质中对COD等有机物指标未严格要求。采油污水回注的处理工艺大多以沉降—混凝—过滤为基础，主要是用重力除油、混凝沉淀、水力旋流和溶气浮选等方法，以去除石油类和悬浮物等，对于高渗透油田的回注水质要求，应用上述技术已可满足。而对于低渗透油田，需要再增设精密过滤工艺（如PVC烧结管过滤器、无机膜过滤器等），以进一步降低水中石油类和悬浮物的浓度，来满足低渗透油层回注的要求：石油类小于5mg/L；悬浮物小于1mg/L，且其颗粒直径小于1μm。

某油田采出水回注处理原则流程图见图3-20。

3. 处理效果

经沉降—混凝—过滤处理后，其相应的处理效果见表3-20。回注水的主要控制技术指标见表3-21和表3-22。

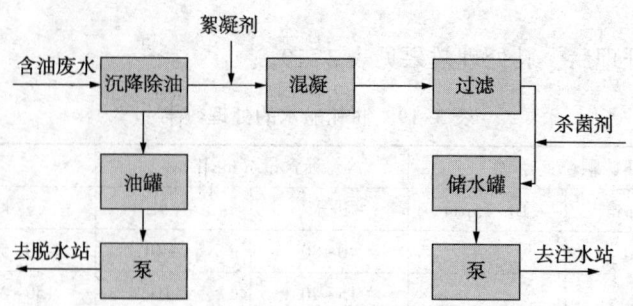

图 3-20 油田采出水回注处理工艺流程图

表 3-20 回注水质主要控制指标

注入层平均空气渗透/μm^2		<0.10			0.10~0.60			>0.60		
	标准分级	A1	A2	A3	B1	B2	B3	C1	C2	C3
控制指标	悬浮固体含量/(mg/L)	1.0	2.0	3.0	3.0	4.0	5.0	5.0	7.0	10.0
	悬浮颗粒直径中/mm	1.0	1.5	2.0	2.0	2.5	3.0	3.0	3.5	4.0
	含油量/(mg/L)	5.0	6.0	8.0	8.0	10.0	15	15	20	30
	平均腐蚀率/(mm/a)					0.076				
	点腐蚀				A1, B1, C1: 试片各面均无腐蚀 A2, B2, C2: 试片有轻微腐蚀 A3, B3, C3: 试片有明显点腐蚀					
	SRB 菌/(个/mL)	0	<10	<25	0	<10	<25	0	<10	<25
	铁细菌/(个/mL)		$n×10^2$			$n×10^3$			$n×10^4$	
	腐生菌/(个/mL)		$n×10^2$			$n×10^3$			$n×10^4$	

注：$1<n<10$

表 3-21 油田采出水中各种污染物去除率　　　　　　　　　　　　　　%

工艺类型	石油类	COD	悬浮物	硫化物	挥发酚
重力除油	>90	10~15	55~60	<5	35~40
压力除油	80~85	15~20	60~65	35~45	<1
浮选	>90	30~40	45~50	35~45	10~15
精细过滤	>90	20~25	75~80	35~45	40~45

表 3-22 回注水质辅助性指标

项目	DO/(mg/L)		侵蚀性二氧化碳/(mg/L)	硫化物浓度/(mg/L)		pH	亚铁/(mg/L)
	油层产出水	清水		油层产出水	清水		
指标	0.05	<0.5	$~0.1<C_{CO_2}≤10$	<0.2	0	7±0.5	0

第四章　污水生物处理

　　污水生物处理是利用生物的新陈代谢作用，对污水中的污染物进行降解或转化，从而使污水得到净化的处理方法。和其他物理和化学方法比较，这是一种相对"环保"的水处理工艺技术，因为对污染物进行降解或转化的主体是微生物，微生物以污染源为碳源和营养基，通过一系列复杂的生化反应将污染物分解去除。污水生物处理过程实际上是微生物将污染物进行分解代谢或转化获取能量的过程。

　　由于生物处理安全系数高、运行成本低、处理效率高、设备维护相对简单等特点，生化处理在石油化工污水处理中占有重要地位，在污水处理工艺流程中起到承上启下作用，生物处理过程的好坏，对深度处理达标至关重要。

　　根据微生物对氧的要求，污水生物处理可分为好氧生物处理和厌氧生物处理。相对来讲，厌氧生物处理因为外供能量消耗小，产泥少，且能附产沼气等清洁能源，是首选的处理工艺，但厌氧生物细胞产率低，高负荷有利于生物量保障，对水质种类和浓度有一定要求。好氧生物处理根据曝气方式、氧利用效率、生物载体不同演变成不同的技术类别，各种类别各有自身的优点和缺点，需要结合污水水质和现场情况选择应用。应该说，现在较为流行的生物强化技术，针对氮、磷和各类特殊污染因子选择性开发的特效菌等都属于生物处理技术范畴。

第一节　好氧生物处理

　　好氧生物处理是利用好氧微生物（包括兼性微生物）在有氧条件下将污水中污染物降解或转化，并用释放出的能量来完成微生物本身的繁殖和运动等功能的方法，是污水处理的最常用方法。

　　根据在水中存在的状态，好氧生物处理可分为生物膜法和活性污泥法两大类。在石油化工污水处理中的常见的好氧生物处理法有传统活性污泥法、纯氧曝气池活性污泥法、氧化沟活性污泥法、序批式活性污泥法、接触氧化法、膜生物法等。

　　传统活性污泥法在石油化工污水处理中使用最广，曝气池内污水流态为推流式。纯氧曝气活性污泥法在20世纪80年代引入我国，主要用于石油化工污水的处理，天津石化、扬子石化、齐鲁石化均成套引进德国林德公司纯氧曝气系统，曝气池多为密闭式且为多段，污水整体流态为推流式，但每段的污水流态又为完全混合式。氧化沟活性污泥法具有脱氮除磷功能，氧化沟内的污水流态基本上是完全混合式，但由于多点而非全池曝气又使氧化沟内污水具有推流特性。序批式活性污泥法也具有脱氮除磷功能，由于反应池中污染物浓度是随时间变化，接近于理想化的推流式反应池。接触氧化法为生物膜法，污水在生物膜和填料空隙间的活性污泥双重作用下被净化，填料载体可固定在池体中，也可分散在污水中或表面，材料有纤维丝、塑料等多种类型，生物膜法有耐冲击性好、产泥少等特点，但该方法也存在检修周期长的缺点，填料的安装和拆除费时费力，且随着环保管理的严格，更换下的载体成为一般化工固废或危废，无法回收，必须焚烧处置，经济性受到质疑。近些年，随着膜技术的快速发展，膜分离技术被用于取代二沉池进行泥水分离，膜生物法由此诞生。目前，平板膜、帘式膜、管式膜、陶瓷膜等在石油化工污水处理中均有工业化业绩，膜和高效生物菌组合协同处理技术取得较好的效果。

一、传统活性污泥法

1. 工艺简介

传统活性污泥法（Conventional Activated Sludge）又称普通活性污泥法或推流式活性污泥法，是最早成功应用的好氧工艺，其他活性污泥法都是在其基础上发展而来的。曝气池呈长方形，混合液流态为推流式，污水和回流污泥一起从曝气池的首端进入，在曝气和水力条件的推动下，混合液均衡地向后流动，最后从尾端排出，前段液流和后段液流不发生混合。污水浓度自池首至池尾呈逐渐下降的趋势，因此有机物降解反应的推动力较大，效率较高。曝气池需氧率沿池长逐渐降低，尾端溶解氧一般处于过剩状态，在保证末端溶解氧正常的情况下，前段混合液中溶解氧含量可能不足。推流式曝气池一般建成廊道型，为避免短路，廊道的长宽比一般不小于5:1，根据需要，有单廊道、双廊道或多廊道等形式。曝气方式可以是机械曝气，也可以采用鼓风曝气。其在曝气过程中，从池首到池尾，生物反应速度、微生物种群的量和质、活性污泥的絮凝和沉降性能等都在变化。

2. 活性污泥的性能指标

活性污泥是生物反应器中繁殖的含有各种微生物群体的絮状体。成熟的活性污泥呈茶褐色，稍具泥土味，具有良好的凝聚沉淀性能。活性污泥中有机成分主要由生长在其中的微生物组成，活性污泥上还吸附着微生物的代谢产物及被处理污水所含的污染物。

（1）污泥沉降比（Settling Velocity，SV）

污泥沉降比（SV）通常采用30min沉降比，以%表示。由于SV值的测定简单快速，因此是评定活性污泥浓度和质量的最常用方法。SV测定通常使用100mL量筒，但当SV在90%以上时建议使用1000mL量筒测定，以降低筒壁对沉降的影响。

SV能反映曝气池正常运行时的污泥量和污泥的凝聚、沉降性能，通常SV值越小，污泥的沉降性能越好。可用于控制剩余污泥的排放量。通过SV的变化可以判断和发现污泥膨胀现象的发生。SV值的大小与污泥的种类、絮凝性能和污泥浓度有关，不同污水处理厂的SV值的差别很大。同一污水处理厂的污泥，在丝状菌含量大和污泥过氧化而解絮时的SV值比正常值也要高得多。因此，每座污水处理厂都应该根据自己的运行经验数据确定本厂的最佳SV值。

SV值的测定不仅可用于监控曝气池混合液的性能，也可以比较和观察初沉池污泥的性能，尤其是将二沉池污泥回流到初沉池加强初沉效果并从初沉池排放剩余污泥时，更需要测定进入初沉池污泥的SV值，以控制回流量和保证沉淀效果。

（2）污泥浓度（Mixed Liquid Suspended Solids，MLSS）

曝气池混合液污泥浓度（MLSS）又称混合液悬浮固体浓度，它表示的是混合液中的活性污泥浓度，即单位容积混合液内所含有的活性污泥固体物的总质量。其单位是mg/L或g/L。MLSS中包含了活性污泥中的所有成分，即由具有代谢功能的微生物群体、微生物代谢氧化的残留物、吸附在微生物上的有机物和无机物等四部分组成。

每一种好氧活性污泥法处理工艺都有其最佳曝气池MLSS。当MLSS过高时，泥龄延长，维持这些污泥中微生物正常活动所需的溶解氧数量自然会增加，导致对充氧系统能力的要求增大。同时曝气池混合液的密度会增大，使得曝气电耗增加。高 MLSS 可以提高曝气池对进水水质变化和冲击负荷的抵抗能力，但在运行上往往是不经济的，有时还会导致污泥老化，影响处理效果。在实际运行时，有时需要通过加大剩余污泥排量的方法强制减少曝气池的 MLSS 值，刺激曝气池混合液中微生物的生长和繁殖，以提高活性污泥分解氧化有机物的活性。

（3）污泥容积指数（Sludge Volume Index，SVI）

污泥容积指数（SVI）是指曝气池出口处混合液经过 30min 静置沉淀后，每 g 干污泥所形成的沉淀污泥所占的容积，单位以 mL/g 计。

SVI 值排除了污泥浓度对污泥沉降体积的影响，因而比 SV 值能更准确地评价和反映活性污泥的凝聚、沉淀性能。一般说来，SVI 值过低说明污泥颗粒细小，无机物含量高，缺乏活性；SVI 值过高说明污泥沉降性能较差，将要发生或已经发生污泥膨胀。对于高浓度活性污泥系统，即使沉降性能较差，由于其 MLSS 较高，因此其 SVI 值也不会很高。

SVI 值与污泥负荷有关，污泥负荷过高或过低，活性污泥的代谢性能都会变差，SVI 值也会变得很高，存在出现污泥膨胀的可能。

SV、MLSS、SVI 这三个活性污泥性能指标是相互联系的。沉降比的测定比较容易，但所测得的结果受污泥量的限制，不能全面反映污泥性质，也受污泥性质的限制，不能正确反映污泥的数量；污泥浓度可以反映污泥数量；污泥指数则能较全面地反映污泥凝聚和沉降的性能。

（4）生物相

和其他测定相比，生物相镜检要简便得多，随时可以了解活性污泥中原生动物种类变化和数量消长情况。生物相镜检可采取低倍镜观察或高倍镜观察两种方法进行。低倍镜（放大倍数 40~60 倍）观察是为了观察生物相的全貌，要注意观察污泥絮粒的大小，污泥结构的松紧程度，菌胶团和丝状菌的比例极其生长状况。用高倍镜观察（放大倍数 100~400 倍），可以进一步看清微型动物的结构特征。观察时要注意微型动物的外形和内部结构，例如钟虫体内是否存在食物泡、纤毛虫的摆动情况等。观察菌胶团时，应注意胶质的厚薄和色泽，新生菌胶团出现的比例等。观察丝状菌时，要注意丝状菌体内是否有类脂物质和硫粒积累，同时注意丝状菌体内细胞的排列、形态和运动特征以便初步判断丝状菌的种类。

3. 优缺点

（1）优点：工艺简单，处理效果稳定，适用于处理净化程度和稳定程度较高的污水；根据具体情况，可以灵活调整污水处理程度；进水负荷升高时，可通过提高污泥回流比的方法予以解决。

（2）缺点：曝气池容积大，占地面积多，基建投资多；为避免曝气池首端混合液处于缺氧或厌氧状态，进水有机负荷不能过高，因此曝气池容积负荷一般较低；曝气池末端有可能出现供氧速率大于需氧速率的现象，动力消耗较大；对冲击负荷适应能力较差。

传统活性污泥法由于是最原始的活性污泥法，可改造性较高，通过改造可变为粉末活性炭活性污泥法、接触氧化法（Biological Contact Oxidation Process）、移动床生物膜反应器（MBBR）、膜生物法（MBR）等。传统活性污泥法在进水方式上也可改为多点进水，在曝气方式上也可改为渐减曝气，以使处理方式更趋于合理。

4. 工程实例

某石化企业炼油污水处理系统采用传统活性污泥法作为含盐污水中间一级的生化处理装置。

(1) 工艺特点

该装置曝气池容积为4000m³，水力停留时间为12h。该装置有两个系列并联运行，每系列各四间池子，池底装有微孔曝气头，离心式鼓风机供气。每个系列的第一、二间进水，第四间出水，出水通过管道分别引入两间二沉池进行泥水分离，回流污泥通过气提泵提升回流至两个系列的第一间池子。

(2) 设计参数

由于前方来水已经进行了一级生化处理，该装置进水污染物含量较低，鼓风曝气池出水还要提升至下一级生化装置再处理，该装置具体工艺控制指标见表4-1。

表4-1　鼓风曝气池设计进出水指标

项目	COD_{Cr}/(mg/L)	pH	石油类/(mg/L)	悬浮物/(mg/L)	氨氮/(mg/L)
进水	≤300	6~9	≤10	≤150	≤20
出水	≤120	6~9	≤5	≤150	≤20

(3) 注意事项

① 根据水质情况，每一到两年抽空二沉池彻底检查刮泥机，尤其是刮板，调整好刮板与池底的距离。

② 曝气池池内污泥浓度最好不要控制在2g/L以下，否则当进水水质波动较大时，可能会造成污泥全部流失。

二、纯氧曝气活性污泥法

1. 工艺简介

早在1949年，美国Okun等就发表了第一篇使用纯氧曝气法的论文。联合碳化物公司林德分公司是纯氧在污水处理中应用的主要推动者。联合碳化物公司于1966年年底开始研究纯氧在污水二级处理中的应用，随后发明了UNOX系统。1968年美国纽约州Batavia建成了世界上第一个纯氧曝气装置，处理能力为10000m³/d。1978年美国底特律市建成处理量为2280000m³/d的大型高纯氧活性污泥法污水处理厂。1986年10月我国首座高纯氧曝气活性污泥法装置在天津石化正式投入运行。

纯氧曝气(Pure Oxygen Aeration)活性污泥法是利用纯度在90%以上的氧气作为氧源，向污水中输送。纯氧曝气活性污泥法普遍采用的运行方式是密闭式多段混合推流式，即每段为完全混合式，从整体上看，段与段之间又是推流式。纯氧曝气活性污泥法也有采用敞开方式运行的，曝气设施位于池底，池深一般超过6m以利于氧的充分利用。

纯氧曝气活性污泥法和传统活性污泥法相比，纯氧曝气向污水中充入的是纯氧，因为纯氧的浓度是空气中氧浓度(21%)的4.7倍，所以纯氧曝气池内气相的氧分压是空气曝气池内气相的氧分压的4.7倍。纯氧曝气池内混合液的饱和氧浓度和充氧速率都要比空气曝气池内混合液高大约4.7倍。纯氧曝气池内混合液的氧浓度可超过10mg/L，而空气曝气池内一般只能维持在2mg/L左右，因此，和传统的以空气曝气活性污泥法相比，纯氧曝气设施具有体积小，污水停留时间短，效率高等优点。

密闭式纯氧曝气活性污泥法的曝气方式一般采用机械表面曝气，敞开式纯氧曝气活性污泥法的曝气方式一般采用射流式曝气器或能将纯氧引入到水中并予以细碎化的水下叶轮搅拌曝气器。

因为密闭式设计、纯氧供给和污水中可能有积聚的可燃气存在，运行安全性必须给予高度关注。密闭式纯氧曝气活性污泥法是通过三项控制、一项报警来实现自动化，完成污水处理的。供氧控制：在密闭的纯氧曝气池中，通过液面与池板间气相压力的变化，控制氧气阀门的开度，调整供氧量，满足耗氧的需要，保证气相压力的平衡。氧气转化控制：反应池中溶解氧浓度的大小由变送器与双速马达联锁来改变电机的高低速，以实现合理充氧与经济用电。尾气含氧量和尾气阀门开启度控制：通过尾气中氧含量的测定来调整供氧量的多少，以控制氧的消耗。烃类气体监测系统：当曝气池第一段烃类气体浓度达到爆炸下限的25%时报警器报警，吹扫风打开，氧气阀关闭，尾气阀打开；当曝气池第一段烃类气体浓度达到爆炸下限的50%时，除以上动作，表曝机全部停止工作。

2. 封闭式纯氧曝气活性污泥法尾气含氧量

为实现纯氧曝气系统的优越性，必须综合考虑水量、水质、气液比、输入氧纯度等各种因素，确定一个合理的氧利用率，此时总需用功率最小，经验表明此时对应的排放的尾气中氧含量要在45%左右。在这种条件下，即使上述组合发生较大的变化，也能保证运行相对平稳，不会引起需用功率的剧烈增加。

如果氧的利用率继续提高，比如低于空气中的氧含量21%时，是不经济的，因为输入的是纯氧，而在密闭的纯氧曝气池内向污水中充氧，却在氧分压小于空气中氧分压的条件下进行，这样肯定会比空气曝气耗费更多的总溶氧能耗。不仅如此，想在混合液中保持较高的溶解氧也很困难。另外，氧的利用率过高，必然造成排放的废气量很少，因而氧曝池内发生可燃气体高度积聚的可能性也会增加，可燃气浓度达到一定程度，必然导致报警，增加运行的不安全性，使纯氧曝气池系统经常利用空气吹扫，既增加电耗，又不利于出水水质。排放的废气量少，也会造成溶解在泥水混合液中的二氧化碳偏多，导致纯氧曝气装置出水 pH 偏低。因此，尾气含氧量应控制在 40%～50% 之间。此时尾气流量约为进气量的 10%～20%，氧的利用率在90%左右。

3. 氧的安全问题

氧气为助燃物，许多在空气中燃烧的物质，如果在纯氧或富氧条件中，就会猛烈燃烧。燃烧的发生需要助燃的氧、足够的可燃物以蔓延火种及从火源取得足够的能量三个基本因素同时存在。上述三因素缺少任何一个因素都不能燃烧。

既然富氧环境对纯氧曝气装置来说是基本的条件，那么系统的安全性必须针对其余两个因素的一个，甚至两个因素都消除。

在纯氧反应器内，三个相区可命名为：液相区，气液交界区和气相区。污水溶液中的可燃物没有燃烧的危险，因为水的冷却能力使可燃物不能达到要求的引燃温度。处于气液交界区的可燃物有油脂和不溶的脂肪等，它们的低挥发性使它们在气相中不能达到引燃浓度。液相的冷却作用也给交界区增添了不燃的安全性。只有在气相内燃烧才能发生。

氧本身并不危险。它是无色无味的气体，虽然氧本身并不燃烧，但它助燃。所有碳氢化合物的爆炸下限无论在氧气中还是在空气中几乎完全一样。无论在空气中还是在氧气中，这些物质如果燃烧必须要有火源，例如一个火星出现。氧和可燃气体的混合物并不是在所有的混合比例范围内都是可燃的，当可燃物的浓度很低时，维持燃烧的燃料就显得不足，反之，当可燃物的浓度高时，氧就显得不足。能开始燃烧的混合物组成限定在混合物含可燃物少时的燃烧下限和含可燃物多时的燃烧上限之间。燃烧下限也常称之为爆炸下限。燃烧上下限之间的组成比例并非固定不变，而是随温度、压力、容器大小和形状以及其他因素等的变化而有所变化。

5%和15%分别代表空气中甲烷的燃烧上限和下限。并且不论在纯氧反应器的富氧环境中或在普通空气反应器中，发生燃烧的最小燃烧物浓度基本一样。

虽然纯氧曝气系统按低压、大气温度和水汽饱和的气相等工艺条件设计的，而且这些条件的综合使氧的应用危险性很小，但也的确具有潜在的危险性，在系统设计上，应尽量消灭富氧环境内的各种发火源，或者把富氧环境内的发火源减少到最低限度。

反应器内设有监测和吹扫系统，以确保气相的可燃混合物不能达到燃烧下限。使用可燃气探测仪来监测反应器的一段及四段气室。该系统包括能吹扫和排放气体的设备，它们的送风量足以保持反应器内可燃气浓度低于燃烧下限。该系统由可燃气探测仪的信号自动启动。吹扫鼓风一启动，反应器的供氧管道就关闭；如果可燃气浓度继续上升，当达到爆炸下限的50%时，该系统会进一步动作，曝气系统自动停止。关闭曝气系统有两个作用：

（1）随着搅拌的停止，烃从液相传递到气体空间的数量减到微不足道的程度。液体中的可燃气体不再从液相中分离到气相空间，而是继续溶解在液体中，并且无害地流过曝气池各段。

（2）曝气系统的各旋转部件停止转动，最有可能的发火源从充氧过程中被去除。

在以上过程中气相中的可燃物虽未被全部去除，但去除的数量足以使可燃物浓度大大低于燃烧下限；消除了主要发火源。氧也去除了一些，但没有达到不足以助燃的程度。在氧浓度减少期间，燃烧下限基本上保持不变，所以监测设备上的报警级别也可保持不变。当可燃气探测仪确定危险条件下不复存在时，吹扫风机关闭，系统恢复正常运行。

4. 优缺点

优点：①曝气池污泥浓度高，抗冲击负荷能力强。如果氧源充足、便宜，可用于处理生活污水或各种工业污水。②曝气时间短，曝气池容积较小，占地面积少，基建投资少。③动力消耗少。④密闭式纯氧曝气池，臭味不易扩散，冬季也可起保温作用。⑤活性污泥沉降、浓缩、脱水性能较好。⑥自动控制水平较高。

缺点：①不适于处理易挥发有机物含量较高的工业污水。②自控仪表多，维护保养工作多，且对运行管理人员能力要求高。③由于密闭，曝气池内热量不易损失，水温可能会超过微生物最适范围，尤其在夏季运行时。④受氧源限制，纯氧曝气法的运行成本可能较高。

由于纯氧曝气装置通常为密闭式，可改造性较低，新增投药剂设施时也要考虑安全性和对装置局部的腐蚀性。纯氧曝气装置通常采用表曝机进行曝气，目前表曝机也由倒伞式，改为斜板式，消除水中垃圾对曝气效果的影响。由于纯氧曝气装置采用的设施多为精密设施，一旦出现问题，检修周期通常较长。从可持续性角度看，较高浓度污水处理最好采用厌氧法。因为厌氧法将部分污染物能源化，而纯氧曝气法基本将所有污染物矿化。密闭式纯氧曝气池内一定不要有电器设备，否则极容易出现火灾。

5. 工程实例

某石化企业纯氧曝气装置。

（1）工艺特点

纯氧曝气池：纯氧曝气系统为了实现氧气与混合液的接触，采用了四段加盖密闭反应池的形式，将处理过程分为四段，实现了在低能耗要求下氧的充分用利用。纯氧曝气池第一段还装有温度探测系统，以防止温度过高而对微生物造成伤害。

氧气的传输与混合：纯氧曝气装置使用斜板叶轮机进行充氧和液体搅拌。纯氧曝气池气相中由于维持较高的氧分压，加强了氧的传输过程，和空气曝气系统相比，这种氧的传输过程能耗较低，而且对生物絮片的剪切作用较弱。每个反应段都在表曝机正下方的池底上装有一个十字挡板，十字挡板的作用是使表曝机下的水利条件稳定和充氧效率提高。另外，每段还装有一个反摆挡板，以避免在反应池内形成来回摆动的波浪。纯氧曝气系统的表曝机配有两速电机，以实现节能的目的。

气、液共流：氧气、污水和回流活性污泥被引入第一段后，再依次流经其他各段，在这个过程中，水中 BOD_5 和 COD_{Cr} 的浓度逐渐降低；在这个过程中，气相中氧的浓度也逐渐降低，这是由于反应器内微生物代谢作用产生了二氧化碳和溶解在水中的氮气在反应器内释放了出来。富氧气体和液体在分段系统内一起流动，使得最高氧纯度和最高氧分压所形成的推动力与最高 BOD 浓度和最高氧的吸收量趋向于相对应。

所有段维持高 DO 水平：由于提高了气相氧分压，和空气曝气相比，在混合液中保持高 DO 是经济可行的。

污泥沉降速率高：利用相对少的能耗维持高 DO 浓度，有助于形成絮凝性较好的高好氧菌胶团，相对于空气曝气系统这提高了污泥沉降速率。

高速处理过程：沉降速率高和菌胶团紧密，污泥沉降性能好，回流污泥浓度较高，纯氧曝气池内混合液中悬浮物浓度也比一般空气曝气活性污泥法要高，再加上氧气曝气的高氧传输率，使得在氧曝池有效体积和水力停留时间减少的情况下，而仍维持和一般空气曝气系统相近的污泥负荷。

系统压力低：虽然纯氧曝气装置气相压力只比环境大气压力高 5~10mbar（1bar≈100kPa），但这个压力足以保障整个工艺过程供氧需求，并能将尾气从最后一段排放去。曝气池相邻段之间有微压力差，可防止气体回流。

尾气控制：曝气池加盖，使得尾气从一点排放，从而达到了有效控制气味的目的，而且消除了一般空气曝气系统的生物泡沫问题，这样就满足了环境和安全的要求。为了确保纯氧曝气系列具有 80%~90% 的氧利用率，纯氧曝气系统装备了一套独立的尾气控制系统。通过安装在尾气管上的氧感应探头来测量尾气中的氧含量。通过调整尾气流量，将尾气氧浓度控制在预期值。

剩余污泥少：高 DO 浓度使得纯氧曝气系统在可比污泥负荷情况下，比一般空气曝气活性污泥法产生的剩余污泥要少。

改善脱水性能：和一般空气曝气活性污泥系统相比，高 DO 浓度使得纯氧曝气系统污泥脱水性能得到了改善。平行实验已证实纯氧曝气系统产生的污泥脱水负荷高、投药量少。

自动供氧控制：纯氧曝气系统的工艺过程控制非常简单。通过调整供氧量，将第一段气室压力控制在预期值。

抗冲击负荷：能向混合液高速充氧、混合液 DO 浓度高、菌胶团活性高和高污泥负荷下的大处理容量等特点，使得纯氧曝气系统具有卓越抗冲击负荷能力，在进水水质水量变化范围较大的情况下，仍具较高的处理效率。

（2）设计参数

纯氧曝气装置进水参数见表4-2。

表4-2　纯氧曝气装置参数

项　目	指　标	项　目	指　标
进水COD_{Cr}/(mg/L)	1700	MLSS/(g/L)	5.0
进水pH	6.5~9	COD_{Cr}去除率/%	>94
出水COD_{Cr}/(mg/L)	≤100	氧利用率/%	>88
出水pH	6~9		

（3）注意事项

① 表曝机在溶解氧可控范围内尽量保持低速运行，以降低表曝机对污泥絮体的影响。并且尽量避免所有段表曝机全部高速运行，全部高速运行不仅对污泥性能有影响，也会造成曝气池内水温升高。

② 由于浊度检测快速方便，二沉池出水可增加浊度控制指标，发现出水浊度异常应立即采取措施。

③ 由于纯氧曝气系统污泥浓度高，污泥由于中毒等导致的突然膨胀，可能会导致二沉池翻泥，因此设计时应加大二沉池的有效容积。

④ 表曝机应注意密封水的液位变化，防止液位过低造成氧气泄露。夏季由于水分蒸发的较快，应增加补水频次。

⑤ 纯氧曝气装置气相中的水分含量较高，气体含氧量检测装置如没有除湿系统，冷凝水会造成检测数据大幅波动。纯氧曝气装置的尾气含氧量和可燃气含量测量仪表都应增加除湿等预处理设施，北方冬季还应增加伴热设施。

⑥ 溶解氧测定仪数据容易漂移，必须经常清洗和校验。

⑦ 二沉池直径较大时，如采用中心传动的刮泥机，池面经常有大量黑泥块漂浮。且污泥沉降性能较好时，又会造成刮泥机传动销折断。因此直径较大的二沉池最好采用周边传动的刮吸泥机。污泥浓度较高时，重力流吸泥管经常会堵塞，建议在吸泥管上增加吹扫风线。

⑧ 装置停运时应首先停运曝气机，并用上清液置换曝气池与二沉池间"U"形管路内的泥水混合液，以防污泥淤积堵塞管路。二沉池停运前应将池内污泥全部打入曝气池，以防污泥淤积，导致开车时刮泥机无法正常运行。

三、氧化沟活性污泥法

1. 工艺简介

氧化沟（Oxidation Dith），其曝气池呈封闭的沟渠形，污水和活性污泥混合液在其中循环流动，因此被称为"氧化沟"，又称"环形曝气池"。其有机负荷较低，属于延时曝气法之列。

传统的氧化沟具有延时曝气活性污泥法的特点，一般可以使污泥中的氨氮达到95%~99%的硝化程度。通过调节曝气的强度和水流方式，可以使氧化沟内交替出现厌氧、缺氧和好氧状态或出现厌氧区、缺氧区和好氧区。在缺氧区，反硝化菌利用污水中的有机物为碳源，将硝酸盐氮还原成氮气，脱氮效果可达80%。在厌氧区，污泥中的聚磷菌释放在好氧段吸收的磷，然后进入好氧区再次吸收污水中的磷，通过排放剩余污泥将污水中的磷除去。

脱氮除磷的氧化沟是将氧化沟运行方式和脱氮除磷工艺要求结合起来，使氧化沟在时间和空间上以AO方式运行，用氧化沟来实现本应有多个反应器来承担的任务，使脱氮除磷工艺流程更加紧凑，氧化沟的功能更加强大。在氧化沟完成硝化和反硝化比较简单易行，即脱氮效果很好，但由于在氧化沟内很难出现绝对的厌氧状态，因此除磷效果不是十分显著。为了实现同时脱氮和除磷的目的，可以将厌氧池和氧化沟结合起来，形成类似于AAO的脱氮除磷工艺。

2. 氧化沟的技术特点

（1）构造形式的多样性

传统氧化沟的曝气池呈封闭的沟渠形式，沟渠的形状和构造演变成了许多新型的氧化沟技术。沟渠可以是圆形或椭圆形，可以是单沟或多沟，多沟系统可以是一组同心的相互连通的沟渠，也可以是互相平行、尺寸相同的一组沟渠，有与二沉池合建的、也有与二沉池分建的，合建式氧化沟的又有体内式船形沉淀池和体外式侧沟沉淀池等形式。多种多样的构造形式，赋予了氧化沟灵活机动的运行方式，使其通过与其他处理单元组合，满足不同的出水水质要求。

（2）曝气设备的多样性

从氧化沟技术发展的历史来看，氧化沟曝气设备的发展，在一定程度上反映了氧化沟工艺的发展，新的曝气设备的开发和应用，往往意味着一种新的氧化沟工艺的诞生。氧化沟常用的曝气设备有转刷、转盘及其他表面曝气机和射流曝气器等，氧化沟技术发展与高效曝气设备的发展是密不可分的，不同的曝气设备演变出不同的氧化沟形式。

（3）曝气强度的可调节性

氧化沟的曝气强度可以调节，其一是通过调节出水溢流堰的高度改变沟渠内的水深，即改变曝气装置的淹没深度，改变氧量适应运行的需要。淹没深度的变化对于曝气设备的推动力也会产生影响，从而对水流速度产生调节作用。其二是通过调节曝气器的转速进行调节，从而调整曝气强度和推动力。与其他活性污泥法不同的是，氧化沟的曝气装置只设在沟渠的一处或几处，数目多少与氧化沟形式、原水水量水质等有关。

（4）具有推流式活性污泥法的某些特征

每条氧化沟的流态具有推流性质，进水经过曝气后到流至出水堰的过程中可以形成沉降性能良好的生物絮凝体，这样不仅可以提高二沉池的泥水分离效果，还可以发挥较好的除磷作用。同时通过对系统的合理控制，可以使氧化沟交替出现缺氧和好氧状态，进而实现反硝化脱氮的目的。

（5）使预处理、二沉池和污泥处理工艺简化

氧化沟的水力停留时间和泥龄都比一般生物处理法要长，污水中悬浮状有机物可以和溶解状有机物同时得到较彻底的氧化，所以可以不设初沉池。由于氧化沟工艺的负荷较低，排出的剩余污泥量较少且性质稳定，因此不需要进行厌氧消化，只需要浓缩脱水。交替式氧化沟和一体式氧化沟可以不再单独设置二沉池，从而使处理流程更加简化。

3. 氧化沟的类型

（1）单槽氧化沟系统

单槽氧化沟系统是由一座氧化沟和独立的二沉池组成。沉淀污泥一部分通过回流设施提升至氧化沟进水处理与污水混合，剩余污泥通过剩余污泥设施提升至剩余污泥处理系统处理。典型工艺流程见图4-1。单槽氧化沟系统适用于以去除碳源污染物为主，对脱氮除磷要

求不高和小规模的污水处理系统。帕斯维尔（Pasveer）氧化沟为该种类型。

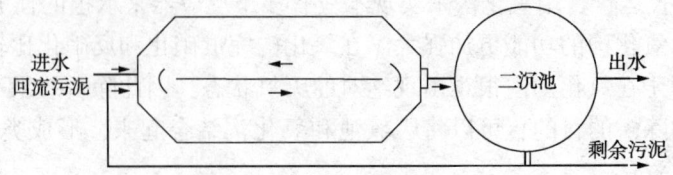

图 4-1 单槽氧化沟工艺流程

（2）双槽氧化沟系统

双槽氧化沟系统由厌氧池、两座串联的氧化沟和独立的二沉池组成。沉淀污泥一部分通过回流污泥设施提升至厌氧池进水处与污水混合，剩余污泥通过剩余污泥设施提升至剩余污泥处理系统处理。典型工艺流程见图 4-2。双槽氧化沟系统当除磷要求不高时，可不设厌氧池。污水和回流污泥混合液进入氧化沟之前应设切换设备，氧化沟出水井处应设可调堰门。

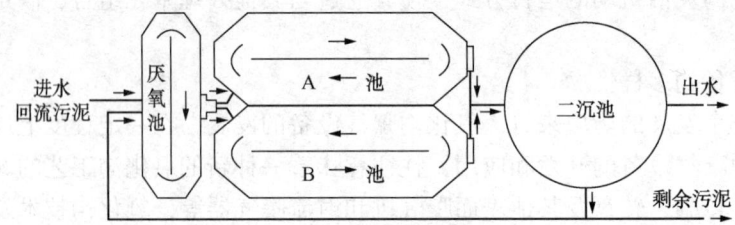

图 4-2 双槽氧化沟工艺流程

双槽氧化沟一个周期的运行过程可分为三个阶段。一阶段，A 池进水、缺氧运行，B 池好氧运行、出水。二阶段，进水井切换进水，出水井延时切换出水堰门。三阶段，B 池进水所、缺氧运行，A 池好氧运行、出水。

（3）三槽氧化沟系统

三槽氧化沟系统由厌氧池和三座串联的氧化沟组成。沉淀污泥一部分通过回流污泥设施提升至厌氧池进水处与污水混合，剩余污泥通过剩余污泥设施提升至剩余污泥处理系统处理。典型工艺流程见图 4-3。当系统不设厌氧池时，可不设污泥回流系统。三槽氧化沟系统可实现生物脱氮除磷，当除磷要求不高时，可不设厌氧池和污泥回系统。污水或污水和回流污泥混合液进入氧化沟之前应设切换设备，A 池和 C 池出水处理应设可调堰门。氧化沟为交替式氧化沟。三槽氧化沟邻沟之间相互双双连通，两侧氧化沟可起到曝气和沉淀的双重作用。

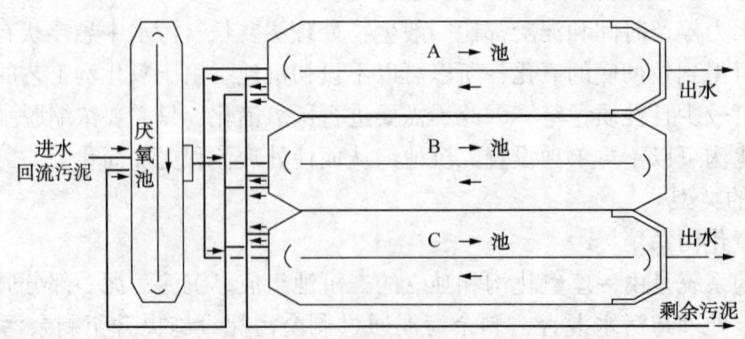

图 4-3 三槽氧化沟工艺流程

三槽氧化沟一个周期的运行过程可包括六阶段。一阶段，A池进水、缺氧运行，B池好氧运行，C池沉淀出水。二阶段A池好氧运行，B池进水、好氧运行，C池沉淀出水。三阶段，A池静沉，B池进水、好氧运行，C池沉淀出水。四阶段，A池沉淀出水，B池好氧运行，C池进水、缺氧运行。五阶段，A池沉淀出水，B池进水、好氧运行，C池好氧运行。六阶段，A池沉淀出水，B池进水、好氧运行，C池静沉。

(4) 竖轴表曝机氧化沟系统

竖轴表曝机氧化沟系统由厌氧池、缺氧池和多沟串联的氧化沟和独立的二沉池组成。好氧池混合液宜通过内回流门回流至缺氧池。沉淀污泥一部分通过回流污泥设施提升至厌氧池进水处与污水混合，剩余污泥通过剩余污泥设施提升至剩余污泥处理系统处理。典型工艺流程见图4-4。竖流表曝机氧化沟系统可实现生物脱氮除磷，当主要去除碳源污染物时可只设好氧池，生物除磷时可采用厌氧池+好氧池，生物除氮时可采用缺氧池+好氧池。卡鲁塞尔(Carrousel)氧化沟为该种类型。

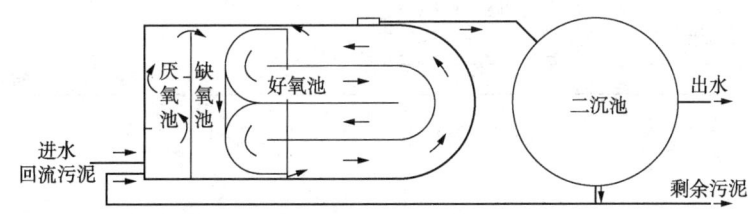

图4-4 竖轴表曝机氧化沟工艺流程

(5) 同心圆向心流氧化沟系统

同心圆向心流氧化沟系统由多个同心的圆形或椭圆形沟渠和独立的二沉池组成。污水和回流污泥先进入外沟渠，在与沟内混合液不断混合、循环的过程中，依次进入相邻的内沟渠，最后由中心沟渠排出。沉淀污泥一部分通过回流污泥设施提升至厌氧进水处与污水混合，剩余污泥通过剩余污泥设施提升至剩余污泥处理系统处理。典型工艺流程见图4-5。同心圆向心流氧化沟系统可实现生物脱氮除磷。奥贝尔(Orbal)氧化沟为该种类型。

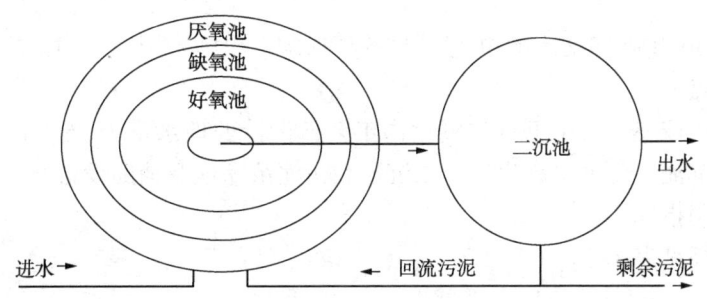

图4-5 同心圆向心流氧化沟工艺流程

(6) 一体化氧化沟系统

一体化氧化沟指将二沉设置在氧化沟内，用于进行泥水分离，出水由上部排出，污泥则由沉淀区底部的排泥管直接排入氧化沟内。一体化氧化沟不设污泥回流系统。典型工艺流程见图4-6。

(7) 微孔曝气氧化沟系统

微孔曝气氧化沟系统由采用微孔曝气的氧化沟和分建的沉淀池组成。氧化沟内采用水下推流方式。典型工艺流程见图4-7。

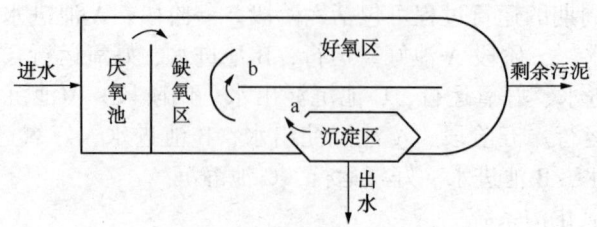

图 4-6 一体化氧化沟工艺流程
a—无泵污泥自动回流；b—水力内回流

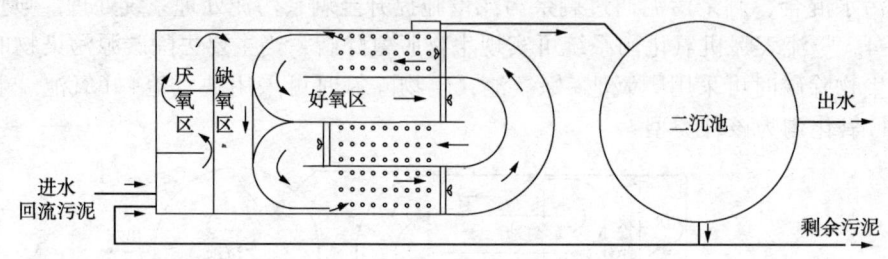

图 4-7 微孔曝气氧化沟工艺流程

4. 优缺点

优点：①氧化沟融合了推流式和完全混合式曝气池特点，有利于克服短流和提高缓冲能力。②氧化沟具有明显的溶解氧浓度梯度，特别适用于硝化反硝化生物处理工艺。③氧化沟功率密度的不均匀分配，有利于氧的传递、液体混合和污泥絮凝。④氧化沟工艺处理流程简单，施工方便。⑤氧化沟处理效果稳定，出水水质好。⑥基建和运行费用低，污泥产量低且性质稳定。

缺点：①活性污泥泥龄偏长，污泥老化易产生泡沫。②氧化沟底部由于流速小积泥后会大大减少了氧化沟的有效容积。③占地面积较大。

5. 工程实例

某石化企业 30 万吨/年乙烯改扩建项目的环保配套设施采用氧化沟工艺处理污水

（1）工艺特点

该企业氧化沟该装置采用奥贝尔氧化沟工艺，设计处理水量为 2500m³/h，主要处理构筑物为格栅、初沉池、奥贝尔氧化沟、二沉池和污泥浓缩池及辅助设备等。

（2）工艺控制指标

工艺控制指标见表 4-3。

表 4-3 氧化沟水处理装置工艺控制指标

工段 \ 指标	COD_{Cr}负荷/(kg/d)	COD_{Cr}/(mg/L)	SS/(mg/L)	氨氮/(mg/L)	pH
进水	≤24000	≤400	≤93	≤60	6.5~9.0
出水	—	≤60	≤20	≤5	6.5~9.0

（3）注意事项

经常测定氧化沟中的 DO，掌握其昼夜变化规律及不同时期的变化规律，在耗氧低谷时，减少曝气量。由于夜间气温低、污水量小、耗氧少和易于充氧的特点，可以采取间歇曝气方式降低运行成本。

四、序批式活性污泥法

1. 工艺简介

序批式活性污泥法(SBR，Sequencing Batch Reactor)是美国教授 Irvine 等在 20 世纪 70 年代末期为解决连续污水处理法存在的一些问题提出的，并于 1979 年发表了第一篇关于采用 SBR 工艺进行污水处理的论著，继后发展出很多的衍生工艺。

序批式活性污泥法其主要特征是反应池一批一批地处理污水，采用间歇式运行的方式，每一个反应池都兼有曝气池和二沉池作用，因此不再设置二沉池和污泥回流设备，而且一般也可以不建水质或水量调节池。SBR 法一般由多个反应器组成，污水按序列依此进入每个反应器，无论时间上还是空间上，生化反应工序都是按序排列、间歇运行的。序批式活性污泥法曝气池的运行周期由进水、曝气、沉淀、排水、待机五个工序组成，而且这五个工序都是在曝气池内进行的。

SBR 法运行时，五个工序的运行时间、反应器内混合液的体积以及运行状态等都可以根据污水性质、出水质量与运行功能要求灵活掌握。曝气方式可以采用鼓风曝气或机械曝气。

（1）进水工序

进水工序是指从开始进水至到达反应池最大容积期间的所有操作。SBR 工艺可以实现在此期间根据不同微生物的生长特点、污水的特性和要达到的处理目的。SBR 工艺通过控制进水阶段的环境，就实现了在反应池不变的情况下完成多种处理功能的目的；而连续流工艺由于各构筑物和水泵的大小规格一定，要想改变反应时间和反应条件是很困难的。

（2）曝气工序

曝气工序是指反应池进水过程完成，开始进行有机物生物降解或脱氮除磷反应。根据反应的目的，可以对反应池进行曝气或搅拌，实现好氧反应或缺氧反应。通过曝气好氧反应，可以实现硝化作用，再通过搅拌产生缺氧或厌氧反应，实现脱氮的目的；有时为了使沉淀效果较好，在工序的后期还可以通过进行短时间内曝气，脱除附着在污泥上的氮气。

（3）沉淀工序

沉淀工序停止曝气或搅拌，实现固液分离，反应池的作用相当于二沉池。此时反应池内也不再进水，处于完全静止状态，其沉淀效果比连续流法要好得多。

（4）排水工序

排水工序是为了将澄清液从反应池中排放出来，使反应池恢复到循环开始时的最低水位。反应池底部沉降下来的污泥大部分作为下一个周期的回流污泥，剩余污泥在排水工序或待机工序过程中排出系统。SBR 系统一般采用滗水器排水。

（5）待机工序

沉淀滗水之后到下个周期开始的一段时间称为待机。待机的目的是为了完成一个周期向下一个周期的过渡，它不是一个必需的环节，在水量较大时可以省略。闲置待机的时间长短往往和与原水流量有关。在此期间，可以根据工艺情况和处理目的，进行曝气、混合和排除剩余污泥等操作。

2. 新型 SBR 工艺

（1）循环式活性污泥工艺

循环式活性污泥工艺（Cyclic Activated Sludge Technology 或 Cyclic Activated Sludge

System)简称 CAST 或 CASS，是 SBR 法的一种变形。Goronszy 教授于 1965 年在澳大利亚开始研究，1978 年 Goronszy 教授利用活性污泥基质积累再生理论，根据基质去除与污泥负荷的实验结果以及污泥活性组成和污泥呼吸速率之间的关系，将生物选择器与序批式活性污泥工艺加以有机结合，成功开发出循环式活性污泥法，并于 1984 年和 1989 年分别在美国和加拿大取得 CAST 工艺的专利。

CAST 工艺的主体为一间歇式反应器，在此反应器中活性污泥法过程按曝气和非曝气阶段不断重复，将生物反应过程和泥水分离过程结合在一个池子中进行，污水按一定的周期和阶段得到处理。一个 CAST 反应器一般包括三个分区，第一区（生物选择器）、第二区和第三区（主反应器）。也可仅设两个区，非曝气阶段不进水时可省去第二区。生物选择区设置在反应池前端，从主反应区回流来的污泥和流进的污水在此混合，混合可由水力或者机械混合提供，通常在厌氧或缺氧条件下运行。第二区不仅具有辅助缓冲作用，该区也可根据需要决定是在好氧条件下运行，还是缺氧或厌氧条件下运行。主反应器则是最终去除有机底物的主要场所，运行过程中，通常对主反应区的曝气强度加以控制，使反应区内主体溶液中处于好氧状态，而活性污泥结构内部则基本处于缺氧状态。

CAST 工艺由进水/曝气、沉淀、滗水、闲置/排泥四个基本过程组成，工艺流程如图 4-8 所示。

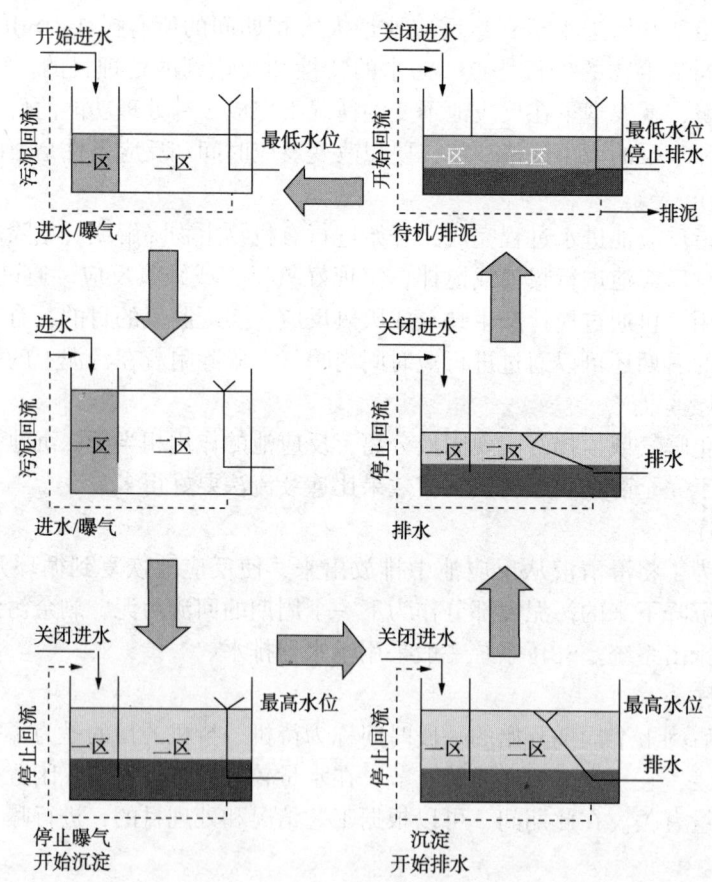

图 4-8　CAST 工艺流程（除磷脱氮）

(2) 连续和间歇曝气工艺(DAT-IAT)

DAT-IAT 是序批式活性污泥法的一种变形工艺。DAT-IAT 反应池由一个连续曝气池(DAT, Demand Aeration Tank)和一个间歇曝气池(IAT, Intermittent Aeration Tank)串联而成，工艺如图 4-9 所示。污水首先经 DAT 池的初步生物处理后再进 IAT 池，由于连续曝气起到了水力均衡作用，提高了整个工艺的稳定性，进水工序只发

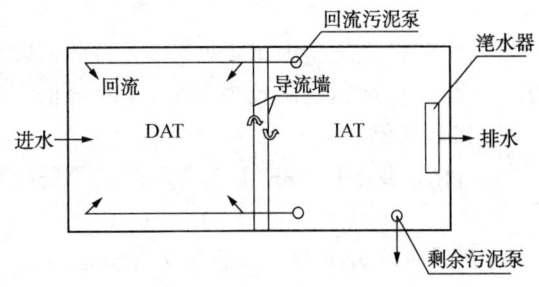

图 4-9 DIT-IAT 工艺流程

生在 DAT 池，排水工序只发生在 IAT 池，使整个生物处理系统的可调节性进一步增强，有利于有机物的去除。一部分剩余污泥由 IAT 池回流到 DAT 池。该工艺是天津市市政设计研究院、天津水工业工程设备有限公司张大群等提出的 SBR 工艺的又一变形。

(3) 交替式内循环活性污泥法(AICS)

北京市环保科学研究院结合 SBR 工艺、活性污泥工艺和氧化沟工艺，提出了交替式内循环活性污泥工艺(Alternated Internal Cyclic System)，简称 AICS 工艺。工艺继承了改进 SBR 工艺连续进水、连续出水、恒水位和交替运行的特点，吸取了氧化沟工艺循环水力流动特点和稳定的活性污泥系统特性，克服了三槽氧化沟各反应器污泥浓度分配不均的现象。

AICS 基本工艺由一个四格连通的反应池组成(见图 4-10)，可在反应池进水端设计厌氧区和缺氧区，增加脱氮除磷功能。

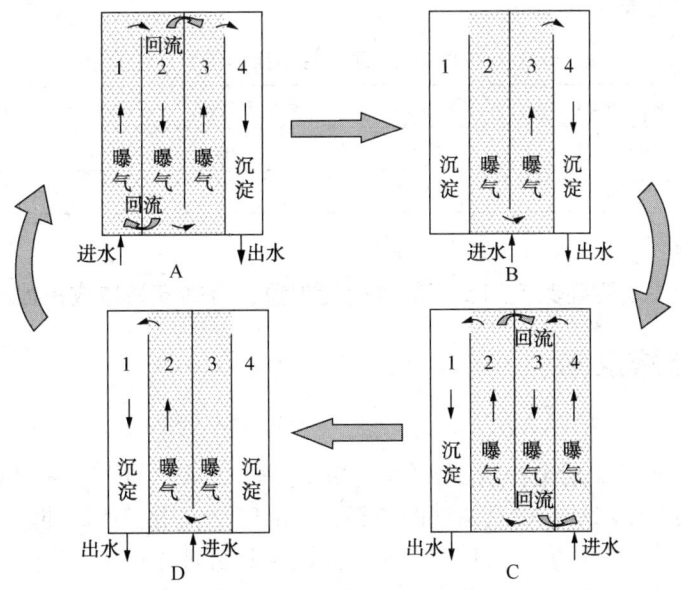

图 4-10 AICS 基本工艺流程

3. 优缺点

优点：(1)工艺简单，造价低，占地面积小。(2)时间上具有理想的推流式反应器的特性。在连续曝气阶段，虽然反应器内的混合液呈完全混合状态，但是底物与微生物浓度的变化在时间上是一个推流过程，并且呈现出理想的推流状态。(3)运行方式灵活，脱氮除磷效果好。(4)污泥沉降性能好。(5)对进水水质、水量的波动具有较好的适应性。(6)易于维

护管理。

缺点：(1)不适于大水量处理。(2)脱氮除磷效果不稳定。(3)容积利用率低。(4)设备利用率低。(5)运行控制较为复杂。(6)峰值需氧量高。

4. 工程实例

某石化企业采用SBR工艺处理湿式脱臭后的碱渣污水。

(1) 工艺特点

SBR反应池分为两间，容积为$1200m^3 \times 2$，反应池内设旋混式倒伞形曝气器约1400个。SBR池按规定的时间程序进行充水、曝气、沉淀、排水、闲置等过程的操作，从充水开始到闲置结束为止作为一个周期。

运行方式如下：

进水：SBR缓冲罐内的碱渣污水经泵输出，与稀释水同时进入SBR反应池内；

曝气：打开风线阀门，向反应池鼓风曝气，完成生化反应；

沉降：停止进水，停止鼓风，使反应池内的污泥处于自然重力沉降状态，泥水分离；

排水：排出反应池内已达到处理目标的污水；

闲置：等待下一部运行周期的来临。

在每一个运行周期内，采用微机程序控制，进行适当的程序编排，可以达到不同的处理深度。既可以作为预处理设施，又可以做到达标排放。在几乎完全静止的条件下进行泥水分离，污泥流失少，可以保持较高的污泥浓度。

(2) 工艺控制指标

工艺控制指标见表4-4。

表4-4 工艺控制指标

项目	COD_{Cr}/(mg/L)	挥发酚/(mg/L)	硫化物/(mg/L)	含油量/(mg/L)	pH
进水	2000~3000	<20	<40	<10	7~9
出水	<800	<15	<5	<10	6~9

(3) 注意事项

排水时，风阀一定要确保关闭，不能有内漏现象，否则容易造成污泥流失。

五、生物接触氧化法

1. 工艺简介

19世纪末，德国开始把生物接触氧化法(Biological Contact Oxidation Process)用于污水处理，但限于当时的工业水平，没有适当的填料，未能广泛应用。到20世纪70年代合成塑料工业迅速发展，轻质蜂窝状填料问世，日本、美国等开始研究和应用生物接触氧化法。

生物接触氧化法一种好氧生物膜污水处理方法，该系统由浸没于污水中的填料、填料表面的生物膜、曝气系统和池体构成。在有氧条件下，污水与固着在填料表面的生物膜充分接触，通过生物降解作用去除污水中的有机物、营养盐等，使污水得到净化。

生物接触氧化法又称淹没式生物滤池。接触氧化池内装有填料，大部分微生物以生物膜的形式固着生长于填料表面，少部分则以活性污泥的形式悬浮生长于水中。因此，生物接触氧化法兼有活性污泥法与生物滤池特性，是一种以生物膜法作用为主、兼有活性污泥法作用的生物处理工艺。

生物接触氧化法的基本工艺流程由接触氧化池和沉淀池两部分组成，可根据进水水质和处理效果选用一级接触氧化池和多级接触氧化池。见图4-11、图4-12。

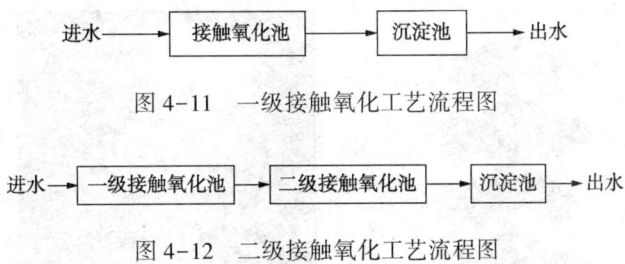

图4-11 一级接触氧化工艺流程图

图4-12 二级接触氧化工艺流程图

接触氧化法可单独应用，也可与其他污水处理工艺组合应用。单独使用时可以做碳氧化和硝化，脱氮时应接触氧化池前设缺氧池，除磷时应组合化学除磷工艺。

以"缺氧接触氧化+好氧接触氧化"为主体工艺的组合流程，适宜普通生活污水的除碳和脱氮处理见图4-13。

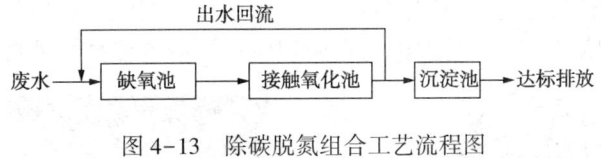

图4-13 除碳脱氮组合工艺流程图

以水解酸化+接触所化为主体工艺的组合流程，适宜处理难降解有机污水，见图4-14。

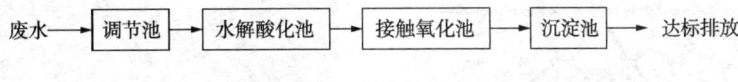

图4-14 难降解有机污水接触氧化池组合工艺流程

以厌氧+接触氧化为主体工艺的组合流程，适宜处理高浓度有机污水，见图4-15。

废水→调节池→厌氧池→接触氧化池→沉淀池→后处理→达标排放

图4-15 高浓度有机污水接触氧化池组合工艺流程图

2. 接触氧化池的填料

生物接触氧化池内的填料是微生物的载体，其特性对池内生物固体含量、氧的利用率、水流条件和污水与生物膜的接触情况等起着重要的作用，是影响生物接触氧化法处理效果的关键因素。

(1) 接触氧化法选用填料的技术要求：

比表面积大、空隙率大，而且截留悬浮杂质的能力强，对生物膜的附着作用较好；水流阻力小、流态好，有利于生物膜的生长和脱落更新；强度大、化学和生物稳定性较好，经久耐用，不会因溶出有害物质而引起二次污染；与水的密度基本相同，容易固定安装在接触氧化池内(悬浮填料能在曝气条件下在接触氧化池内自由活动)；形状规则、尺寸均一，使填料层各个部分的水流流态相同，避免短流现象，而且运输安装和拆卸维修都很方便。

(2) 常用接触氧化池填料的种类

① 悬挂式填料

悬挂式填料包括软性、半软性、弹性及组合填料。

软性填料易结团,且易发生断丝、中心绳断裂等情况,其寿命一般为1~2年。外形如图4-16所示。

 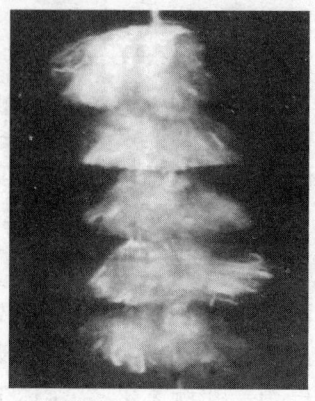

图4-16 软性填料外形图

半软性填料具有较强的气泡切割性能和再行布水布气的能力、挂膜脱膜效果较好、不堵塞,使用寿命较软性填料长,但其理论比表面积较小且造价偏高。外形如图4-17所示。

图4-17 半软性填料外形图

弹性填料比半软性填料更富刚柔并兼,其第1代结构呈瓶刷状(见图4-18);其第2代呈片状,且剖面呈X形燕尾状,弹性丝随中心扣周边放射(见图4-19),该填料具有更大的空隙率、更高的气泡切割能力;可提高氧利用率,是一种节能型的弹性立体填料。

图4-18 瓶刷状弹性立体填料外形图

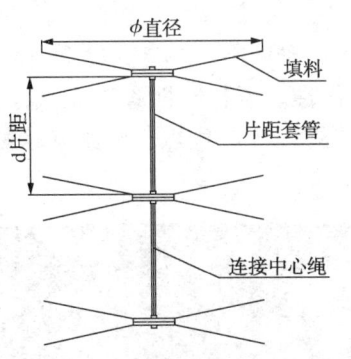 

图 4-19 X 形燕尾状弹性立体填料外形图

组合填料是鉴于软性、半软性存在的上述缺点并吸取软性填料比表面积大、易挂膜和半软性填料不结团、气泡切割性能好而设计的新型填料，其污水处理能力优于软性、半软性填料。填料的外形如图 4-20 所示。

图 4-20 组合填料外形图

② 浮挂式填料

浮挂式填料又称自由摆动填料，其结构是填料的顶部装有浮体，中间为悬挂式填料，池底装预埋钩或用膨胀螺栓方式固定，随水流和曝气的推动可以自由摆动。适宜应用于大型污水处理工程，特别是拟选用悬浮填料又怕堆积的水处理工程；更适用于大型水域的河流、湖泊等不宜钢支架悬挂又不宜悬浮散装的典型工程。外形如图 4-21 所示。

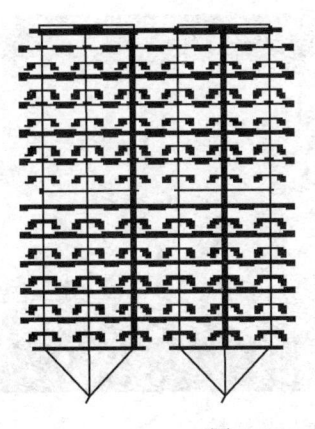 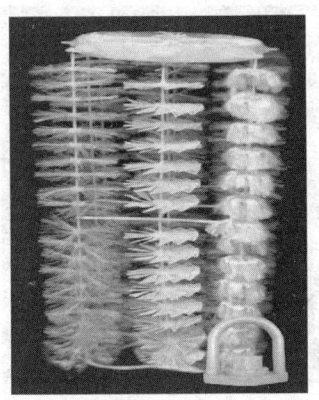

图 4-21 浮挂填料外形图

③ 悬浮填料

悬浮填料有球形、圆柱形、方粒形等，大小不一、密度不一、空隙也不一，具有不同水质、不同容器结构、装不同形状填料的灵活性、优化性。填料特性具有充氧性能好，挂膜快，挂膜量多，生物膜更新性能好；使用寿命长，更换简单等优点，已越来越被广泛应用。外形如图 4-22、图 4-23、图 4-24、图 4-25 所示。

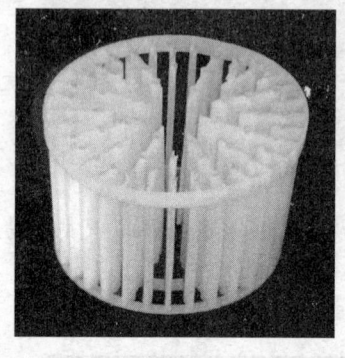

竖片柱状　　　　　　　　　　　　颗粒柱状

图 4-22　柱状悬浮填料

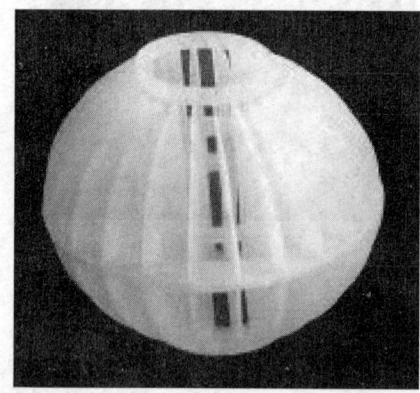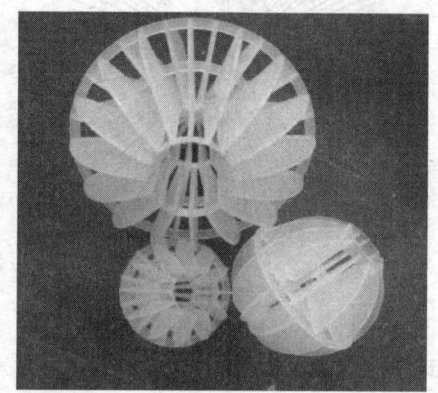

动态球形类　　　　　　　　　　　　扁丝球形类

图 4-23　球形悬浮填料-多面空心球形

图 4-24　聚氨酯生物填料

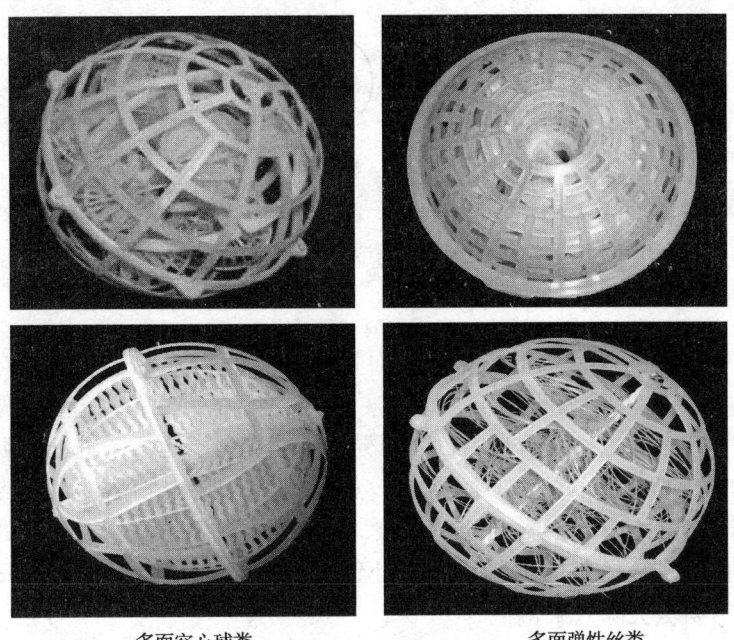

多面空心球类　　　　　　　　多面弹性丝类

图 4-25　组合悬浮填料

填料安装方法示意图如图 4-26、图 4-27、图 4-28 所示。

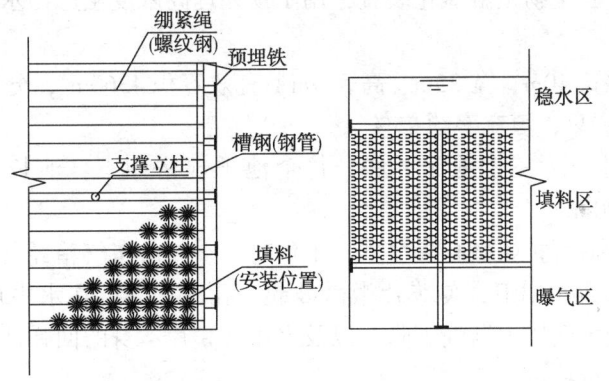

图 4-26　组合填料安装示意图

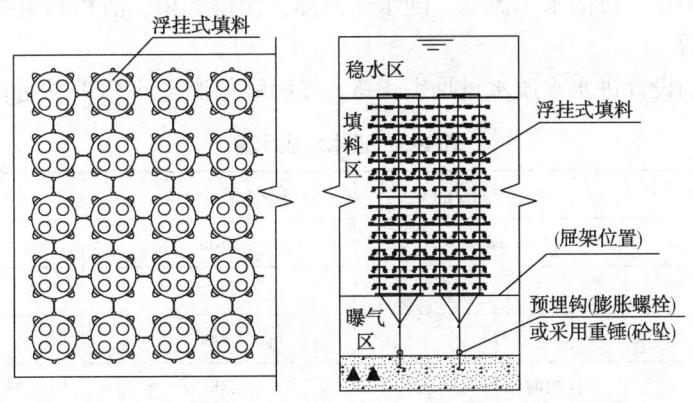

图 4-27　悬挂支架安装示意图

图 4-28 悬挂填料的组装方式

3. 优缺点

优点：(1)BOD 负荷高，微生物量大，对冲击负荷有较强的适应力。(2)剩余污泥量少。(3)占地面积较小。(4)管理简单。

缺点：(1)填料上的生物膜数量因负荷而异，不能借助于运行条件任意调节生物量和装置的效能。(2)生物膜随负荷增加而增加，负荷过高，则生物膜过厚，易于堵塞填料。(3)后生动物等大量滋生时，会影响处理水质。(4)对填料要求高，材质问题可能会导致难以挂膜。(5)检修困难，污染的填料清理和处置成本高。(6)填料脱落容易造成出水管线、阀门等堵塞。(7)氨氮去除效果偏低。

由于原材料质量对弹性填料的挂膜性能影响很大，因此除特殊污水如含钙较高等的污水外，不建议使用弹性填料。

4. 工程实例

某石化企业有一套生物接触氧化装置，用于预处理高浓度生产污水。

（1）工艺特点

接触氧化池：池长 40m、宽 25m、高 5.9m、有效容积 4360m^3，分为两系列，串联，池内填料投加约 $80×10^4$ 只，填充率约 25%。

接触氧化沉淀池：为三个池子并联，每个池子规格如下：池长 7.5m、宽 7.5m、高 10.5m、有效容积 400m^3。

曝气装置：球冠形可扩张微孔曝气器，工作时，空气由布气箱经支承托盘通气道进入曝气膜片间，在空气压力作用下，使膜片微微鼓起，孔眼张开，在水中可产生微气泡。停止时，由于膜片和托盘之间压力渐渐下降，以及水压和膜片本身的回弹性作用，使孔眼逐渐闭合，将膜片压实于支承托盘上。

填料：外形多切角呈梅花形，以防止运动填料块之间的相互阻碍影响和损坏。密度接近于水，可在水中飘浮，可随水体流动。随水体流体，使得气相、液相和生物膜接触较充分。

（2）设计参数

接触氧化池的设计进水水质水量见表 4-5。接触氧化池设计 COD 去除率为 20%。

表 4-5 进水水质水量

名称	水量/(m^3/h)	COD_{Cr}/(mg/L)	pH
PTA 污水	185	5700	4~6
化工酸性污水	40	10000	2~4
涤纶污水	13	10000	4~7
生活污水	挂膜时根据需要进水	200	6~9

(3) 注意事项

① 曝气头脱落后，引起曝气不均，容易造成填料堆积。

② 为避免填料对曝气头的破坏作用，最好用格网将填料与曝气头分开。

③ 出水要加格网，防止破损的填料片堵塞下一级装置进水管线。

④ 生物膜初次形成后又大部分脱落是正常的现象，通常第二次或第三次重新形成后才算是挂膜成功。

⑤ 挂膜过程中，曝气量过大不利于生物膜的形成。

第二节 厌氧生物处理

在全社会提倡循环经济，关注工业废弃物实施资源化再生利用的今天，厌氧生物处理显然是能够使污水资源化的优选工艺。厌氧生物处理是在厌氧条件下，由多种微生物共同作用，利用厌氧微生物将污水或污泥中的有机物分解并生成甲烷和二氧化碳等最终产物的过程。在不充氧的条件下，厌氧细菌和兼性（好氧兼厌氧）细菌降解有机污染物，又称厌氧消化或发酵，产物主要是沼气和少量污泥，适用于处理高浓度有机污水和好氧生物处理后的污泥。

根据在水中存在的状态，厌氧生物处理，可分为生物膜法和活性污泥法两大类。常见的厌氧反应器有厌氧生物滤池、升流式厌氧污泥床反应器、内循环厌氧反应器、厌氧颗粒污泥膨胀床反应器。升流式厌氧污泥床反应器在石油化工污水处理中应用较早，但存在布水不匀、不易形成颗粒污泥、COD_{Cr}去除率偏低的缺点。厌氧生物滤池目前在石油化工污水处理中应用较多，对高浓度的石油化工污水COD_{Cr}去除率可达80%以上，但填料的板结、检修填料清理困难影响了该技术的进一步推广。内循环厌氧反应器、厌氧颗粒污泥膨胀床反应器是上升流式厌氧污泥床反应器的升级形式，目前在石油化工污水处理中已开始应用。厌氧生物滤池、上升流式厌氧污泥床为第二代厌氧反应器，内循环厌氧反应器、厌氧颗粒污泥膨胀床反应器为第三代厌氧反应器。

一、厌氧生物滤池

1. 工艺简介

厌氧生物滤池（Anaerobic Filter，AF）是20世纪60年代由美国McCarty等在Coulter等研究基础上发展并确立的第一个高速厌氧反应器。传统的好氧生物反应系统一般容积负荷在$2kgCOD_{Cr}/(m^3 \cdot d)$以下。而在厌氧滤池发明之前的厌氧反应器一般容积负荷在$4 \sim 5kgCOD_{Cr}/(m^3 \cdot d)$以下。但厌氧生物滤池在处理溶解性污水时负荷可高达$10 \sim 15kgCOD_{Cr}/(m^3 \cdot d)$。厌氧生物滤池的发展大大提高了厌氧反应器的处理速率，使反应器的容积大大减少。

厌氧生物滤池作为高速反应器地位的确立还在于它采用了生物固定化的技术，使污泥在反应器的停留时间极大的延长。McCarty发现，在保持同样处理效果时，污泥停留时间的提高可以大大缩短污水的水力停留时间，从而减少反应器容积，或在相同反应器容积时增加处理水量。这种采用生物固定化技术延长污泥停留时间，并把污泥停留时间和水力停留时间分别对待的思想推动了新一代高速厌氧反应器的发展。

厌氧生物滤池是装有填料的厌氧生物反应器。其基本特征就是在反应器内装填了为微生物提供附着生长的表面和悬浮生长空间的载体。和好氧淹没式生物滤池(好氧接触氧化法)相似，在厌氧生物滤池填料的表面有以生物膜形态生长的微生物群体，构成了厌氧生物滤池厌氧微生物的主要部分，而被截留在填料之间的空隙中、悬浮生长的厌氧活性污泥中的微生物群体，是厌氧生物滤池厌氧微生物的次要部分。污水流过填料层时，其中有机物被厌氧微生物截留、吸附及代谢分解，最后达到稳定化，同时产生沼气、形成新的生物膜。为了分离处理水中携带的脱落的生物膜，通常需要在滤池后设置沉淀池。

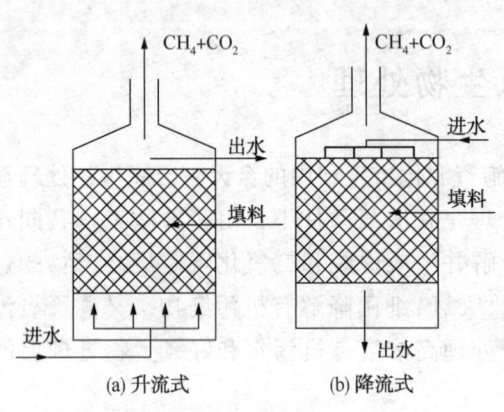

图 4-29 厌氧生物滤池示意图

厌氧生物滤池的填料上生物膜厚度约 1~3mm，加上悬浮生长的微生物，池内生物固体量可达到 20~30g/L。再加上生物膜停留时间长(平均可达 100d 左右)，因而可承受较高的容积负荷，而且抗冲击负荷能力较强。厌氧微生物以固着生长的生物膜为主，不易流失，因此除了正常的进出水或适当回流部分出水外，不需要污泥回流和使用搅拌设备。和 UASB 法相比，厌氧生物滤池另一个优点是系统启动或停运后的再启动时比较容易，所需时间较短。

按其中水流方向，厌氧生物滤池可分为升流式厌氧生物滤池和降流式厌氧生物滤池两大类。示意图如图 4-29 所示。

厌氧生物滤池内生物固体浓度随填料高度的不同，存在很大的差别。升流式厌氧生物滤池底部的生物固体浓度有时是其顶部生物固体浓度的几十倍，因此底部容易出现部分填料间水流通道堵塞、水流短路现象。而降流式厌氧生物滤池向下的水流有利于避免填料层的堵塞，其中生物固体浓度的分布比较均匀。

2. 厌氧生物滤池的填料

填料是厌氧生物滤池的主体，其作用是提供微生物附着生长的表面和悬浮生长的空间。对填料的基本要求和好氧生物滤池或好氧接触氧化池基本相同，即比表面积较大且表面粗糙、形状和孔隙度合适、机械强度高和生物惰性好、质量较轻使厌氧生物滤池的结构荷载小等。

常用的填料按形状分有块状、管状、纤维状三大类。绝大部分采用有固定支架的安装形式，填料在水中位置固定；也有采用无固定支架、填料在水中自由悬浮的形式，填料在水中位置不固定。厌氧生物滤池的高度超过 1m 以上，COD_{Cr} 的去除率几乎不再增加。因此，过多增加填料高度往往只不过是增大了反应器的体积，在污水流量和浓度固定的条件下，反应器容积的增加并不能明显提高 COD_{Cr} 的去除率。但填料高度低于 2m 时，污泥就有被冲出反应器的可能，进而导致出水悬浮物的增多使出水水质下降。

使用块状实心填料的厌氧生物滤池固体浓度低，使其有机负荷受到限制，一般仅为 3~6kgCOD_{Cr}/($m^3 \cdot d$)，而且此类厌氧生物滤池在运行中局部滤层极易被堵塞，随之会发生短流现象，进而使处理效果受到不利影响，因此块状填料层的高度一般不超过 1.2m。使用蜂窝或波纹板填料的厌氧生物滤池容积负荷可达 5~15kgCOD_{Cr}/($m^3 \cdot d$)，而且重量轻、性质稳定，运行中不易发生堵塞现象，因此蜂窝或波纹板填料层的高度一般为 1~6m。

使用纤维填料的厌氧生物滤池一般不宜堵塞，填料本身价格也较低，目前在国内应用较多。纤维填料的形式有软性尼龙、半软性聚乙烯或聚丙烯填料、弹性聚苯乙烯填料及它们的组合填料等。纤维填料的主要特性是比表面积和孔隙率都较大，当污水流过时，细而长的纤维随水而动，使其上的生物膜与污水接触情况良好，进而提高水中有机质的传质效率。水流的剪切作用还能使填料上生物膜增长的不致过厚，可以保持生物膜较高的活性和良好的传质条件。使用纤维填料的缺点是容易产生生物膜结团现象，结团会使与水接触的生物膜有效面积减小，传质条件变差。

3. 优缺点

优点：(1)生物固体浓度高，因此可以获得较高的有机负荷。(2)微生物固体停留长，因此可以缩短 HRT，耐冲击负荷能力强。(3)不需要污泥回流，运行管理方便。(4)运行费用较低。

缺点：(1)填料一次性投资大。(2)填料的板结是一个趋势。(3)检修涉及填料投放和清出时，周期较长。(4)不能用于进水悬浮物过高的污水。

上流式厌氧滤池的进水管和排泥管要在池底进行大量布管才能保障配水均匀。为了降低上流式厌氧滤板结的影响，可以将上流式厌氧滤池(UAF)，改造成为上流式厌氧污泥床滤池(UBF)。

4. 工程实例

某石化企业污水处理系统某年新建了一套污水厌氧生物滤池装置，用以预处理高浓度PTA污水和少量PET污水等高浓度生产污水。

(1) 工艺特点

PTA污水中的COD主要来源主要有醋酸、对苯二甲酸、苯甲酸、对甲基苯甲酸(p-t酸)等。对苯甲酸、对苯二甲酸和p-t酸单一基质厌氧处理，三种物质降解的速率依次为：苯甲酸>对苯二甲酸>p-t酸，这主要由水解和酸化阶段的反应速率决定的，相比而言，羧基比甲基容易水解酸化。

该企业厌氧过滤器共两座，每座直径为25m，有效高度8.5m，总容积：8250m^3，设计容积负荷为 4.0kgCOD$_{Cr}$/(m^3·d)，COD 去除率为60%。反应器出水的回流比控制在200%~250%。

(2) 设计参数

厌氧生物滤池设计水量及进出水水质见表4-6。

表4-6 厌氧滤池设计水量及进出水水质

类 别	水量/(m^3/h)	进水 COD$_{Cr}$/(mg/L)	出水 COD$_{Cr}$/(mg/L)
设计值	250	5500	2200

(3) 注意事项

① 条件充许尽量加大厌氧出水回流量，不仅对缓冲来水 pH 有利，也能稳定进水浓度，提高厌氧滤池的上升流速，防止滤料板结。

② 尽量避免含有硫酸盐的污水进入厌氧装置，以降低沼气中硫化氢过高而引起的危害。

③ 厌氧装置对进水pH、温度等参数要求苛刻，进水温度应控制在37℃左右，日温度变化不超过1℃；pH要稳定控制在6.5~7.5之间，有利于装置的稳定运行。

④ 北方冬季沼气管线中冷凝水较多，容易导致沼气燃烧装置熄火，沼气管线可采用"U"形管以实现自动排水。

⑤ 处理负荷远低于设计负荷的厌氧装置，可将污泥池做后续好氧装置的污泥陈化池用，陈化后的污泥可打入厌氧装置减量。

⑥ 可以用氮气短时间、大流量对 AF 池内进行吹扫来缩小池内死区和盲区。

⑦ 沼气最好不要直接燃烧或排放而应回收利用。

二、升流式厌氧污泥床反应器

1. 工艺简介

升流式厌氧污泥床（Upflow Anaerobic Sludge Blanket，UASB）反应器是荷兰 Wageningen 农业大学的 Lettinga 等于 1973~1977 年研究成功的。Lettinga 博士和他的同事首先在实验室进行了容积为 60L 的升流式厌氧污泥床反应器的试验研究。结果表明，该处理装置的处理效能很高，其有机负荷高达 10kg $COD_{Cr}/(m^3 \cdot d)$。此后进行了容积为 $6m^3$、$30m^3$ 及 $200m^3$ 的半生产性及生产性试验研究。中温条件下，应用 $6m^3$ 容积的装置处理甜菜制糖污水的容积负荷高达 36kg $COD_{Cr}/(m^3 \cdot d)$。处理马铃薯加工污水的容积负荷为 15kg $COD_{Cr}/(m^3 \cdot d)$ 以上，COD_{Cr} 去除率为 70%~90%。

其后，荷兰、德国、瑞典、比利时和美国的研究者用升流式厌氧污泥床反应器进行了土豆加工污水、蚕豆加工污水、屠宰污水、罐头制品加工污水、甲醇污水及纤维板污水的小试或生产性试验，都取得了较好的结果。我国于 1981 年开始了升流式厌氧污泥床反应器的研究工作。

升流式厌氧污泥床反应器指污水通过布水装置依次进入底部的污泥层和中上部污泥悬浮区，与其中的厌氧微生物进行反应生成沼气，气、液、固混合液通过上部三相分离器进行分离，污泥回落到污泥悬浮区，分离后污水排出系统，同时回收产生沼气的厌氧反应器。

升流式厌氧污泥床反应器内没有载体，是一种悬浮生长型的厌氧消化方法。在反应器底部污泥浓度较高的污泥层被称为污泥床，而在污泥床上部污泥浓度稍低的污泥层被称为污泥悬浮层，污泥床和污泥悬浮层统称为反应区。

在厌氧状态下，微生物分解有机物产生的沼气在上升过程中产生强烈的搅动，有利于颗粒污泥的形成和维持。污水均匀地进入反应器的底部，污水向上通过包含颗粒污泥或絮状污泥的污泥床，在与污泥颗粒的接触过程中发生厌氧反应，经过反应的混合液上升流动进入气、固、液三相分离器。沼气泡和附着沼气泡的污泥颗粒向反应器顶部上升，上升到气体反射板的底面，沼气泡与污泥絮体脱离。沼气泡则被收集到反应器顶部的集气室，脱气后的污泥颗粒沉降到污泥床，继续参与进水有机物的分解反应。在一定的水力负荷下，绝大部分污泥颗粒能保留在反应区内，使反应区具有足够的污泥量。

升流式厌氧污泥床反应器不仅适于处理高、中浓度的有机污水，也适用于处理城市污水一类的低浓度有机污水。

升流式厌氧污泥反应器的基本特征是在反应器的上部设置气、固、液三相分离器，下部为污泥悬浮层区和污泥床区。污水从底部流入，向上升流至顶部流出，混合液在沉淀区进行固、液分离，污泥可自行回流到污泥床区，使污泥床区保持很高的污泥浓度。从构造和功能上划分，UASB 反应器主要包括布水装置、三相分离器、出水收集装置、排泥装置及加热和保温装置。反应器结构形式见图 4-30。

反应区中污泥床高度约为反应区总高度的 1/3，但其污泥量约占全部污泥量的 2/3 以上。污泥床的污泥量大，有机物浓度高，因此，80%的有机物去除率是在污泥床内实现的。虽然污泥悬浮层去除的有机物量不大，但其高度对产气量、混合程度和系统稳定性至关重要。

升流式厌氧污泥床反应器池型有圆形、方形、矩形等多种形式，小型装置常为圆柱形，底部呈锥形或圆弧形，大型装置为便于设置三相分离器，则一般为矩形，总高度一般为3~8m，其中污泥床1~2m，污泥悬浮层2~4m。当污水流量较小而有机物浓度较高时，需要的沉淀区面积小，沉淀区的面积及池形可与反应区相同。当污水流量大而有机物浓度较低时，需要的沉淀区面积大，为使反应区的过流面积不至于过大，可加大沉淀区面积，即使UASB反应器上部直径大于下部直径。

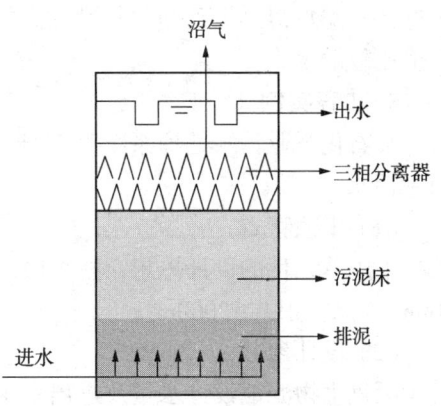

图4-30 UASB反应器结构形式

2. 颗粒污泥

颗粒污泥的形成实际上是微生物固定化的一种形式，其外观为具有相对规则的球形或椭圆形黑色(或灰色)颗粒。颗粒污泥的粒径一般为0.1~3mm，个别大的有5mm，密度为$1.04~1.08\text{g/cm}^3$，比水略重，具有良好的沉降性能和降解水中有机物的产甲烷活性。

在光学显微镜下观察，颗粒污泥呈多孔结构，表面有一层透明胶状物，其上附着甲烷菌。颗粒污泥靠近外表面部分的细胞密度最大，内部结构松散、细胞密度较小，粒径较大的颗粒污泥往往有一个空腔，这是由于颗粒污泥内部营养不足使细胞自溶而引起的。大而空的颗粒污泥容易破碎，其破碎的碎片成为新生颗粒污泥的内核，一些大的颗粒污泥还会因内部产生的气体不易释放出去而容易上浮。

3. 三相分离器

升流式厌氧污泥床反应器的最重要设备是气、固、液三相分离器，安装在反应器的上部，将反应器分为下部的反应区和上部的沉淀区。

三相分离器的第一个重要作用是尽可能有效地分离污泥床中产生的沼气。集气室下面反射板的作用就是防止沼气进入沉淀区和减少反应区产气量较大时所造成的液体紊动，反应器内由污泥、污水和沼气组成的混合液进入三相分离器后，沼气气泡碰到分离器下部的反射板时，折向气室而被有效地分离排出。

三相分离器的第二个重要作用是取得较好的污泥沉淀效果，保证反应区内污泥拥有较高的浓度和良好的性能。经过脱气的污泥和水经孔道进入三相分离器的沉淀区，在重力作用下泥水分离，上清液从沉淀区上部排出，留在沉淀区下部的污泥沿着斜壁返回到反应区内。

设置三相分离器是升流式厌氧污泥床反应器的重要结构特征，它对升流式厌氧污泥床反应器的正常运行和获得良好的出水水质具有十分重要的作用。

4. 优缺点

优点：(1)反应器结构紧凑，集生物反应与沉淀于一体。(2)反应器内没有载体，是一种悬浮生长型的厌氧处理方法，不仅节省投资，而且避免了堵塞问题。(3)维护运行较简单，运行成本较低。

缺点：(1)进水中的悬浮物不能过高，特别是难生物降解的有机固体含量，以免对污泥颗粒化不利或减少反应区的有效容积，影响处理效果和处理能力。(2)初期的UASB设计单元过多,配水很难做到均匀,设计高度不够,污泥流失现象较严重,另外,对水质水量的变化也比较敏感。

5. 工程实例

某石化企业污水处理系统某年新建了一套升流式厌氧污泥床反应器,用以处理高浓度PTA污水。

(1) 工艺特点

采用单元化的设计思想,整个厌氧处理系统共有四个系列,每个系列又分为5格,每格600m³,总容积共12000m³。

(2) 设计参数

厌氧生物滤池设计水量及进出水水质见表4-7。

表4-7 厌氧滤池设计水量及进出水水质

类别	水量/(m³/h)	进水 COD_{Cr}/(mg/L)	出水 COD_{Cr}/(mg/L)
设计值	350	5100	2000

(3) 注意事项

① 接种污泥的质和量。厌氧污泥投加量与其质量大有关系,厌氧污泥的质量主要由其所含的有效微生物量决定。如果所投加的污泥质量好,不但有利于反应器的快速启动,而且可以大大减少污泥投加量。

② 厌氧泥层的搅动。启动过程中由于产气量低,进水量少,需要增加搅拌强度,可以靠循环水泵加强水力搅拌,如有条件最好用氮气搅动。

③ 配水管线堵塞问题。一方面在进水总管上增设过滤器,另一方面定期安排过滤器清理和配水管线冲洗。

三、内循环厌氧反应器

1. 工艺简介

高效厌氧处理工艺不仅应该实现污泥停留时间和平均水力停留时间的分离,而且应该保证污水和活性污泥之间的充分接触。厌氧反应器中污泥与污水的混合,首先取决于布水系统的设计,合理的布水系统是保证固液充分接触的基础。同时,反应器中的液体的上升流速、产生的沼气的搅动等因素也对污泥与污水的混合起着极其重要的作用。例如,当反应器布水系统等已经确定后,如果在低温条件下运行,或在启动初期(只在低负荷下运行),或处理较低浓度有机污水时,由于不可能产生大量的沼气的较强扰动,因此反应器中混合效果较差,从而出现短流。提高反应器的水力负荷来改善混合状况,则会出现污泥流失。这些正是第二代厌氧生物反应器,特别是UASB反应器的不足。

为解决这一问题,以厌氧颗粒污泥膨胀床反应器(Expanded Granular Sludge blanket, EGSB)、内循环厌氧反应器(Internal Circulation Reactor, IC)、升流式污泥床过滤器(Upflow Blanket Filter, UBF)为典型代表的第三代厌氧反应器相继出现。

内循环厌氧反应器是20世纪80年中期由荷兰的PAQUES公司推出的。

内循环厌氧反应器基于气体提升原理,在无须外加动力情况下形成液体内循环,使颗粒污泥处于膨胀流化状态,泥水混合液充分接触,满足了高效厌氧处理系统必须具备的第二个条件,从而成功实现了良好的传质。内循环的存在,使得反应器相应出现颗粒污泥膨胀床区、精处理区两级处理并赋予其新功能。IC反应器通过膨胀床区降解去除大部分COD，精处理区降解剩余COD及一些难降解物质，保证并提高出水水质。最关键的是污泥内循环使得精处理区上升流速（2~10m/h）远小于颗粒污泥膨胀床区（10~20m/h），创造了颗粒污泥沉降的良好环境，解决了高负荷下污泥被冲出处理系统的问题。同时精处理区的存在，还为膨胀床区高进水负荷导致的过度膨胀提供缓冲空间。作为IC反应器核心的内循环技术，保留了生物量，改善了泥水接触，使反应器相应出现颗粒污泥膨胀床区、精处理区两级处理并赋予其新功能，最大极限地发挥了生化处理能力，抓住了厌氧处理的关键，从根本上提高了生化反应速率。

由于三相分离器截流污泥和颗粒污泥，保证了内循环厌氧反应器在高负荷下也能保持大量的活性污泥和足够长的污泥龄，满足了高效厌氧处理系统必须具备的第一个条件，从而成功实现了固体停留时间和水力停留时间相分离。

内循环厌氧反应器微生物聚合状态为完全流态化的颗粒污泥，这种具水力流态优势的污泥颗粒化型生物相完美地解决了传质问题；絮体浓度可达30g/L，是颗粒污泥浓度3g/L的10倍，提高了反应器中的生物浓度；终端沉速50~90m/h相较于小于10m/h的絮体污泥，沉降性能大幅度提高；还可通过水力条件的调整，利用合适的水流剪切力和颗粒碰撞作用去除老化生物膜。

内循环厌氧反应器内不同时期的颗粒污泥形态如图4-31所示。随着颗粒化的发展，颗粒污泥的表面也逐渐由粗糙变得比较光滑，而微生物也逐渐由以死菌为主的状态变为菌种增多、菌体饱满的状态；第25天，颗粒污泥以丝状菌和短杆菌为主，且有少量分泌物。第35天，颗粒更密实，表面有大量的丝状菌缠绕，分泌物也明显增多。第75天，颗粒表面粗糙处以短杆菌和丝状菌为主，光滑处以球菌为主，且在菌体上有大量的分泌物存在。

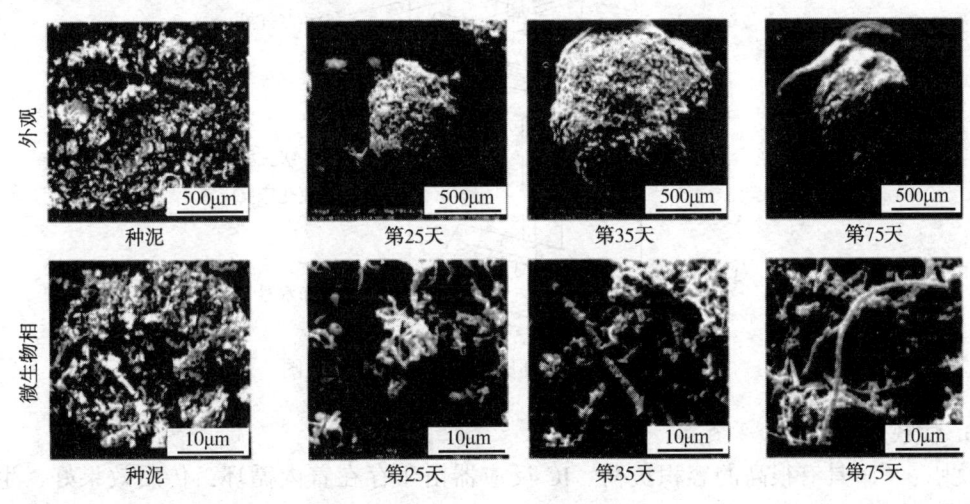

图4-31 内循环厌氧反应器不同时期的颗粒污泥形态

2. 内循环厌氧反应器结构原理

内循环厌氧反应器由二层三相分离器、循环管、旋流气液分离器组成，如图4-32所示。

反应器工作过程为：进水经过布水器布水后，与下降管循环来的污泥和出水均匀混合，然后进入第一级反应区内的流化床反应室。在那里，大部分COD_{Cr}被降解为沼气，该反应区产生的沼气由低位三相分离器收集和分离。由于此处COD_{Cr}负荷高，产气量大，气体提升作用较强，由于液相上升流速较快10~20m/h，沼气、污水和污泥不能很好分离，形成了气、固、液混合流体。气体被提升的同时，带动水和污泥作向上运动，经过一级上升管达到位于反应器顶部的气体/液体分离器，在这里沼气从水和污泥中分离，离开整个反应器。水和污泥混合液经过同心的下降管直接滑落到反应器底部形成内部循环流。第一级分离区的出水在第二级低负荷后处理区内被深度处理，第二反应区的液相的上升流速小于第一反应区，一般为2~10m/h。本区域除了继续进行生物反应之外，由于上升流速的降低，还充当第一反应区和沉淀区之间的缓冲段，对避免污泥流失、保证出水水质起着重要作用。在那里剩余的可生物降解的COD_{Cr}被去除，在上层分离区产生的沼气被顶部的三相分离器收集，并沿二级上升管，输送到顶部旋流式气体/液体分离器，实现沼气分离和收集。同时，厌氧出水经过出水堰离开反应器自流进入后续处理中。

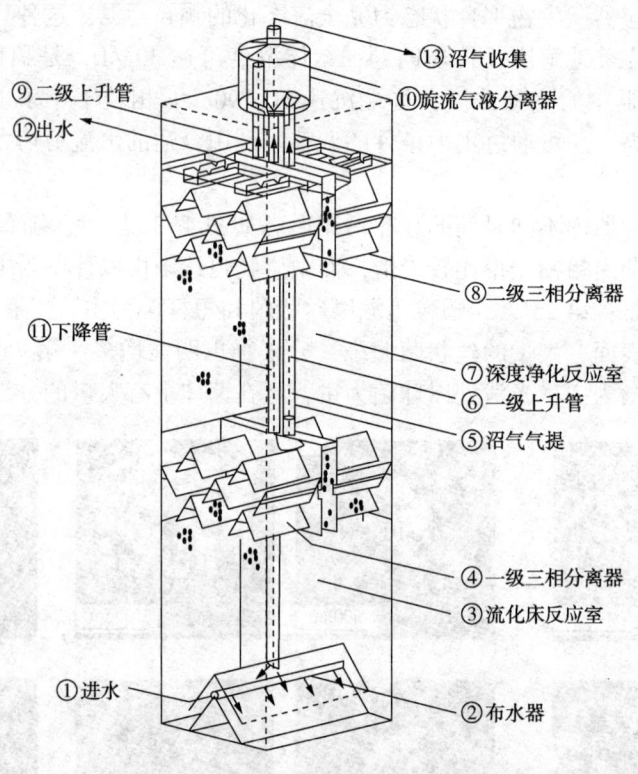

图4-32 内循环厌氧反应器结构示意图

3. 优缺点

优点：(1)具有很高的容积负荷。IC反应器由于存在着内循环，传质效果好，生物量大，污泥龄长，其进水有机负荷远比普通的UASB反应器高。(2)IC反应器不仅体积小，而且有很大的高径比，所以占地面积特别省，非常适用于占地面积紧张的单位采用。(3)沼气提升实现内循环，不必外加动力。IC反应器是以自身产生的沼气作为提升的动力实现强制循环，从而可节省能耗。(4)抗冲击负荷能力强。由于IC反应器实现了内循环，使原污水中的有害物质得到充分稀释，大大降低有害程度，从而提高了反应器的耐冲击负荷能力。(5)具有缓冲pH的能力。内循环流量相当于第一级厌氧出水的回流，对pH起缓冲作用，使反应器内的pH保持稳定，可减少进水的投碱量。(6)出水的稳定性好。因为IC反应器相当于上下两个UASB反应器的串联运行，下面一个UASB反应器具有很高的有机负荷，起"粗"处理作用，上面一个UASB反应器的负荷率较低，起"精"处理作用。IC反应器相当于两级UASB工艺处理。

缺点：(1)从构造上看，IC反应器内部结构比普通厌氧反应器复杂，设计施工要求高。高径比大意味着进水泵的能量消耗大，运行费用高。(2)IC反应器较短的水力停留时间影响不溶性有机物的去除效果。(3)在厌氧反应中有机负荷、产气量和处理程度三者之间存在着密切的联系和平衡关系。一般较高的有机负荷可获得较大的产气量，但处理程度会降低。因此，IC反应器的总体去除效率相比UASB反应器来讲要低些。

4. 工程实例

某石化企业建有一套内循环厌氧反应器，用以处理氧化、聚酯等装置排放的污水。污水主要成分乙酸、苯甲酸、对苯二甲酸、甲基对苯二甲酸，COD_{Cr}浓度为4400~7000mg/L，最大COD_{Cr}负荷30t/d，pH=5~7，日均温度55℃。

(1) 工艺特点

本装置由调节池、循环罐、内循环厌氧反应器、沼气罐、沼气燃烧器、污泥罐、冷却循环水系统及相应机泵设备组成。装置的核心内循环厌氧反应器由二层三相分离器、内循环管、旋流气液分离器等组成，污水从底部罩形混合布水系统进入后经过流化床反应室和深度净化反应室去除大部分COD_{Cr}，同时产生的沼气带动泥水混合物通过二级上升管进入气液分离器，气体分离进入沼气罐，泥水混合物从下降管回流至反应器底部稀释进水形成内循环。

(2) 设计参数

设计污水处理能力260m³/h，设计进出水指标见表4-8。

表4-8 进出水指标

项目	进水水质	出水水质
COD_{Cr}/(mg/L)	4400~7000	≤1500
pH	6~9	6~9
温度/℃	33~38	≤38

(3) 注意事项

① 内循环厌氧反应器生物启动时应有适当的水力负荷(>3m/h)，以使絮状污泥和颗粒污泥分离，避免争夺营养。但不能有过高上升流速(<6m/h)，防止洗出颗粒污泥。

② 在启动及负荷提升阶段，可采取适当的中水或工业水稀释，保持进水SCOD稳定，处理负荷提升量在20%~30%为宜。进水浓度过高、负荷提升过大，都会使厌氧颗粒污泥驯化受到冲击。

③ 如污水中Fe、Co、Mn、Ca等金属离子较多，容易在污泥中累积，降低污泥活性，导致底部污泥不易搅动。

④ 污水中含油不利于内循环厌氧反应器运行，污水中如含油应除油后再进入厌氧装置。

四、厌氧颗粒污泥膨胀床反应器

1. 工艺简介

1976年荷兰Wageningen大学由Lettinga教授领导的研究小组开始研究采用UASB来厌氧处理生活污水。1981年Lettinga等研究在常温下用UASB处理生活污水，反应器的容积为

120L，在温度为12~18℃，水力停留时间为4~8h情况下，COD总去除率为45%~75%。随后，他们按比例扩大设计了6m³和20m³的反应器，并且用颗粒污泥接种，研究结果表明，其处理效率比上述更低。经过分析他们认为，由于污水与污泥未得到足够的混合，相互间不能充分接触，因而影响了反应速率，最终导致反应器的处理效率很低。1986年，deMan等利用示踪剂对此进行了试验，其结果也证实了这一点。

在利用UASB处理生活污水时，为了增加污水与污泥间的接触，更有效地利用反应器的容积，必须对反应器进行改进。Lettinga等认为改进的办法有两种：（1）采用更为有效的布水系统，即可通过增加每平方米的布水点数或采用更先进的布水设施来实现；（2）提高液体的上升流速。但是当处理低温低浓度的生活污水时，改进布水系统的结果仍不理想，因此Lettinga等基于上述第二种办法，通过设计较大高径比的反应器，同时采用出水循环，来提高反应器液位的上升流率，使颗粒污泥床充分膨胀，这样就可以保证污泥与污水充分混合，减少反应器内的死角，同时也可以减少颗粒污泥床中絮状剩余污泥的积累，由此产生了新高效厌氧反应器——厌氧颗粒污泥膨胀床（EGSB，Expanded Granular Sludge Bed）反应器。

EGSB反应器是对UASB反应器的改进，与UASB反应器相比，最大的区别在于反应器内液体上升流速的不同。在UASB反应器中，水力上升流速一般小于1m/h，污泥床更像一个静止床，而EGSB反应器通过采用出水循环，其上升流速可达到5~10m/h，所以整个颗粒污泥床是膨胀的。EGSB反应器这种独有的特征使它可以进一步向着空间化方向发展，反应器的高径比可高达20或更高。因此对于相同容积的反应器而言，EGSB反应器的占地面积大为减少。

三相分离器仍是EGSB反应器最关键的构造，其主要作用是将水、气、固三相进行有效分离，使污泥在反应器被有效截留。与UASB反应器相比，EGSB反应器内的液体上升流速要大得多，因此必须对三相分离器进行特殊改进。改进可以有以下几种方法：（1）增加一个可以旋转的叶片，在三相分离器底部产生一股向下水流，有利于污泥的回流；（2）采用筛鼓或细格栅，可以截留细小的颗粒污泥；（3）在反应器内设置内搅拌器，使气泡与颗粒污泥分离；（4）在出水堰处设置挡板，以截留颗粒污泥。

EGSB反应器结构形式见图4-33。

2. 优缺点

优点：（1）耐冲击能力强，尤其是在低温条件下，对低浓度有机污水的处理。在处理COD_{Cr}低于1000mg/L的污水时仍能有很高的负荷和去除率。（2）高径比大，占地面积小。（3）颗粒污泥床呈膨胀状态，颗粒污泥性能良好。（4）对布水系统要求较为宽松。（5）采用处理水回流技术，对于低温和低负荷有机污水，回流可增加反应器的水力负荷，保证了处理效果。对于超高浓度或含有毒物质的有机污水，回流可以稀释进水反应器内的基质和有毒物质浓度，降低其对微生物的抑制和毒害。

缺点：（1）投资相对较大。（2）运行条件和控制技术要求高。（3）处理水回流、高径比大意味着进水泵的能量消耗大，运行费用高。

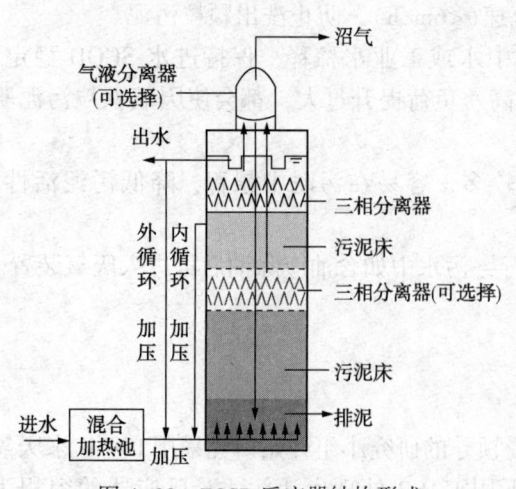

图4-33 EGSB反应器结构形式

3. 工程实例

某石油项目采用 EGSB 反应器预处理催化系列含油污水。催化系列含油污水 COD 为 4000~4500mg/L，氨氮为 75mg/L，石油类为 70~100mg/L，硫化物<20mg/L，B/C 为 0.35。

(1) 工艺特点

催化系列含油污水经调节罐、除油器、序进气浮处理后进入 EGSB 反应器。EGSB 反应器有 2 座，每座反应器直径为 9m，高 27m，总有效容积 3000m³，水力停留时间 20h，上升流速 5m/h。为了丰富生物相，接种污泥分别来自酒厂和化工厂。由于厌氧颗粒污泥来自不同水质的污水，因此对污泥进行了复壮和培养驯化才能实现 EGSB 的快速启动运行。启动期除投加营养盐外，还投加了钙、铁、锌等离子。

(2) 设计参数

设计流量为 150m³/h。设计进出水指标见表 4-9。

表 4-9 进出水指标　　　　　　　　　　　　　　　　　　　　　mg/L

项目	进水水质	出水水质
COD_{Cr}	4000~4500	<1200
石油类	70~100	<8
悬浮物	—	<50

(3) 注意事项

EGSB 反应器的满负荷运行阶段，反应器顶部液面有时会泛起泥块，即三相分离器翻泥现象。这种现象的出现，会使出水水质恶化。这是由于负荷以及进水流量提高过快引起的。在实际操作中，为了避免这一现象的发生，不要使负荷以及上升流速提高的过快，同时提高回流比也能取得较好的效果。

第三节　生物脱氮和除磷工艺

20 世纪下半叶地表水的富营养化问题日益突出。富营养化的特征是排放河流的氮和磷引起的藻类及其他水生植物大规模的生长。到 20 世纪 60 年代人们已清楚地意识到为限制富营养化必须去除污水中的氮磷。20 世纪 60 年代开展了大量的研究计划，细菌学和生物能量学被用于污水处理的研究。通过应用来自细菌学领域的 Mond(1949)动力学，Dowing(1964)等指出硝化作用依赖于自营养菌的最大比增长速率，该速率低于异养菌的比增长速率。对于实际的污水处理厂，这意味着为保证出水的低氨氮浓度必须保持足够长的污泥龄。MaCarty(1964)将生物能量提升到一个新的高度，他发现硝化作用产生的硝酸盐可被某些异养菌转化为氮气。这一认识促进了硝化-反硝化活性污泥系统的产生，即为了进行反硝化，反应器的某些部分不曝气。瑞士的 Wurhmann(1964)提出了后置反硝化，在曝气池后设非曝气池，同时为促进反硝化而投加甲醇。由于该工艺出水总氮含量低因而在美国被广泛采用。但是投加甲醇耗资不菲，同时污水中先去除有机物然后再加有机物相互矛盾，Ludzack 和 Ettinger(1962)提出的前置反硝化更合乎逻辑。Barnard 于 1972 年在南非提出的 4 段式 Bardenpho 工艺中前置、后置反硝化结合在一起，并引入回流控制进入前置反硝化的硝酸盐含量。通过以上革新，包含除氮功能的活性污泥法成为普通应用技术。

为了控制富营养化单独除氮还远远不够。来自洗涤剂和人类排泄物以正磷酸盐形式存在的磷同样需要被去除，国为在许多生态系统中磷已被证明是富营养化的主要因子。与氮不同，磷只有转化至固相才能被去除。生物除磷作为一种独特的生物过程是被偶然发现的。印度的 Srinath(1969)等最早描述了污水处理过程上的生物除磷现象。他们观察到某些特定污水处理厂的污泥在曝气时表现出超量的磷吸收现象。这说明磷吸收是一种生物过程。随后这种所谓的强化生物除磷过程在其他污水厂也被发现。在过程机理并不明晰的情况下第一个生物除磷工艺(Phostrip®)产生了。20 世纪 70 年代早期，人们发现生物除磷过程相对比较容易被激发。Barnard(1976)提出了生物超量除磷的 Phoredox 原理，即在活性污泥系统中引入厌氧、好氧的交替。20 世纪 80 年代和 90 年代，通过全面的基础研究、生产性试验和工程运行总结，污水生物除磷技术不管是理论还是实践都有重大的突破。

一、缺(厌)氧-好氧活性污泥法

1. 工艺简介

AO 法是缺氧-好氧(Anoxic-Oxic)工艺或厌氧-好氧(Anaerobic-Oxic)工艺的简称，通常是在常规的好氧活性污泥法处理系统前，增加一段缺氧生物处理过程或厌氧生物处理过程，污水先后进入缺(厌)氧段和好氧段，充分利用缺(厌)氧微生物和好氧微生物的特点，使污水得到净化。在好氧段，好氧微生物氧化分解污水中的 BOD_5，同时进行硝化或吸收磷。如果前边配的是缺氧段，有机氮和氨氮在好氧段转化为硝化氮并回流到缺氧段，其中的反硝化细菌利用氧化态氮和污水中的有机碳进行反硝化反应，使化合态氮变为分子态氮，获得同时去碳和脱氮的效果。如果前边配的是厌氧段，在好氧段吸收磷后的活性污泥部分以剩余污泥形式排出系统，部分回流到厌氧段将磷释放出来。因此，缺氧/好氧法又被称为生物脱氮系统，而厌氧/好氧法又被称为生物除磷系统。

好氧段之前增加的缺氧段或厌氧段，可以起到生物选择器的作用，抑制丝状菌的生长繁殖，从而避免在好氧段出现污泥膨胀现象，保证出水水质较好和 SS 含量较低。对大型推流式污水处理装置稍微进行改造，可以变成流程简单的单级式 AO 法系统。SBR 法和各种氧化沟通过改变运行方式或曝气方式也可以达到模仿 AO 法的工艺特点，其实质相当于多个具有单级式 AO 法作用的反应器串联运行，从而在达到去除 BOD_5 的同时，实现除磷或脱氮的目的。

2. 缺氧-好氧法的脱氮作用

缺氧好氧法是一种有回流的前置反硝化生物脱氮流程，其反硝化在缺氧段进行，硝化在好氧段进行，其工艺流程图如图 4-34 所示。

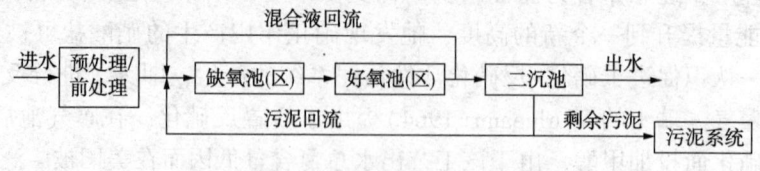

图 4-34 缺氧-好氧工艺流程图

在 AO 工艺中，原污水首先进入缺氧池，再进入好氧池，并将好氧池的混合液与沉淀池的污泥同时回流到缺氧池。污泥和好氧池混合液的回流保证了缺氧池和好氧池中有足够数量的微生物并使缺氧池得到好氧池中硝化产生的硝酸盐。而原污水和混合液的直接进入，又为缺氧池反硝化提供了充足的碳源有机物，使反硝化反应能在缺氧池中得以进行。反硝化反应后的出水又可在好氧池中进行BOD_5的进一步降解和硝化作用。AO法是一个单级污泥系统，其中同时存在着降解有机物的异养型菌群、反硝化菌群及自养型硝化菌群。混合的微生物群体交替处于好氧和缺氧的环境中，在不同有机物浓度作用下，分别发挥不同的作用。

在 A 段，硝酸盐氮浓度由于反硝化作用而大幅度下降，同时由于在反硝化过程中利用了碳源有机物，污水中的COD_{Cr}和BOD_5均有所下降，主要是由于细菌微生物细胞的合成。而在 O 段，在异养菌的作用下，COD_{Cr}和BOD_5不断下降，氨氮则由于硝化作用而快速下降，相应硝酸盐氮的浓度不断上升，但幅度明显大于氨氮的下降幅度，这主要是由于异养菌对有机物的氨化而产生的补偿作用所造成的。

因为硝化作用和反硝化作用所需条件有很大差别，硝化需要在高 DO 值（>1mg/L）、高氨含量（>3mg/L）下才能正常进行，反硝化则需要在低 DO 值（<0.5mg/L）、高BOD_5值（BOD_5与硝态氮的比值>3）时才能正常进行。故理想的 AO 法由各自独立的缺氧段和好氧段组成，两段各自拥有独立的污泥回流系统，各自具有独特的微生物群体，一般称之为两级式。也可不设中间沉淀池，将除碳、硝化、反硝化三个过程连在一起构成单级式 AO 工艺。

3. 厌氧-好氧法的除磷作用

厌氧-好氧 AO 系统由活性污泥反应池和二沉池构成，污水和回流污泥依此进入厌氧段和好氧段循环流动，厌氧段和好氧段进一步划分为体积相同的格以产生推流式流态。回流污泥进入厌氧段吸收一部分有机物，并释放出大量磷，进入好氧段后，污水中的有机物被好氧降解，同时污泥将大量摄取污水中的磷，部分富磷污泥以剩余污泥的形式排出，实现磷的去除，其工艺流程图如图 4-35 所示。

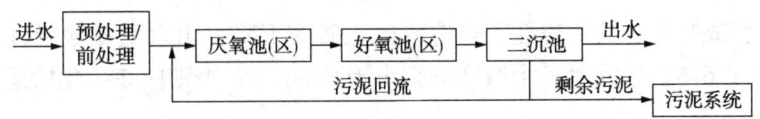

图 4-35　厌氧-好氧工艺流程图

AO 工艺除磷流程简单，不需投加化学药品。厌氧段在好氧段之前，不仅可以抑制丝状菌的生长、防止污泥膨胀，而且有利于聚磷菌的选择性增殖。厌氧段的分格推流式运行有利于改善污泥的性能，而好氧段分格所形成的推流又有利于磷的吸收。但 AO 法除磷工艺存在的问题是除磷效率较低，处理城市污水时的除磷率只有 75% 左右，出水含磷 1mg/L 左右，很难进一步提高。

AO 法除磷主要依靠剩余污泥从系统中的排出来实现，其受运行条件和环境条件的影响很大，而且难免在二沉池中有磷的释放。如果进水中易降解的有机物含量较低，聚磷菌难以直接利用这些基质，也会导致聚磷菌在好氧段对磷摄取能力的下降。另外，进水水质波动较大时也会对除磷产生不利影响。

4. 优缺点

优点：(1)流程简单。(2)好氧段之前增加的缺氧段或厌氧段，可以起到生物选择器的作用，抑制丝状菌的生长繁殖。(3)作为磷工艺时无化学污泥产生。(4)容易升级改造。

缺点：脱氮除磷效果稍差。

5. 工程实例

某石化企业污水处理系统某年新建了一套 $400m^3/h$ 的生化处理装置，采用缺氧-好氧工艺，用以处理低浓度炼油污水。

（1）工艺特点

AO生化处理装置容积为10000m³，分为并联运行的两个系列，共用一个进水池，每个系列均有独立的缺氧段和好氧段，采用推流的方式，缺氧段配备液下搅拌器，使进水与污泥、内循环混合液充分混合。好氧段的末端配备内回流泵，将部分泥水混合液回流至缺氧段参与反硝化反应。好氧段之后有两间二沉池，并共用一个污泥回流池。

（2）设计参数

① 进水

AO进水工艺控制指标见表4-10。

表4-10 A/O进水工艺控制指标

COD_{Cr}/(mg/L)	pH值	油含量/(mg/L)	硫化物/(mg/L)	氨氮/(mg/L)
≤600	6~9	≤20	≤10	≤50

② 出水

由于AO池出水要提升至污水回用单元继续处理，因此对悬浮物及石油类均有一定的控制要求，具体控制指标见表4-11。

表4-11 A/O出水工艺控制指标

COD_{Cr}/(mg/L)	pH值	油含量/(mg/L)	悬浮物/(mg/L)	氨氮/(mg/L)
≤60	6~9	≤5	≤20	≤8

（3）注意事项

① 入流污水碱度不足或呈酸性，会造成硝化效率下降，出水氨氮含量升高。一般硝化段的pH值应大于6.5，二沉池出水碱度不宜小于80mg/L，否则应在硝化段适当投加氢氧化钠等药剂。

② 曝气池供氧不足或系统排泥量太大，会造成硝化效率下降，此时应及时调整曝气量和排泥量。但DO过高、排泥量少使泥龄过长，又易使污泥低负荷运行出现过度曝气现象，造成污泥解絮。因此需要经常观测硝化效率及污泥性状，调整曝气量和排泥量。

③ 各点(包括A段、O段的前后端及沉淀池出口)的溶解氧的控制是A/O池运行管理的重点，仅靠增减供风量是不够的，还要结合污泥浓度、污泥性能、污泥回流量及内回流等有关因素综合调控。

二、厌氧-缺氧-好氧活性污泥法

1. 工艺简介

1932年，Wuhrmaan首先提出了以内源代谢为碳源的单级活性污泥脱氮系统，称为Wuhrmaan工艺，也是最早的脱氮工艺，该工艺流程由两个串联的活性污泥性化反应器组成，污水首先在好氧反应器内进行含碳有机物、含氮有机物的氧化及氨氮的硝化反应，产生的NO_3^--N进入缺氧反应器内利用前面好氧反应器微生物代谢物质作为碳源有机物发生反硝化反应，尽管不需要外加碳源，但由于以微生物内源代谢物质作为碳源，NO_3^--N反硝化速率很低，势必使缺氧区容积变大，另外在缺氧池微生物内源呼吸将有机氮和NH_4^+-N释放到污水中，并被出水带出，降低脱氮效率，导致该工艺在工程上不实用，但它为以后脱氮除磷工艺的发展奠定了基础。

1962年，Ludzark和Ettingger首先提出利用进水中可生物降解的物质作为脱氮能源的前置反硝化工艺，解决了碳源不足的问题，但由于两个反应器的液位交换缺乏控制，影响脱氮效果。1973年，Barnard在开发Bardenpho工艺时提出改良型Ludzark和Ettingger脱氮工艺，即广泛应用的AO工艺。为了克服AO工艺不完全脱氮的缺点，1973年Barnard提出把此工艺与Wuhrmaan工艺联系，并称之为Bardenpho工艺。1976年Barnard通过对Bardenpho工艺进行中试研究发现在Bardenpho工艺的初级缺氧反应器前加一个厌氧反应器就能有效除磷。该工艺在南非称5阶段Phoredox工艺或简称Phoredox工艺，在美国称之为改良型Bardenpho工艺。1980年，Rabinowitz和Marais对Phoredox工艺研究中，选择3阶段的Phoredox工艺，即所谓的传统AAO工艺。

厌氧-缺氧-好氧（Anaerobic-Anoxic-Oxic）工艺的简称AAO，其实是在缺氧-好氧（AO）法基础上增加了前面的厌氧段，具有同时脱氮和除磷的功能。基本工艺流程如图4-36所示。

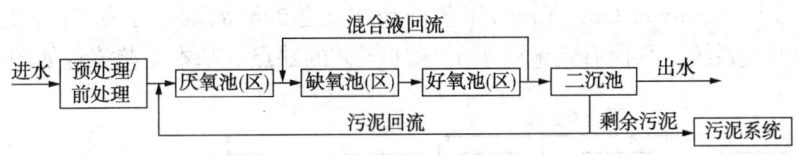

图4-36 厌氧-缺氧-好氧工艺流程图

污水首先进入厌氧段，同步进入的还有从沉淀池排出的回流污泥，兼性厌氧发酵细菌将污水中的可生物降解的有机物转化为挥发性脂肪酸类物质VFA这类低分子发酵中间产物。而聚磷菌可将其体内存储的聚磷酸盐分解，所释放的能量可供好氧的聚磷菌在厌氧环境下维持生存。随后污水进入缺氧段，反硝化菌就利用好氧段回流混合液带来的硝酸盐，以及污水中可生物降解作为碳源进行反硝化，达到同时降低BOD_5和脱氮的目的。接着污水进入曝气的好氧段，聚磷菌过量地摄取周围环境中的溶解磷，并以聚磷的形式在体内储存起来，使出水中溶解磷的浓度达到最低。而有机物经过厌氧段和好氧段分别被聚磷菌和反硝化菌利用后，到达好氧段时浓度已相当低，这有利于自养型硝化菌的生长繁殖，并通过硝化作用将氨氮转化为硝酸盐。非除磷的好氧性异养菌虽然也能存在，但由于在厌氧段受到严重的压抑，在好氧段又得不到充足的营养，因此在与其他微生物类群的竞争中处于相对劣势。排放的剩余污泥中，由于含有大量的能超量储积聚磷的聚磷菌，污泥含磷量可以达到干重的6%以上。

2. AAO法的改进工艺

采用AAO同步脱氮除磷工艺，很难同时取得较好的脱氮磷效果，为了克服这一缺点，人们提出了许多优化和改造方法，以提高出水质。

(1) 改良厌氧-缺氧-好氧活性污泥法（UCT）

AAO工艺回流污泥中的NO_3^--N回流至厌氧段，干扰了聚磷菌细胞体内磷的厌氧释放，降低了磷的去除率。UCT（Univerdity of Cape Town）将回流污泥首先回流至缺氧段，回流污泥中的NO_3^--N在缺氧段被反硝化脱氮，然后将缺氧段出水混合液一部分再回至厌氧段，这样就避免了NO_3^--N对厌氧段聚磷菌的干扰，提高了磷的去除率，也对脱氮没有影响，该工艺对氮和磷的去除率都大于70%。如果进水的BOD_5/TN或BOD_5/TP较低时，为了防止NO_3^--N回流至厌氧产生反硝化脱氮,发生反硝化细菌与聚磷菌争夺溶解性 BOD_5 而降低降磷效果,此时就应采取 UCT 工艺。UCT 工艺是由南非开普敦大学研究开发的。基本工艺流程如图 4-37 所示。

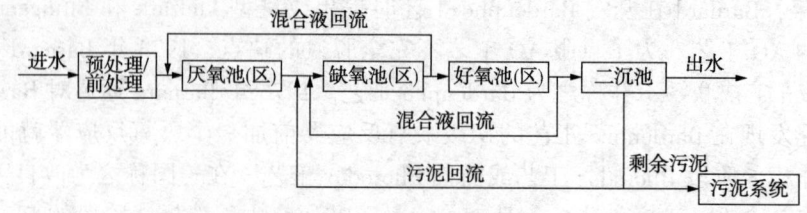

图 4-37　UCT 工艺流程图

(2) 厌氧-缺氧/缺氧-好氧活性污泥法(MUCT)

为了克服 UCT 工艺因两套混合液内回流交叉,导致缺氧段的水力停留时间不易控制的缺点,同时避免好氧出水的一部分混合液中的 DO 经缺氧进入厌氧段而干扰磷的释放,MUCT(Modified University of Cape Town)工艺将 UCT 工艺的缺氧段一分为二,使之形成二套独立的混合液内回流系统,从而有效地克服了 UCT 工艺的缺点。基本工艺流程如图 4-38 所示。

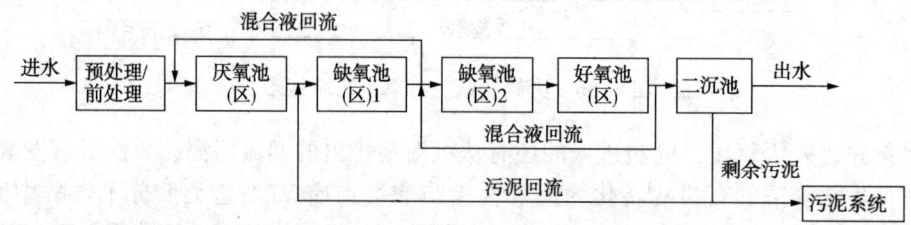

图 4-38　MUCT 工艺流程图

(3) 缺氧/厌氧-缺氧-好氧活性污泥法(JHB)

JHB(Johannesburg)工艺是在 AAO 工艺到厌氧区污泥回流线路中增加了一个缺氧池,为的是尽量减少硝酸盐进入厌氧区,提高较低浓度污水生物除磷的效率。JHB 工艺回流的活性污泥直接进入缺氧区,该区有足够的停留时间去还原混合液中的硝酸盐,然后进入厌氧区。与 UCT 工艺相比它在厌氧区可以保持较高的污泥浓度。JHB 工艺首先由南非约翰内斯堡大学研究创立,基本工艺流程如图 4-39 所示。

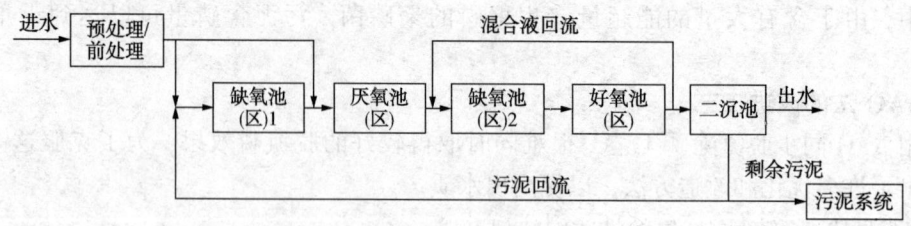

图 4-39　JHB 工艺流程图

(4) 缺氧/厌氧/好氧活性污泥法(RAAO)

张波等人提出了倒置 AAO(RAAO)工艺。与传统 AAO 等工艺相比,RAAO 工艺的创新点在于将厌氧、缺氧环境倒置,形成了缺氧/厌氧/好氧的流程形式,RAAO 基本工艺流程如图 4-40 所示。RAAO 工艺优先满足微生物脱氮的碳源要求,反硝化容易充分,系统脱氮能力得到显著加强,同时也避免了回流污泥携带的硝酸盐对厌氧区的不利影响。聚磷微生物经历厌氧环境之后直接进入生化效率较高的好氧段,其在厌氧环境下形成的吸磷动力得到了更有效率的利用。RAAO工艺将常规AAO工艺的污泥回流系统与混合液内循环系统合二为一,流程简捷,便于管理。

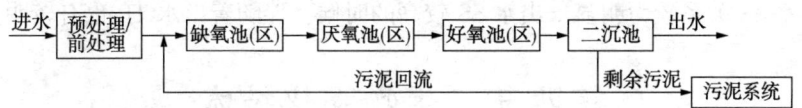

图4-40 RAAO工艺流程图

(5) 多级缺氧-好氧活性污泥法(MAO)

多级缺氧-好氧活性污泥法(MAO)采用分段进水的方式,对碳源进行合理分配,可以解决厌氧释磷和反硝化脱氮对碳源竞争的矛盾。将多级缺氧好氧区串联,硝化液从各级好氧区直接流入下一级缺氧区,不设内回流系统,从而简化工艺流程,运行管理方便。MAO工艺通过多级缺氧-好氧交替运行,可显著提高系统脱氮效率。基本工艺流程如图4-41所示。

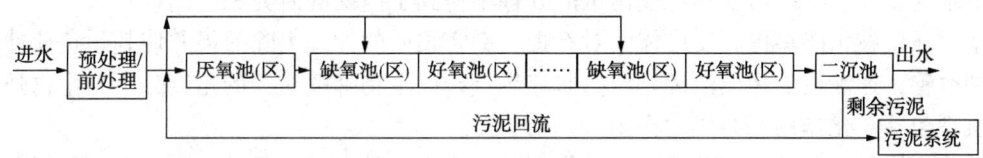

图4-41 MAO工艺流程图

3. 优缺点

优点:厌氧、缺氧、好氧交替运行,可以达到同时去除有机物、脱氮和除磷多重目的,而且这种运行条件使丝状菌不宜生长繁殖,避免了常规活性污泥法经常出现的污泥膨胀问题。AAO工艺流程简单,总水力停留时间少于其他同样功能的工艺,并且不用外加碳源,厌氧和缺氧段只进行缓速搅拌,运行费用较低。

缺点:AAO法的缺点是受到泥龄、回流污泥中溶解氧和硝酸盐氮的限制,除磷效果不是十分理想。同时,由于脱氮效果取决于混合液回流比,而AAO法的回流比不宜过高,因此脱氮效果不能满足较高要求。

4. 工程实例

某污水处理厂设计污水处理为$40 \times 10^4 m^3/d$,一期工程、二期工程各$20 \times 10^4 m^3/d$。其构成为:生活污水$11.6 \times 10^4 m^3/d$,公共建筑污水$14.4 \times 10^4 m^3/d$,工业污水量$14 \times 10^4 m^3/d$。

(1) 工艺特点

该某水处理厂一期采用RAAO工艺,二期采用AAO工艺,为减少占地,设计上无初沉池,增设化学除磷池。一期的RAAO工艺,有80%以上的原污水直接进入厌氧,为聚磷菌提供充足的碳源,达到良好的生物除磷效果。同时好氧段具有较长的水力停留时间,为氨氮的去除和磷酸盐的吸收提供有利条件。二期的AAO工艺,设计300%回流,好氧段水力停留时间长,属延时曝气设计,为氨氮的去除和磷酸盐的吸收提有利条件。

(2) 设计参数

设计原水水质BOD_5为200mg/L,COD_{Cr}为400mg/L,SS为250mg/L,TN为40mg/L,NH_4^+-N为25mg/L,TP为8mg/L,最低水温10℃,高最水温25℃。设计出水水质BOD_5为

20mg/L，COD_{Cr}为60mg/L，SS为20mg/L，NH_4^+-N为8mg/L。

(3) 注意事项

控制污泥浓度，进而控制沉淀池的固体负荷是保证COD_{Cr}、NH_4^--N、TP等指标达标的达标的关键所在。在保证一定的硝化泥龄的情况下，出水氨氮主要受DO影响因素的控制控制。出水TP与出水SS关系较为明显，出水SS较高的时候，伴随着出水TP也有较明显的波动。

第四节　生物强化技术

1. 技术简介

生物强化技术(Bioaugmentation)，是将自然界中筛选的优势菌或基因工程构建的高效工程菌、营养物质、基质类似物等投加到污水生物处理系统中，增强某一种或某一类有害物质处理效果的方法。生物强化技术能够充分发挥微生物的潜力，提高污水生物处理系统的处理能力。20世纪70年代中期生物强化技术应运而生，20世纪80年代以来在污染土壤、海洋和地下水的修复、城市污水和工业污水的处理中得到了广泛的研究和应用。

生物强化技术能够提高反应体系对有毒、有害物质的处理去除效果并使其耐负荷冲击能力得到改善，逐渐成为污染治理领域的研究热点。以生物降解途径的角度分析，生物强化作用的机理包括矿化作用和共代谢作用。

矿化作用是在一种或多种微生物的作用下，污染物被彻底分解为H_2O、CO_2和简单无机物的过程。自然界中原本就存在的物质大多都能找到其相应的降解菌。

共代谢作用是微生物不能直接利用一些难降解污染物作为碳源或能源，但当有其他可利用的碳源或能源物质(称为第一基质)存在时，难降解污染物(称为第二基质或共代谢基质)才能被利用的代谢过程。在此过程中，难降解污染物的降解只是一种附带作用，不能为微生物生长提供能量，并且这种降解作用通常不彻底，需依靠其他微生物将产生的中间产物进一步降解。据报道，环境中90%以上的污染物降解是通过微生物的共代谢作用实现的。

微生物共代谢的概念是由Better于1957年提出的。他在研究中发现：甲烷生物菌P. methanican能将乙烷氧化为乙醇、乙醛，却不能利用乙烷生长。他将这种现象称为共氧化，并将其定义为：在生长基质存在的条件下，微生物对非生长基质的氧化。此后，Jenson对此进行了研究并将定义进行了扩展，称之为共代谢(Cometabolism)。

迄今为止，微生物共代谢作用机理仍处于研究阶段，许多问题尚未解决。现阶段共代谢机理可能是以下几种：

(1) 靠其他有机物提供能源，有些微生物以第一基质作为碳源和能源诱导其产生相应的酶来降解第二基质。

(2) 靠其他微生物的协同作用，有些微生物降解污染物过程中不能促进其生长和能量产生，只是它们在利用第一基质时所产生的氧化酶氧化产物能够被另一些微生物利用并彻底降解。

(3) 经其他物质诱导产生相应的降解酶。一般来说，当非生长基质与生长基质的分子骨架结构类似时，微生物能够可被诱导出相应的降解酶体系。

2. 生物强化技术的途径

(1) 投加优势菌或基因工程菌

生物强化投加的微生物可以来源于原系统，经过驯化、筛选、富集的菌种，也可以是系统之外,从自然界中筛选的优势菌或通过基因工程改造的高效菌。在实际应用过程中由原体系微生物的组成和环境因素决定投加哪种菌。然而,虽然投加的优势菌种可以有效提高目标污染物的降解能力,但是却不能改变污染物自身难降解的本质。

(2) 固定高效降解菌

固定化生物技术是一项将微生物固定在载体上的生物工程技术,主要是为了使微生物的生物量高度密集并保持其生物活性。与传统的生物技术相比,固定化生物技术有利于提高反应器中的微生物浓度,缩短反应器运行时间,有利于反应器的固液分离,同时固定化生物技术还具有处理效率高、稳定性强、污泥量小等优点。

近几年来,固定化生物技术发展迅速,其在环境治理方面的研究和应用越来越受到关注。Moslemy等用树脂凝胶剂包埋细菌来降解汽油,表明固定化的细菌比自由状态的细菌对汽油的降解效率更高。Garon等在利用absidiacylingrospora菌降解土壤中的一些疏水性化合物时,将其固定在糊精中,取得了较好的降解效果。

(3) 投加共代谢基质或共生、互生微生物

共代谢作用主要是改变难降解物质的化学结构,同时需要其他微生物的参与,共同完成有机物的矿化。通常情况下,共代谢作用只能转化或修饰难降解物质,而不能将其彻底降解,但由于其他种群微生物的存在使自然环境中的中间代谢产物并不会长期积累,而是不断被利用并最终得以矿化。因此,只有深入研究污染物的代谢过程、自然界中微生物种群间的协同作用及生态关系,才能掌握共代谢机理,使其在提高生物强化的过程中起作用。

(4) 投加利于生物繁殖及增强生物活性的物质

如美国富美生物工程有限公司发明了"WT-FG"生物法技术,该技术具有世界先进水平,其中"FG-12"专用助剂具有吸收、储存、释放氧气的作用。因此"WT-FG"生物技术采取用电量极少的循环喷水装置和"FG-12"专用助剂来增加水中的溶解氧,而非使用传统的机械曝气设备进行曝气,很大程度上节约了投资成本和运行费用,同时也大幅度提高了反应器中微生物的活性。另外,一些研究者在外电场的促进作用时,主要是利用电化学过程中产生的活性物质促进微生物的生长,并利用电解-微生物的协同作用对水中的某些污染物进行降解和净化。

(5) 引入具有代谢性能的可移动基因片段

通过向具有竞争力的土著微生物中引入可移动代谢基因,可为微生物引入特定特征的代谢基因,加速自然基因的交换和代谢途径的构建。这些具有代谢功能的可移动基因组分包括质粒、可交换基因组分和可利用类抗菌素整合酶的基因组分等,大部分都存在于经选择性分离的异型生物降解菌中。一旦代谢活性的基因组分在土著微生物中转移、表达就不再需要供体。目前,分离纯化降解相关的可移动基因片段及基因转移的探测技术等工作大部分处于实验室研究阶段,主要原因为难降解污染物降解基因供体的缺乏。

3. 生产性试验

本次生物强化生产性试验为某企业烯烃污水处理场,污水来自乙烯、聚乙烯、聚丙烯、环氧乙烷/乙二醇等生产装置及辅助生产装置排放的生产污水、厂区生活污水和污染雨水。生物强化点为曝气池,加药位置为曝气池前端,池体有效容积为1520m^3。

生物强化前现场曝气池及二沉池主要存在以下问题:

(1) 增效前二沉池平均出水 COD_{Cr} 为45mg/L左右,最高 COD_{Cr} 为58.5mg/L。

(2) 曝气池溶解氧浓度较高,始终保持在5~7g/L。

(3) 曝气池污泥浓度较高(5.3g/L左右)，污泥沉降性差(SV_{30} 在 94% 左右)，且污泥形态较为松散。

(4) 因污泥浓度较高且沉降性较差，曝气池污泥进入二沉池后沉降不彻底，同时伴随着污泥自身消化作用，二沉池表面时常有浮泥产生。

生物增效前现场水质情况见表4-12。

表 4-12　增效前现场水质情况(平均值)

项目	水量/(m^3/h)	曝气池进水 COD_{Cr}/(mg/L)	二沉池出水 COD_{Cr}/(mg/L)	曝气池污泥浓度/(g/L)	曝气池污泥 SV_{30}/%
指标	150~200	204	44.98	5.09	92.4

本次生物强化采用生物解毒剂、生物增效剂和生物菌剂配合投加的方式进行。同时根据现场水质变化、工艺参数变化及强化效果同步进行药量和部分工艺参数的合理调整。具体强化方案见表4-13。

表 4-13　生物强化方案

时间	生物解毒剂	生物增效剂	生物菌剂	建议调整的参数	实际调整参数
1~14d	5×10^{-6}	0.5×10^{-6}	15×10^{-6}	① 加大排泥； ② 降低曝气池溶解氧或间歇曝气	① 排泥但速度有限； ② 因设备因素无法调整溶氧或改变曝气方式
15~38d	10×10^{-6}	3×10^{-6}	13×10^{-6}	① 加大排泥； ② 降低曝气池溶解氧； ③ 补充氮源	① 排泥但速度有限； ② 因设备因素溶氧无法调整； ③ 补尿素

注：由于负荷偏低，第15天起开始加大生物解毒剂和增效剂用量。

生化强化后5d后二沉池出水 COD_{Cr} 开始明显降低(见图4-42)，试验前二沉池出水平均 COD_{Cr} 为 44.98mg/L，强化期二沉池出水平均 COD_{Cr} 为 36.4mg/L，经生物强化后二沉池出水 COD_{Cr} 去除率提高19.1%。

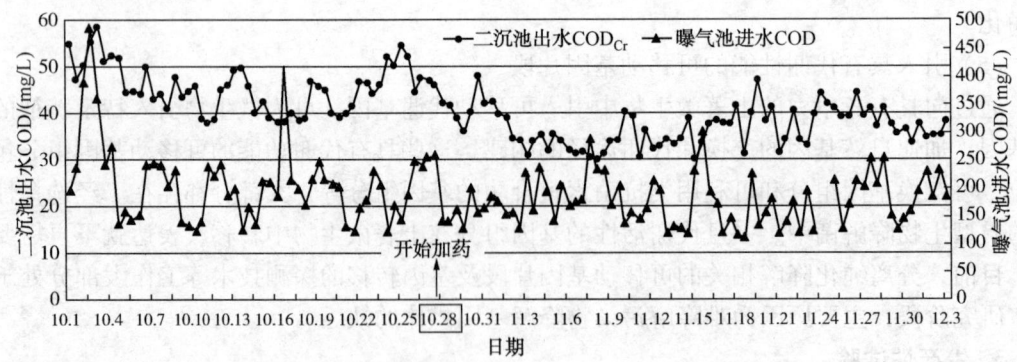

图 4-42　沉池出水 COD_{Cr} 变化趋势图

生物强化初期，曝气池污泥浓度较高且污泥沉降性较差，30min污泥沉降比高达95%左右。进行持续排泥，另外开始投加生物助剂以改善工业污水营养匮乏及有害物质对污泥造成的毒性作用，同时投加高效生物菌剂以改善污泥菌群结构，实现对污染物的更有效去除。

生物强化期间，污泥中有机性固体物质占比(表4-14)和污泥比耗氧速率(表4-15)逐步升高，污泥活性增强。镜检显示污泥生物强化前污泥中无明显的菌胶团存在，整体结构比较松散；生物强化后污泥中有明显菌胶团存在，且污泥形态变得较为密实。

表 4-14　生物增效过程中 MLVSS/MLSS 变化

日　期	11月2日	11月11日	11月28日
MLSS/(g/L)	5.0	4.6	3.8
MLVSS/(g/L)	2.81	2.69	2.27
MLVSS/MLSS	56.2%	58.5%	59.7%

表 4-15　曝气池污泥比耗氧速率变化

项　目	10月27日	10月31日	11月4日	11月9日	11月16日	11月23日	11月30日
曝气池污泥浓度/(g/L)	5.64	5.2	4.8	4.8	4.4	4.1	3.6
OUR/[mgO$_2$/(min·L)]	0.041	0.046	0.046	0.048	0.062	0.059	0.055
SOUR/[mgO$_2$/(gMLSS·min)]	0.0073	0.0088	0.0096	0.01	0.0141	0.0144	0.0153

本次生物强化生产性试验是联合运用了多种生物强化方法，其效果明显好于单纯投加生物菌剂。单纯投加生物菌剂时，由于投加的是游离菌，菌种容易流失和被其他微生物吞噬，最好能建立侧线装置先将游离菌培养成污泥再投加。

第五章 污水深度处理

随着石油化工工业的迅猛发展，上游产品的种类和数量越来越多，产生的污水数量逐年增加，成分越来越复杂。许多污水都具有有机物浓度高、生物降解性差甚至有生物毒性等特点。同时随着国家污水综合排放标准的不断提高，使得已建成的污水处理装置承受同时来自上游污水复合冲击和末端提标排放的双重压力。因此，污水处理装置的提标改造是石化企业当前重要的环保攻坚任务，污水深度处理势在必行。

污水深度处理是指根据排放水的超标污染因子，采用先进的物理、化学和生物方法及其高效组合工艺，使污水污染指标稳定达到国家污水综合排放标准。石化企业上游产业链衍生产品种类多，相应污水中污染物组成复杂，性质差异迥然，因此必须面向行业而开发并实施高效经济的深度处理技术及工艺，切实实现石油化工污水的达标排放，起到行业环保模范作用。

第一节 物理法

一、过滤

1. 过滤基本原理

（1）过滤基本知识

过滤一般是指以粒状滤料层截流水中悬浮杂质，从而使水得到净化的工艺过程。它主要是去除水中的浊度物质，同时水中的有机物、细菌以及病毒也将随浊度降低而被部分去除。残留于滤后水中的细菌、病毒在失去浊度物质的依附保护后，在滤后消毒过程中也将容易被杀灭，这就减轻了滤后消毒的负担。在饮用水的净化工艺中，过滤是不可或缺的一道工艺，它是保证饮用水卫生安全的重要措施。过滤过程受到滤料级配、滤层厚度、滤速、过滤方式、滤前水水质及其预处理程度等因素的影响。滤料层是滤池的核心组成部分，它本身的结构特性对滤后水水质、过滤性能有着重要的影响。

（2）过滤机理

滤池中悬浮颗粒的去除机理比较复杂，并且受到很多因素的影响，比如，悬浮颗粒以及滤料颗粒的物理化学性质、过滤速度、水的化学性质以及滤池的运行方式等。如图5-1所示。

① 传递机理

在大多数滤池中，层流占优势。因此在滤床某个空隙中，水流速度由颗粒表面的零变到空隙中心的最大值，于是传递机制必然使悬浮颗粒脱离水流流线，转入到近滤床颗粒成为较低速度。悬浮颗粒脱离流线可能是几种作用同时存在，也可能是

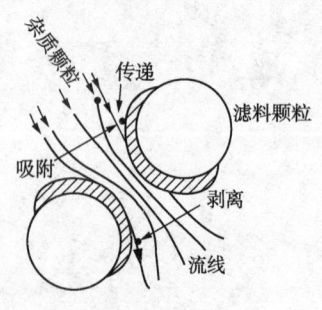

图5-1 过滤机理

其中的某些作用占主导地位。

水过滤中传递机理的主要作用有（图5-2）：

● 截留作用。当流线距滤料表面距离小于悬浮颗粒半径时，处于该流线上的颗粒会直接触及滤料而被滤料截留。

● 扩散作用。当悬浮颗粒尺寸很小时，颗粒会受到周围水分子的随机热运动而呈现出布朗运动，从而会使颗粒向滤料表面迁移。一般认为，直径小于$1\mu m$的颗粒其扩散作用是明显的，当颗粒直径较大时，扩散作用可以忽略。

● 惯性作用。由于滤层空隙通道错综复杂，流道弯曲，流速经常改变方向，致使悬浮颗粒因惯性力作用而离开原来的流线向滤料表面靠近。

● 沉淀作用。作用在悬浮颗粒上的重力能使颗粒横向穿过流线层，沉积在滤料层颗粒面向上的表面上。颗粒密度和水温对沉淀作用的影响非常大。一般认为直径大于$25\mu m$的颗粒沉淀作用是主要的。

● 水动力作用。处在速度梯度中的颗粒容易发生旋转，并受到能使他们横穿流线层的侧向力的支配。水动力作用于颗粒形状以及水流雷诺数有重要关系。

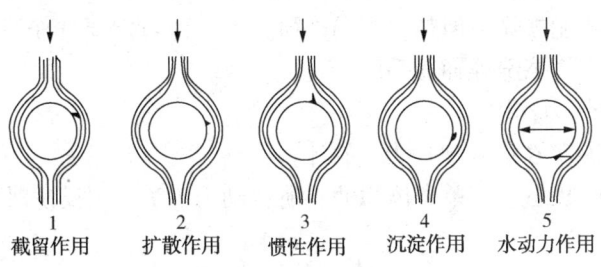

1　　　　2　　　　3　　　　4　　　　5
截留作用　扩散作用　惯性作用　沉淀作用　水动力作用

图5-2　传递机理

② 吸附机理

一旦悬浮颗粒被运送至接近滤料颗粒表面或原有沉淀物时，则在物理—化学和分子力的影响下，如同混凝工序一样，能发生吸附现象。于是，在颗粒滤床中，粒状滤料截留悬浮颗粒的作用能够用混凝过程中的架桥及吸附双电层的概念来解释。可以假定吸附是由于行进的悬浮颗粒和滤料颗粒之间存在的分子吸附力和电动力相互作用而产生的。事实上，分子力只有当悬浮颗粒非常接近滤料颗粒表面的时候，大概在$0.1\mu m$以内才是主要的，所以带电颗粒之间的作用力仍是控制吸附过程进度的主要因素。电动力的变化取决于表面电荷的符号和大小以及双电层厚度，由于大多数天然水源中含有大量溶解固体，悬浮颗粒和滤料颗粒所带的电荷可能相当小，结果只产生微弱斥力。这些斥力可以通过投加混凝剂或控制pH值改变体系中离子结构强度而得到调整。此外，聚合电解质的应用可产生架桥机制，从而把悬浮颗粒黏固在滤料颗粒表面。

③ 剥离机理

悬浮颗粒移动到滤料颗粒上后，会以不同几何构造聚集。这些几何构造不仅与滤料颗粒有关，还与先前沉积物有关。一般的构造是位于滤料颗粒顶部的球冠形和处于孔隙中的管状结构。如果过滤速度保持不变，随着悬浮颗粒的不断沉积，孔隙中实际水流速度会逐渐增大。结果导致沉积颗粒受到逐渐增大的水流剪切力的作用，当剪切力大到与黏附力相同数量级时，颗粒就有可能剥落下来并在滤层较下层被截留。剥离机理的另外一种解释是沉积颗粒的崩落效应。因此，在达到饱和状态但沉积颗粒呈现亚稳态构造的滤料层中，吸附和剥离可以同时发生。

(3) 反冲洗

滤池的反冲洗是恢复和继续发挥滤池功能十分重要的手段，当滤池的水头损失、滤出水浊度、过滤时间中任一个参数达到预定值时，需停止过滤进行冲洗，以清除滤料层中所截留的污物，使滤池恢复工作能力。

① 国内外快滤池滤床主要反冲洗方式

- 滤床膨胀。又分为高强度水反冲洗及中强度水反冲洗加表面冲洗。
- 池床不膨胀。又分为低强度水反冲洗加表面冲洗或空气擦洗及空气擦洗加水反冲洗。

其中，高强度水反冲洗为 $10 \sim 15 L/(s \cdot m^2)$，中强度水反冲洗为 $5 \sim 10 L/(s \cdot m^2)$，低强度水反冲洗为 $3 \sim 5 L/(s \cdot m^2)$。目前，国内外对水反冲洗机理的认识，并未完全一致，主要有三种不同见解。第一种以 Camp、Stein 等为主，认为反冲洗主要依靠水产生的剪力而不是摩擦碰撞。第二种以 Fair、藤田等为主，认为主要靠滤料颗粒间互相碰撞摩擦力去除污泥。第三种以翼岩等为主，认为滤料上有两种污泥，一种是滤料直接吸附牢固的污泥称为"一次污泥"；另一种是积聚在空隙中的污泥称为"二次污泥"，靠水剪力较易去除，一次污泥必须靠碰撞或者其他作用才能去除。但是，国内外研究者一致肯定要洗净滤层除了用水反冲洗外还必须加表面冲洗或空气擦洗等辅助手段。

② 反冲洗时的剪切力作用

单纯水洗时速度梯度 G 值和剪切力 r 的计算：

假设滤料处于膨胀状态下，单位体积滤料所耗动力为 P，则反洗时，P 值下式求得：

$$P = \frac{\rho g v_w \Delta h}{L_e} \tag{5-1}$$

水洗时产生的速度梯度 G_w 为：

$$G_w = \sqrt{\frac{P}{\mu}} = \sqrt{\frac{\rho g v_w \Delta h}{\mu L_e}} \tag{5-2}$$

速度梯度能够反映施加于滤料表面的剪切力大小。水流产生的剪切力可表示为：

$$\tau = \mu G_w \tag{5-3}$$

式中 P ——单位体积滤料所耗动力，$J/(s \cdot m^3)$；

ρ ——水的密度，$1000 kg/m^3$；

g ——重力加速度，$9.81 m/s^2$；

v_w ——水洗速度，m/s；

Δh ——反冲洗时滤层水头损失，m；

L_e ——膨胀滤床深度，m；

G_w ——水洗产生的速度梯度，s^{-1}；

μ ——水的动力黏度，$N \cdot s/m^2$；

τ ——水流剪切力，N/m^2。

反洗时的碰撞摩擦作用：

反洗时，滤料颗粒群的碰撞次数可用下式表示：

$$N = \frac{1}{3} n^2 D^3 G \tag{5-4}$$

式中 N——单位体积的颗粒群中单位时间内颗粒相互之间发生的碰撞次数，$m^{-3} \cdot s^{-1}$；

　　　n——单位体积内的颗粒数，m^{-3}；

　　　D——滤料直径，m；

　　　G——速度梯度，s^{-1}。

(4) 滤层设计理论

① 滤层的发展

池层是滤池的关键组成部分，滤层由滤料组成，滤料的基本功能是提供黏着水中悬浮固体所需要的面积。合适的滤层和滤料是滤池实现经济高效运行的关键。

天然石英砂是水处理工程中的常用滤料。将石英砂装入滤池形成均质滤层，滤料则称为均质滤料。如图5-3(a)所示，其特点是在整个滤层内，滤料的级配、滤料粒径间所形成空隙大小的分布及滤料容纳悬浮固体的能力都是一样的。

在反冲洗时，向上流动的水流速度足以把滤层托起来，使砂粒处于悬浮状态。处于悬浮状态的砂粒就会自动地重新按小颗粒在上大颗粒在下的顺序排列，这称为水力分级现象。冲洗完毕后，滤层虽然恢复到原来的厚度，但滤料的水力分级作用却遗留下来，在沿滤层的厚度方向上，滤料是按从小到大的顺序排列的，这样的滤层称为分级滤料滤层，如图5-3(b)所示。

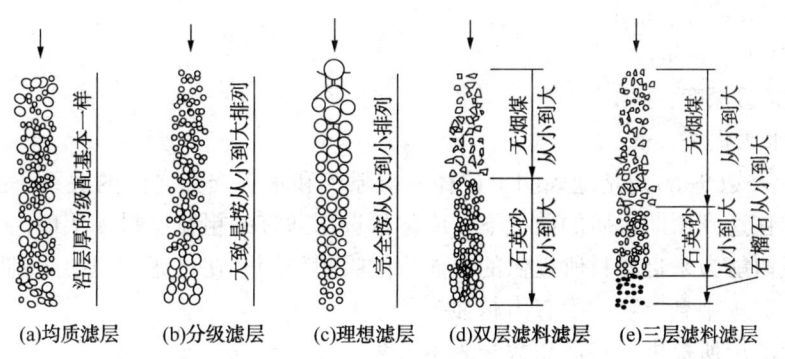

图5-3　各种滤层的构造示意

这种分级作用，在传统的下向流过滤中，对过滤有两方面的缺点。一是上部滤层能容纳的悬浮固体比下部滤层少，且整个滤层的容纳能力不均匀。另一方面，水流通过上部滤层的阻力比下部大，在截留悬浮物后变得更严重。由于悬浮固体在滤层中的分布是从顶到底呈指数关系递减的，在空隙最小的顶部滤层要容纳的悬浮固体数量最大，而空隙最大的底部滤层却是容纳的固体数量最小。其后果是，滤池由于滤层顶部迅速地被悬浮固体堵塞，水头损失迅速上升，在过滤的水头损失达到允许值的时候，整个滤层截留悬浮固体的能力未能发挥出来。

理想的滤层应该是沿着过滤的水流方向，滤层中滤料的粒径是从大到小递减的。由于滤料颗粒间空隙也沿水流方向从大到小递减，这就创造了下列两方面的有利条件，一方面是进入滤池的水先接触到的那部分滤层能够比后接触到的那部分滤层多容纳悬浮固体，另一方面是这部分的空隙本来就较大，在容纳更多的悬浮固体后，仍然保留了一定的空隙大小，允许水中的悬浮物进入滤层内部，从而在过滤的水头损失达到最大允许值的时候，整个滤层的截污能力都得到充分地利用。理想的滤层如图5-3(c)所示。这种滤层反冲洗后，仍然保持图中所示的滤料大小排列顺序。然而，这样的理想滤层只能合成材料才可能实现，其要求是从滤层顶到滤层底，滤料的粒度从最大递减到最小，而滤料的密度则相应从最小递增到最大。

但是非常理想的滤层在实际工程中难于实现。

② 影响滤层设计的因素

滤池的设计包括选择滤料介质、介质级配及滤层厚度，滤速的选择，极限头损失的确定，承托层的选择，合理的配水及反冲洗系统等。而影响滤层设计因素有很多。主要考虑的因素如下：

a. 粒径与层厚

滤层孔隙尺度以及空隙率的大小，在同种滤料相同反冲洗条件下，随滤料粗度的加大而增大。滤料粒径愈粗可容纳悬浮物的空间愈大。其表现为过滤能力增强，截污力增大。同时滤层空隙越大水中悬浮物的穿透深度越大，在有足够保护厚度的件下，悬浮物可更多地被截留，滤池截污量增加。但同时为保证水质，需要增滤层厚度。粒径越细，需要的层厚越小，但太细的滤料将导致滤层很快堵塞。

Huzan 认为，经絮凝后弱的絮体穿透深度与滤料粒径的三次方成正比，强絮体穿透深度与滤料粒径的二次方成正比。Stanley 所导出的公式为：

$$K=\frac{hd^{2.46}v^{1.56}}{l} \tag{5-5}$$

式中　K——常数；
　　　d——有效粒径，mm；
　　　v——滤速，m/h；
　　　l——穿透深度，m；
　　　h——水头损失，m。

式(5-5)、式(5-6)清楚地表明了粒径、空隙率和水头损失之间的关系。由此可见，在实际工程中，在达到预期水质的前提下，应尽量选用适宜的粗粒滤料。从理论上来说，滤料对悬浮物的截留能力来自滤料所提供的表面积的吸附作用。在过滤过程中滤料所提供的颗粒表面积越大，对水中悬浮物的附着力越强。

单位面积滤层所提供的表面积数学表达式为：

$$S=\frac{6(1-\varepsilon)}{\psi}\cdot\frac{l}{d} \tag{5-6}$$

式中　S——滤层表面积，cm^2；
　　　ε——滤层空隙度，%；
　　　l——滤层厚度，m；
　　　ψ——滤料球形度；
　　　d——滤料粒径，mm。

从上式可以看出，随着滤料粒径加大，滤层所提供的表面积变小，必然会降低过滤能力。而要抵消滤料粒径加大对过滤效果带来的副作用则必须增滤层厚度。

事实上，式(5-5)、式(5-6)表明，在其他条件一定的情况下，滤料粒径层厚对过滤性能的影响即表现为 l/d 对过滤性能的影响。从技术角度讲，l/d 值越大，其滤层表面积及过滤效率都将越大。而综合经济因素，工程中应以最小 l/d 值满足提供最低量值的滤料表面积达到预期的过滤出水水质的要求。

在实践中，用优良的颗粒级配与适宜的滤层厚度正是保证过滤效果的关键。因此 l/d 值日益受到滤池设计人员的重视。

b. 不均匀系数(K_{80})

K_{80}对过滤的影响很大。众所周知，K_{80}愈大，表示粗细颗粒尺寸相差愈大，颗粒愈不均匀，对传统的过滤和反冲洗都不利。K_{80}愈接近1，滤料愈均匀，过滤效果越好。K_{80}愈大，即滤料粒径相差悬殊，那么滤层的空隙大，然而具有太大空隙的滤层不能有效的截污，有的截污作用是靠上部细滤料来完成的，而K_{80}愈大则意味着细滤料的比例愈小。一般情况下，K_{80}控制在1.1~1.3之间。

c. 滤速

滤速越大，穿透深度也越大，因而需要的滤层厚度也越大。Stanley提出在其他条件相同时，穿透深度与滤速v的1.56次方成正比，如式(5-5)所示。

Hudson认为穿透深度与滤速v的一次方成正比关系。

d. 进水浊度和水质条件

在其他条件相同时，进水浊度约与穿透深度成正比关系。而进水所含杂质性质对穿透深度的影响也较大。进水的絮凝条件对穿透的影响也很大。此外，需要的出水水质对滤层深度、滤料粒径也有很大影响。

e. 水温

水温与穿透深度成反比，水温越低，水的黏度越大，水中杂质越不易分离，因而在滤层中的穿透深度越大。

f. 其他条件

影响过滤的其他因素还有水头损失、颗粒的球形度，水的pH值等。试验规划为对比实验，所以在条件允许的情况下，定性控制在可接受范围之内。

2. 过滤器种类

（1）多介质过滤器

多介质过滤器(滤床)，即采用两种以上的介质作为滤层的介质过滤器。

① 原理

以成层状的无烟煤、砂、细碎的石榴石或其他材料为床层，床的顶层由最轻和最粗品级的材料组成，而最重和最细品级的材料放在床的底部。当原水自上而下通过滤料时，水中悬浮物由于吸附和机械阻流作用被滤层表面截留下来；当水流进滤层中间时，由于滤料层中的砂粒排列的更紧密，使水中微粒有更多的机会与砂粒碰撞，于是水中凝絮物、悬浮物和砂粒表面相互黏附，水中杂质截留在滤料层中，从而得到澄清的水质。经过滤后的出水悬浮物可在5mg/L以下。

② 结构介绍

多介质过滤器构成分为过滤系统和控制系统。过滤系统通常由高效过滤单元，三通自动阀门，进出水管道，排污管道构成。其中高效过滤单元中包括各种过滤介质。控制系统通常由PLC定时控制器，压差控制器，电磁三通阀及控制管路构成。

③ 滤料选择

必须有足够的机械强度，以免在反冲洗过程中很快地磨损和破碎；化学稳定性要好；不含有对人体健康有害及有毒物质，不含有对生产有害、影响生产的物质；滤料的选择，应尽量采用吸附能力、截污能力大、产水量高、出水水质好的滤料。

④ 内滤层构成

过滤器内多介质滤料为优质均粒砾石、石英砂、磁铁矿、无烟煤等滤料，这些滤料根据其相对密度和粒径的大小在过滤器罐体内科学有序的分布，如相对密度小而粒径稍大的无烟煤放在滤床的最上层，相对密度适中和粒径小的石英砂放在滤床的中层，相对密度大和粒径大的砾石放在滤床的最下层。这样的配比保证了过滤器在进行反洗的时候不会产生乱层现象，从而保证了滤料的截留能力。

⑤ 多介质过滤器类型

在水处理上使用的多介质过滤器，根据滤层的设计，常见的有：无烟煤-石英砂-磁铁矿过滤器，活性炭-石英砂-磁铁矿过滤器，活性炭-石英砂过滤器，石英砂-陶瓷过滤器等。

多介质过滤器的滤层设计，主要考虑的因素为：

- 不同滤料具有较大的密度差，保证反洗扰动后不会发生混层现象。
- 根据产水用途选择滤料。
- 粒径要求下层滤料粒径小于上层滤料粒径，以保证下层滤料的有效性和充分利用。

事实上，以三层滤床为例，上层滤料粒径最大，由密度小的轻质滤料组成，如无烟煤、活性炭；中层滤料粒径居中，密度居中，一般为石英砂组成；下层滤料由粒径最小，密度最大的重质滤料组成，如磁铁矿。由于密度差的限制，三层介质过滤器的滤料选择基本上是固定的。上层滤料起粗滤作用，下层滤料起精滤作用，这样就充分发挥了多介质滤床的作用，出水水质明显好于单层滤料的滤床。

(2) 流沙过滤器

① 原理

流沙过滤器与以往的固定床过滤器不同，无须每天停机1~2次，以便清洗滤床上的截留物。原水由过滤器底部进入滤床，并向上流与滤床充分接触，所含悬浮物被截留在滤床上，清水由顶部的出水堰溢流排放。截留污染物的石英砂通过底部的气提装置提升到顶部的洗砂装置中进行清洗。由于空气、水、砂子在压缩空气的作用下剧烈摩擦，使砂子截留的杂物洗脱。洗净后的砂因重力自上而下补充到滤床中，洗砂水则通过单独的排污管排放，完成整个洗砂过程。

② 过滤和洗砂过程

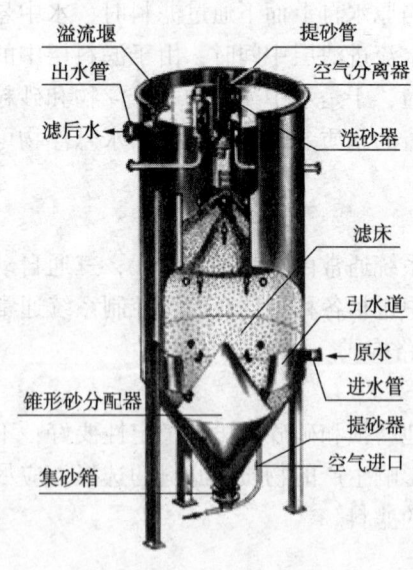

图5-4 流沙过滤器

依照图5-4进行讲解。

a. 过滤过程

原水从进水管进入到锥形的引水道，再进到滤床。原水经过滤床时悬浮物被砂子截留变成干净的过滤水。过滤水经过溢流堰，由出水管流出过滤器外。

原水的种类及性质不同，过滤器用的砂子也有所不同。通常用的有效直径0.9mm，均匀系数1.4的均质石英砂。含油污水或含有易黏结物的原水，则用有效直径1.2mm，均匀系数1.4的均质石英砂，相应地，提砂泵所需空气量亦要增加1.5~2倍。

b. 洗砂过程

被悬浮物污染的砂子，通过锥形的砂分配器与过滤器的倾斜面形成的通道，下到集砂箱。被集砂箱收集的砂子，由提砂器输送到上部洗砂装置中。被污染的砂子在提升过程中先与水和空气剧烈摩擦，在空气分离器中空气与砂、水分离,砂子则因重力通过洗砂装置的通道下降,清洗水(部分过滤水)则通过清洗水管从洗砂装置的下部流到通道内。两者相对接触,砂子被洗净。干净的砂子重新均匀分布到滤床中央。洗净后的污水通过排水装置排出。洗净排水量可通过上下调节排水装置的调节堰,使其达到最适合的量。滤床表面的砂子曲度实测值通常是 $32°\sim33°$。自然存在的天然砂的曲度是约 $35°$,但因为均匀系数为 1.4 的过滤砂入角均一,很容易滑脱。

洗砂过程操作员可以直接观察,因此对洗砂过程的进行及管理都很及时方便。

③ 洗砂装置系统构成

a. 洗砂装置由外筒和内筒组成。外筒内侧有环(洗砂环),而内筒是外侧有环。内筒下端由下部导环,上端由上部导环支撑。上部导环上装有空气分离器。外筒的洗砂环与内筒的洗砂环相交叉,从而内外筒之间形成迷宫式通道。

被污染的砂子从集砂箱被提升到空气分离器分离空气,再进到迷宫式通道缓慢下降,去除砂子表面的污物。滤床上部的过滤水通过洗净水管,由洗净装置的下部进到迷宫式通道。这部分洗净水在通道内从下往上流,洗净缓慢下降的砂子。

提砂量与洗净水量根据水中悬浮物的浓度及性质来调整。如提砂速度过快,通道内的砂子量会增多,导致洗砂装置的压力损失严重;如提砂量过少,原水中的悬浮物不能充分过滤。如清洗水量过少,则不能充分洗净砂子;如清洗水量过多,则会造成洗净水流出过多。

b. 集砂箱

过滤器倾斜面下方有集砂箱,集砂箱包括与提砂泵相连的接管、筛网、排水阀及控制集砂箱进砂量的控制环。这个环的上部比倾斜部的下端稍高。因此,之间会形成砂膜,这个砂膜可防止倾斜部下端的磨损。控制环的材料为耐磨的增强聚乙烯,可以替换。

c. 提砂泵

被污染的砂子收集到集砂箱,通过提砂泵提升到洗砂装置。提砂泵的下端插入集砂箱的接管,用橡胶管及管夹固定。提砂泵的下端有空气注入室,压缩空气注入后就形成砂子、水和空气的混合体,砂子被送到洗砂装置的空气分离器。空气分离器上面装有端盖,防止水和空气一起溢出。

提砂泵的工作需要提供压缩空气。压缩空气所需压力是 $4\sim6kg/cm^2$。

提砂管的材质为超高分子聚乙烯,与其他塑料管不同,不能用胶水粘合,只能用胶管和管夹来固定。

d. 空气控制装置

空气控制装置一般供应压力为 $4kg/cm^2$ 以上(通常取 $5\sim7kg/cm^2$)的压缩空气。压缩空气不能含有水或油。空气控制装置中设有压力调节装置。

压力调节装置的压力,通常设定如下:

型号	压力
P-05~P-10	$1.5\sim2kgf/cm^2$
P-15~P-55	$3\sim4kgf/cm^2$

调压的空气经过电磁阀进到空气流量计(附有调节阀)。如只有 1 台砂滤机,可将压力开关设在可以检测电磁阀入口压力的位置。这样当压缩空气的压力低于设定值时,压力开关启动并报警,同时停止压缩空气的供应。另外,当压力控制阀或电磁阀出现故障时,也可以报警并停止压缩空气的供应。

(3) 纤维过滤器

与粒状过滤材料相比，纤维过滤材料的比表面积较大，有更大的界面吸附并截留悬浮物，同时纤维较柔软，在过滤时能够实现密度调节或沿水流方向过滤孔径逐渐变小的合理过滤方式，极大程度地实现了深层过滤，使设备出水质量、截污能力、运行流速都得到大幅度提高。

① 纤维过滤材料的种类

a. 短纤维单丝乱堆过滤材料

以密度大于过滤水的短纤维单丝乱堆方式构成滤床，在过滤器中设置隔离丝网以防止短纤维过滤材料流失，反洗方式为气水联合反冲洗。缺点是短纤维单丝易流失易缠挂隔离丝网，此外由于纤维与过滤液的密度差小，因而清洗效果差。

b. 低卷曲纤维椭球过滤材料

长 5~50mm 的无卷缩低卷曲纤维丝在液体中搅拌制作成椭球状纤维过滤材料，亦称纤维球。丝径 5~100μm，过滤外形为直径 5~20mm、厚 3~5mm 的扁平椭球体。特征是制造简便，过滤材料内核较硬，变形小，但过滤材料内部捕捉的粒子反洗时脱落困难。此外，多次运行后从过滤材料上脱落的短纤维较多。

c. "布帛片"过滤材料

将类似与毛毡的无纺布切割成 20mm 厚，面积为 $0.5~20cm^2$ 的"毡片"，制成过滤材料，特点是纤维牢固不掉丝，但同样存在过滤材料内部捕集的粒子不易清洗干净的缺陷。

d. 实心纤维球

采用静电植绒法将长 2~50mm 的纤维植于实心体上，可以通过改变实心体的密度而改善过滤材料床的特性。

e. 中心结扎纤维球

以纤维球直径的长度作为节距，用细绳将纤维丝束扎起来，在结扎间的中央处切断纤维束，形成大小一致的球状纤维过滤材料，亦称纤维球。

f. 彗星式纤维过滤材料

一种不对称构型的过滤材料，一端为松散的纤维丝束，另一端纤维丝束固定在密度较大的实心体内，形状像彗星一样，故命名为彗星式纤维过滤材料。

g. 纤维束过滤材料

一种极其规格化的纤维滤料，首先将纤维长丝缠绕成卷，拉直后构成束状，形成纤维束，在过滤设备的填充中，纤维束采用悬挂或者是两端固定的方式。

② 纤维过滤器种类

目前应用于工业水处理的纤维过滤器有很多种，具有代表性的有纤维球过滤器、胶囊挤压式纤维过滤器、无囊式纤维过滤器、力板式纤维过滤器、自压式纤维过滤器等。

a. 纤维球过滤器

取一束短纤维，在其中心紧密结扎或热熔黏结，使短纤维形成呈辐射状的球体结构。这种纤维球的个体特征是球中心纤维密实，越靠近球边缘则纤维越疏松，孔隙率分布不均。纤维球过滤器是在容器内填装纤维球形成床层，纤维球之间的纤维丝可实现相互穿插，此时纤维球的个体特征已不重要，床层形成了一个整体。床层中纤维球受到的压力为过滤水流的流体阻力、纤维球自身的重力以及截留悬浮物的重力之和(如果水流从上至下通过床层,该力在滤层中沿水流方向是依次递增的)。因纤维球具备一定弹性,在压力下滤层孔隙率和过滤孔径由大到小渐变分布,滤料的比表面积由小到大渐变分布。这是一种过滤效率由低到高递增的理想过滤方式,直径较大、容易滤除的悬浮物可被上层滤层截留,直径较小、不易滤除的悬浮物可被中层或下层滤层截留。

在整个滤层中,机械筛分和接触絮凝作用都得到充分发挥,从而实现较高的滤速、截污容量和较好的出水水质。该过滤器存在的不足是:因纤维球是呈辐射状的球体,靠近球中心部位的纤维密实,反洗时无法实现疏松,截留的污物难于彻底清除;用气、水联合清洗时纤维球易流失,用机械搅拌清洗时纤维球易破碎。

b. 胶囊挤压式纤维过滤器(图5-5)

如图5-5所示,将长纤维束挂装在设备中,纤维束下挂重锤,纤维层中安装数个软质胶囊,过滤前将胶囊充水,横向挤压长纤维,使纤维层孔隙率和过滤孔径由大到小渐变分布,此段滤层特性与纤维球滤层相似,过滤效果也比较接近。该过滤器的滤速一般为 $20\sim40m/h$,在进水浊度相同的条件下,截污容量是砂滤器的2~4倍。清洗过滤器时,先排净胶囊中的水,使长纤维束床层得以疏松,再用气-水混合清洗。在挂装的长纤维滤层中安装可充、排水的软质胶囊,解决了纤维层的压实(过滤)、疏松(清洗)及纤维流失问题,但也存在一些问题:①设备较复杂,除胶囊外,需设有胶囊充、排水系统及充水计量装置;②胶囊损坏是困扰用户的难题,其价格较贵且更换作业过程并不方便。

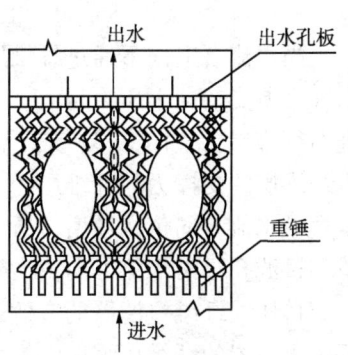

图5-5 胶囊挤压式纤维过滤器示意图

可以用刘氏公式计算出胶囊挤压长纤维过滤器初始工况。设纤维直径为 $50\mu m$,纤维长为1.3m,纤维填装孔隙率为90%,每只胶囊充水量为150kg,计算结果如表5-1所示。

表5-1 胶囊挤压式纤维过滤器初始水头阻力

设备直径/m	胶囊数/个	充水后平均孔隙率/%	水头阻力/kPa	滤层整体推力/t
2.0	5	71.6	24	7.5
2.5	7	73.5	19	9.3
3.0	9	75.3	16	11.4

从表5-1可看出,在过滤初期,滤层就会产生较大推力,靠近出水侧的上部纤维会受到很大的纵向压力。因纤维丝纵向刚度极小,在此压力下必然弯曲,使纤维层整体上移。当纤维层截留一定悬浮物后,随着床层水头阻力增大,此上移距离会更大。因胶囊中心用钢管(用于进、排水)贯通,胶囊下端与钢管下端连接(这样做便于安装时插入纤维层中),所以胶囊不会随纤维层的上移而移动,胶囊外壁在纤维的摩擦力作用下产生向上的拉力。另一方面,因上部纤维受压力弯曲产生横向堆积,占用的横向空间增大使上部胶囊受到挤压而体积减小,迫使胶囊下部水体积增大。胶囊下部既受到向上的拉力,又受到内部向外的压力,这应该是胶囊易破损且大多从下部破损的主要原因。

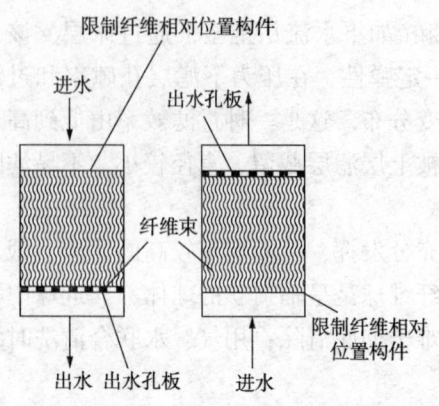

图 5-6 自压式纤维过滤器工作原理示意图

c. 自压式纤维过滤器

自压式纤维过滤器有两种结构形式，一种是出水孔板在下部，另一种是出水孔板在上部，长纤维束一端固定在出水孔板上，另一端与一个质量极小的限制纤维束相对位置的构件连接。所谓自压，是指不依靠其他装置，仅靠水流对纤维层的水头阻力实现对纤维层的压缩。实际上，长纤维丝的纵向刚度很小，只要对纤维进行适当处理并保持适宜的装填密度，依靠滤层的水头阻力就完全可以像纤维球过滤器一样将纤维层压缩。该过滤器的工作原理见图 5-6。

当水流自上向下通过纤维层时，在水头阻力作用下，纤维承受向下的纵向压力且越往下则纤维所受的向下压力越大。由于纤维纵向刚度很小，当纵向压力足够大时就会产生弯曲，进而纤维层会整体下移，最下部纤维首先弯曲并被压缩，此弯曲、压缩的过程逐渐上移，直至纤维层的支撑力与纤维层的水头阻力平衡（压缩过程需 3~5min）。由于纤维层所受的纵向压力沿水流方向依次递增，所以纤维层沿水流方向被压缩弯曲的程度也依次增大，滤层孔隙率和过滤孔径沿水流方向由大到小分布，这样就达到了高效截留悬浮物的理想床层状态。

自压式纤维过滤器的有效过滤面积大，设备结构简单，出现机械故障的因素极少，且接近出水位置的纤维压缩比大，大都呈横向状态，这显然更有利于吸附、截留悬浮物，过滤速度、过滤效率都能得到进一步提高。

二、活性炭吸附

1. 活性炭吸附原理

活性炭的吸附能力与水温的高低、水质的好坏等有一定关系。水温越高，活性炭的吸附能力就越强；若水温高达 30℃ 以上时，吸附能力达到极限，并有逐渐降低的可能。当水质呈酸性时，活性炭对阴离子物质的吸附能力便相对减弱；当水质呈碱性时，活性炭对阳离子物质的吸附能力减弱。所以，水质的 pH 不稳定，也会影响到活性炭的吸附能力。

活性炭的吸附原理是：在其颗粒表面形成一层平衡的表面浓度，再把有机物质杂质吸附到活性炭颗粒内，使用初期的吸附效果很高。但时间一长，活性炭的吸附能力会不同程度地减弱，吸附效果也随之下降。如果水族箱中水质混浊，水中有机物含量高，活性炭很快就会丧失过滤功能。所以，活性炭应定期清洗或更换。

活性炭颗粒的大小对吸附能力也有影响。一般来说，活性炭颗粒越小，过滤面积就越大。所以，粉末状的活性炭总面积最大，吸附效果最佳，但粉末状的活性炭很容易随水流入水族箱中，难以控制，很少采用。颗粒状的活性炭因颗粒成形不易流动，水中有机物等杂质在活性炭过滤层中也不易阻塞，其吸附能力强，携带更换方便。

活性炭的吸附能力和与水接触的时间成正比，接触时间越长，过滤后的水质越佳（注意：过滤的水应缓慢地流出过滤层）。新的活性炭在第一次使用前应洗涤洁净，否则有墨黑色水流出。活性炭在装入过滤器前，应在底部和顶部加铺 2~3cm 厚的海绵，作用是阻止藻类等大颗粒杂质渗透进去，活性炭使用 2~3 个月后，如果过滤效果下降就应调换新的活性炭，海绵层也要定期更换。

2. 活性炭吸附床型

使用颗粒状活性炭进行污水处理时，通常是把活性炭装入填充塔，使原水通过填充塔进行处理，这种处理法有以下几种。

（1）固定床式

固定床式一般填充塔有两个或数个，其中一个塔作为更换活性炭时使用。填充塔内的活性炭粒径为 8~40 号，塔高位 1~5m，流速为 10~40m/min。原水的供给方法从填充塔上方供给的下流式和从塔的下方供给向上流动的上流式。上流式又可分为移动层式和流动层式。

（2）移动床式

移动床式是使原水从输入向上流动进行吸附处理的方法。饱和后的活性炭间歇地由塔底少量的排出，每次都由塔顶补充等量的新的活性炭。通常每天从塔钟排出 5% 的废活性炭 1~2 次。也有将吸附饱和的活性炭连续地从吸附塔排出。饱和活性炭连续排出的方法是活性炭以层状沿原水流动方向或沿相反的方向进行移动，在移动的同时进行吸附，饱和活性炭的排出和新活性炭的补充是连续进行的。移动式与再生装置相连，再生装置有效地使饱和的活性炭再生。再生费用比固定床式便宜些。

（3）流动床式

这是在流动状态进行吸附的方法，因此即使吸附速度慢也能用少量的活性炭处理，有希望降低基本建设费用和运转费用。另外，不产生犹豫随原水流入的悬浮物质和微生物、藻类的繁殖而引起的吸附层与堵塞现象，即使在大型装置中也不容易产生水淹偏移，所以能长期地稳定地运转。

3. 影响活性炭吸附的因素

吸附能力和吸附速度是衡量吸附过程的主要指标，吸附能力的大小是用吸附量来衡量的。而吸附速度是指单位质量吸附剂在单位时间内所吸附的物质量。在水处理中，吸附速度决定了污水需要和吸附剂接触时间。

活性炭的吸附能力与活性炭的孔隙大小和结构有关。一般来说，颗粒越小，孔隙扩散速度越快，活性炭的吸附能力就越强。

污水的 pH 值和温度对活性炭的吸附也有影响。活性炭一般在酸性条件下比在碱性条件下有较高的吸附量，吸附反应通常是放热反应，因此温度低对吸附反应有利。

当然，活性炭的吸附能力与污水浓度有关。在一定的温度下，活性炭的吸附量随被吸附物质平衡浓度的提高而提高。

4. 活性炭在污水处理中的应用实例

（1）活性炭处理含汞污水

在氯碱工业中，以汞为阴电极，制造氯气和苛性钠；聚氯乙烯、乙醛、醋酸乙烯的合成工业均以汞作为催化剂；电子仪表工业也常用到汞，故这些行业均排放含汞污水。活性炭能有效地吸附污水中的汞，一些工厂已经采用此法处理含汞污水，但该法更适用于处理低浓度的含汞污水。污水含汞浓度高时，可先进行一级处理，降低污水中的汞浓度后再用活性炭吸附。将含汞量在 1~2mg/L 以下的污水通过活性炭滤塔，排出水含汞量可下降到 0.01~0.05mg/L，吸收汞后活性炭可再生并重复使用。如某电解工厂的污水中汞浓度为 5~10mg/L，处理时先加入硫酸亚铁和硫化钠进行反应，在沉淀槽中分离沉淀后，上清液中汞浓度降为

0.1~1.0mg/L，然后再通过粒状活性炭槽，吸附后污水中汞含量降0.01~0.05mg/L。活性炭对有机汞的吸附去除能力高于无机汞。活性炭对汞的吸附在pH值降低时，去除率将有所提高。据报道，用二硫化碳溶液预处理活性炭可以大幅度提高去除汞的能力。研究表明，二硫化碳浸润过的活性炭可将污水含汞量由初始10.0g/L降至0.21g/L，当pH=10时，二硫化碳体系的处理效果最佳。

(2) 活性炭处理染料污水

染料污水成分复杂，水质变化大，色度深，浓度大，处理困难，水中的色度影响水生植物的光合作用，从而破坏水中的生态平衡。活性炭巨大的比表面积使其能有效地去除污水的色度。研究表明：对初始浓度为30mg/L的甲基橙、结晶紫、直接耐晒黑G和活性翠蓝溶液，在pH=7、曝气量为1m^3/h、粉末活性炭的投加量为6g/L、吸附时间为20min时，4种染料的去除率均在97%~99%；对于初始浓度为250mg/L的酸性品红、碱性品红和活性黑B-133染料污水，当椰壳活性炭投加量分别为0.8%、1.0%和2.0%，吸附时间分别为3.5h、6h和17h时，脱色率均超过97%，出水色度稀释倍数不大于50倍，COD小于50mg/L，达到GB 8978—1996《污水排放综合标准》中的一级排放标准；在pH值在7.5~12.5间，对相当一部分染料来说，pH值的变化对活性炭的吸附率不产生明显的影响。活性炭吸附染料后再生也比较容易。试验表明：处理活性艳红X-3B模拟染料污水的活性炭纤维、粒状活性炭和椰壳活性炭经120℃烘干12h，600W微波再生10s后，粒状活性炭和椰壳活性炭的吸附性能恢复到原来的100%，而活性炭纤维的吸附量可达原来的2.4倍。

(3) 活性炭处理含氰污水

电镀工业、焦化工业、高炉煤气的洗涤、金银选矿等行业都排放含氰污水。氰化物为剧毒物质，对人类和鱼类的危害极大。由于活性炭具有很大的比表面积，故对含氰污水也有较好的吸附处理效果。经试验表明：对于某金矿含氰污水，污水中的总氰化物（以CN^-计）为389.90mg/L，当处理水量为26.3mL/g活性炭时，出水CN^-浓度在0.5mg/L以下，吸附去除率达99%。另有研究表明，用3%氯化铜或5%硫酸铜浸泡活性炭后，水洗晾干后再装柱，可提高除氰效率2~3倍；当控制进水pH值在6~9之间时，CN^-部分呈络合状态，而活性炭对络合氰化物的吸附能力比对简氰化物的吸附能力强。

(4) 活性炭处理污水中的COD

活性炭主要对相对分子质量小于3000，尤其是500~1000的有机物吸附作用较强。在各种改善水质效果的深度处理技术中，活性炭吸附是完善常规处理工艺去除水中有机污染物最成熟有效的方法之一，并且在使用中活性炭对水量、水质、水温变化适应性强。试验表明，对COD浓度为50.04mg/L的生活污水，在pH值为3，活性炭吸附时间为1h时，处理后污水COD浓度为12.1mg/L，去除率达78.6%。某机械厂污水处理站隔油池出水的COD原为89.46mg/L，当活性炭投加量为2.0%，吸附时间1h时，出水的COD则降为21.87mg/L。某城市污水处理厂沉砂池出水的COD原为61.36mg/L，当活性炭投加量为2.0%，吸附时间1h时，出水的COD降为18.84mg/L。

活性炭良好的吸附性能使其在水处理技术中得以广泛应用，值得注意的是，不同方法制得的活性炭，选择吸附性会不同，各有一定适用范围，使用不当则效果不佳，所以针对不同的水质，可选择相应的活性炭，或采用一定手段对活性炭改性，或与其他水处理技术联合应用，将取得良好的效果。随着社会对水质越来越高的要求，活性炭在水质净化和污水深度处理中将发挥出更大的作用。

三、活性焦吸附

1. 活性焦吸附原理

活性焦(AC)是一种以煤炭为原料新型高效碳基吸附材料,与常规活性炭不同,活性焦是一种综合强度(耐压、耐磨损、耐冲击)比活性炭高、比表面积比活性炭小的吸附材料。与活性炭相比,活性焦具有更好的脱硫、吸附氨氮性能,且在使用过程中,加热再生相当于对活性焦进行再次活化,其性能还会有所增加。

目前,工业适用的活性焦为直径5mm或9mm的柱状活性焦,它既能够脱除SO_2、重金属等污染物,同时它本身可以作为催化剂,也可作为催化剂的载体。而且AC不但仍旧具有活性炭较强吸附功效、机械的强度较大的好处,又完美避开了活性炭价格不便宜、容易被磨损、破碎的致命缺点。

活性焦在水处理领域获得的关注较少,直到最近几年,人们才逐渐将活性焦用于水处理领域。活性焦过滤吸附法在污水处理的过程中,将污水中的污染物分离、收集、气化,最终转化为甲烷类可燃气体,并实现污水中有机物的资源化利用。如果废水中含有较多的大分子污染物,微孔活性炭的吸附去除效果是低于活性焦的,换句话说,如果要达到对大分子污染物相同的吸附处理效果,微孔活性炭的投加量要高于活性焦,运行成本自然十分昂贵。煤化工废水、印染废水、制药废水中含有大量的大分子难降解污染物,活性焦对之有很好的吸附性能。

2. 活性焦吸附法的技术路线

(1) 生产活性焦

活性焦是以煤为主要原料生产的一种新型吸附材料,其生产方法为原料煤磨粉后加入特制黏结剂继而催化剂压制成型,再经炭化和浅度活化后得到活性焦产品。之后利用活性焦过滤吸附处理工业废水和各种污水。

(2) 将污水中的污染物与水体分离

在过滤吸附机组中加入活性半焦,当污水流经过滤吸附机组后,污水中的污染物被过滤吸附机组中的活性半焦截留,实现污染物与水体分离,使污水转化为清水。

(3) 将截留污染物的活性焦与过滤吸附机组分离

根据污水处理量核污水中污染物的含量,定期、定量将过滤吸附机组中截留了污染物的活性半焦卸出,输送到活性半焦处理机组的热解室内。

3. 活性焦吸附法进行污水处理的特点

(1) 对COD、BOD去除效果好

活性焦过滤吸附对有机污染物具有非常好的去除作用,在进水COD在80mg/L时,出水COD在30mg/L以下。

(2) 可以去除污水中的重金属

活性焦对污水中的重金属具有非常好的去除作用,见表5-2。

(3) 脱色能力强

以处理色度(稀释倍数)高达1000多倍的印染、焦化、核酸废水为例,采用活性焦过滤吸附法处理后,出水色度均可达到10倍以下。

表 5-2　活性焦对污水中重金属的去除效果

序号	污水种类及成分	原水/(mg/L)	出水/(mg/L)	去除率/%
1	焦化废水中的酚	5194	0.47	99%
2	线路板废水中的铜	21.3	0.32	98%
3	酸洗磷化废水中的总磷	252	0.079	99.9%
4	农用化工污水中的氰根	366	0	100%
5	电镀五金废水中的镍	107	0.12	99%
6	电镀五金废水中的铜	102	0.21	99%

(4) 对粪大肠菌群有很好的去除效果

采用活性焦过滤吸附法处理南口污水处理厂总排口污水,其中粪大肠菌群数3500个/L,经过活性焦过滤吸附法处理后,粪大肠菌群数330个/L。

(5) 对磷去除效果好

采用活性焦过滤吸附法处理某污水处理厂总排口污水,其中磷(以P计)3.12mg/L,经过活性焦过滤吸附法处理后,磷(以P计)0.2mg/L。

(6) 设施占地面积小

以采用活性焦过滤吸附法对20000t/d污水进行深处理的工程为例,水处理设施(含再生系统)的占地面积约2400m^{2}土地。

(7) 不产生臭气、二氧化碳或噪声

活性焦过滤吸附法在废水处理过程中,不产生臭气、二氧化碳或噪声,避免了废水处理过程对设施周围环境造成的空气污染和噪声影响。

4. 工程案例

(1) 某石化公司利用活性焦吸附法深度处理工业废水。活性焦过滤吸附系统持续运行82d,进水COD平均值为68.49mg/L,一级出水COD平均值为41.30mg/L,去除率平均值为38%;二级出水COD平均值为29.24mg/L,去除率平均值为28%。总去除率(三级)平均值达到56%,经二级处理后已能达到GB 3838—2002《地表(面)水环境质量标准》中的Ⅳ类标准,即COD≤30mg/L。

(2) 某石化公司设计了应急过滤吸附池,对经过BAF生化处理的污水(含不易生化和难生化的物质)进行处理。污水进水水质为COD_{Cr}≤50mg/L,经活性焦吸附法处理后,出水水质为COD_{Cr}≤30mg/L。具体工艺流程如下:

BAF工艺出水→输送管道→供水支管→供水盘管→活性焦料层→出水槽→出水管→出原有出水管→排放或回用。

四、高密度澄清池

污水处理中沉淀过程用于实现进水颗粒物与水的分离。随着污水成分日益复杂、污水排放要求更加严格,传统沉淀技术在截留污染物尺寸和分离效率等方面已无法满足要求,新型沉淀技术的开发研究目前主要集中在提升分离速度和去除率上,依靠高效凝聚药剂或物化方法提高固液密度差而达到目的。

1. 基本原理

高密度澄清池是一种高效浓缩澄清池,将高效剪切增稠与污泥浓缩技术结合到混凝沉淀工艺中,具有抗悬浮物变化冲击的能力,能够应用于大部分的澄清/软化工程。

2. 构造及作用原理

高密度澄清池过程包括5个重要因素:

(1) 均质絮凝体及高密度矾花;

(2) 由于沉淀速度快(15m/h和40m/h)采用密集型设计;

(3) 有效地完成污泥浓缩;

(4) 沉淀后出水质量较高,一般在10NTU以内;

(5) 抗冲击负荷能力强,不易受突发冲击负荷的变化而变化。

此外,该池可在流速波动范围大的情况下工作。

工艺原理见所附流程示意图如图5-7所示。

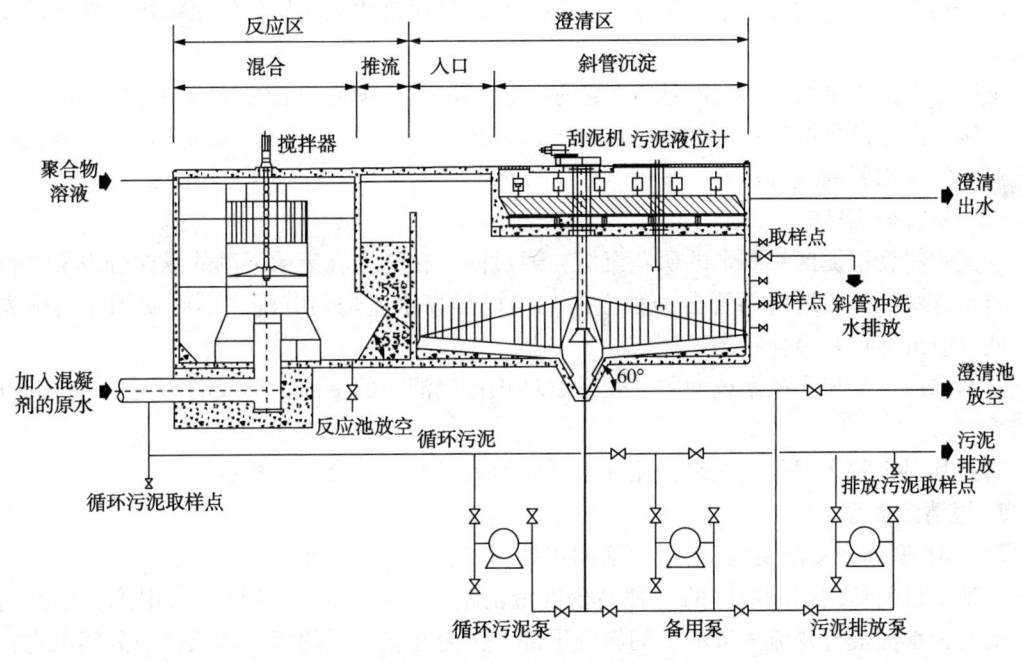

图5-7 高密度澄清池示意图

高密度澄清池由三个主要部分组成:一个"反应池",一个"预沉池—浓缩池"以及一个"斜管分离池"。

(1) 反应池

在该池中进行物理—化学反应,或在池中进行其他特殊沉淀反应。

反应池分为两个部分:一个是快速混凝搅拌反应池,另一个是慢速混凝推流式反应池。

① 快速混凝搅拌反应池

将原水(通常已经过预混凝)引入到反应池底板的中央。一个叶轮位于中心稳流型的圆筒内。该叶轮的作用是使反应池内水流均匀混合,并为絮凝和聚合电解质的分配提供所需的动能量。

混合反应池中悬浮絮状或晶状固体颗粒的浓度保持在最佳状态,该状态取决于所采用的处理方式。通过来自污泥浓缩区的浓缩污泥的外部再循环系统使池中污泥浓度得以保障。

② 推流式反应池

上升式推流反应池是一个慢速絮凝池，其作用就是连续不断地使矾花颗粒增大。

因此，整个反应池(混合和推流式反应池)可获得大量高密度、均质的矾花，以达到最初设计的要求。沉淀区的速度应比其他系统的速度快得多，以获得高密度矾花。

(2) 预沉池—浓缩池

矾花慢速地从一个大的预沉区进入到澄清区，这样可避免损坏矾花或产生旋涡，确使大量的悬浮固体颗粒在该区均匀沉积。

矾花在澄清池下部汇集成污泥并浓缩。浓缩区分为两层：一层位于排泥斗上部，另一层位于其下部。

上层为再循环污泥的浓缩，污泥在这层的停留时间为几小时，然后排入到排泥斗内。排泥斗上部的污泥入口处较大，无须开槽。为了更好地使污泥浓缩，刮泥机配有尖桩围栏。在某些特殊情况下(如：流速不同或负荷不同等)，可调整再循环区的高度。由于高度的调整，必会影响污泥停留时间及其浓度的变化。部分浓缩污泥自浓缩区用污泥泵排出，循环至反应池入口。

下层是产生大量浓缩污泥的地方。浓缩污泥的浓度至少为 20g/L(澄清工艺)。

采用污泥泵从预沉池—浓缩池的底部抽出剩余污泥，送至污泥脱水间或现有的可接纳高浓度泥水的排水管网或排污管、渠等。

(3) 斜管分离区

逆流式斜管沉淀区将剩余的矾花沉淀，通过固定在清水收集槽下侧的纵向分隔板进行水力分布，这些板有效地将斜管分为独立的几组以提高水流均匀分配。不必使用任何优先渠道，使反应沉淀可在最佳状态下完成。

澄清水由一个集水槽系统回收。絮凝物堆积在澄清池的下部，形成的污泥也在这部分区域浓缩。

通过刮泥机将污泥收集起来，循环至反应池入口处，剩余污泥排放。

3. 澄清池类型

(1) RL 型高密度澄清池(多用生活用水处理工艺及生活污水处理工艺)

该池是目前使用范围最广的一种高密度澄清池(95%的项目采用)。采用该类型的高密度澄清池，水泥混合物流入澄清池的斜管下部，污泥在斜管下的沉淀区从水中分离出来，此时的沉淀为阻碍沉淀；剩余絮片被斜管截留，该分离作用是遵照斜管沉淀机理进行的。因此，在同一构筑物内整个沉淀过程就为两个阶段进行：深层阻研沉淀、浅层斜管沉淀。其中，阻碍沉淀区的分离过程是澄清池几何尺寸计算的基础。

该类型高密度澄清池的上升流速取决于斜管区所覆盖的面积(上升流速 23m/h)。

(2) RP 型高刻度澄清池

当出水及污水排放标准不是极严格的情况下，采用此类高密度澄清池，效果较好在安装时可不带斜管。

该澄清池较少采用(只用于滤池冲洗污水带排放上清液的浓缩，特殊浓缩要求)。

(3) RPL 型高密度澄清池(多用于城市污水处理工艺、工业污水处理工艺)

这一类型的高密度澄清池只有当必须集中贮泥并对处理无反作用时才采用。所以它的应用仅限于除碳工艺(非饮用水)及工业污水处理中特殊的沉淀工艺。

五、微沙加碳高效沉淀（Actiflo® Carb 工艺）

1. 基本原理

Actiflo® Carb 工艺是法国威立雅公司开发的一种粉末活性炭投加和 Actiflo® 高密度沉淀池相结合的工艺，由混凝、熟化、斜板沉淀以及微砂循环系统组成。微砂加重絮凝工艺是 Actiflo® 高密度沉淀池最大的特点。微砂可以成为絮凝体的核心，提高沉淀速度，增强沉淀性能。另外，微砂可以增加接触反应表面积，克服由于低温、低浊引起的絮凝困难。粉末活性炭的投加量与其种类有关，还与去除有机物的种类和数量相关。该工艺高效且布置紧凑，适用于饮用水处理，尤其是地表水。试验证明，Actiflo® Carb 工艺能够去除水中 50%~60% 的溶解性有机碳，是一种优于臭氧活性炭滤池的饮用水深度处理工艺。

2. 构造及作用原理

Actiflo® Carb 工艺结合了加重澄清和 PAC 吸附工艺的优点，澄清水易于进入 PAC 反应池中，池中 PAC 浓度至少维持在 2~3g/L，在池中的接触时间控制在 3~10min。与 PAC 接触后的水进入混凝池中，同时投加混凝剂（铝盐或铁盐），投加量为 0.5~2mg/L，停留一段时间后进入絮凝池，同时投加微砂和高分子絮凝剂，使微砂成为絮凝体的核心，从而增加絮凝体的致密程度，提高絮凝体的沉淀性能。由于以微砂为核心的絮凝体沉降性能非常好，所以 Actiflo® 高效沉淀池的负荷可以很高，通常预处理时向上流速可以保持在 80m/h，最高可达 120m/h，采用机械搅拌一段时间后，经过混凝、絮凝、熟化后的水最后进入斜管（斜板）沉淀池进行固液分离。微砂在水力旋流器中进行重力分离，部分 PAC 回流到前面的 PAC 接触池中，吸附饱和的 PAC 随污泥排出系统，同时在 PAC 接触池前补充浓度为 5~30mg/L 的新鲜 PAC，投加量与 PAC 的种类有关，同时与去除有机物的种类和数量相关。工艺流程如图 5-8 所示。

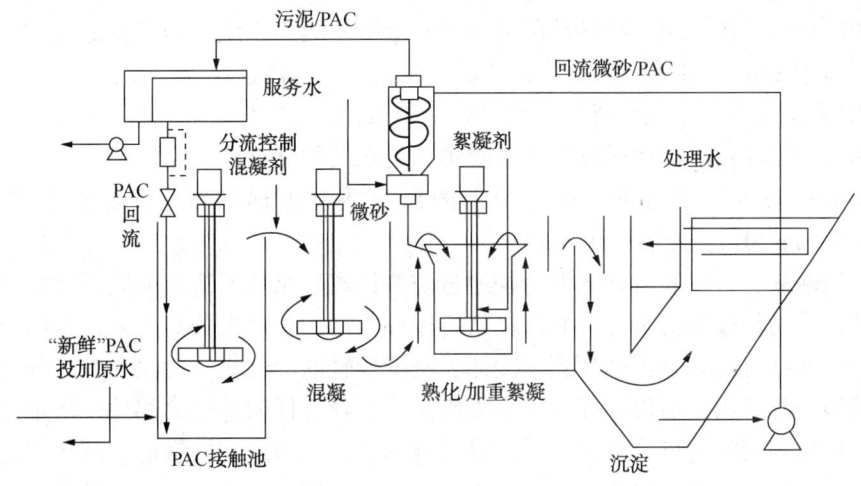

图 5-8 Actiflo® Carb 工艺流程

Actiflo® Carb 工艺具有如下优点：

① 具有特定功能的 PAC 接触池和高浓度的 PAC，增强了对天然有机物（NOM）的去除效果；

② 加强了搅动，特别是在熟化/絮凝池中；

③ 由于微砂对加重絮凝的影响，使得沉淀区非常紧凑，同时大大减小了占地面积，因

此该工艺具有土建造价低和易于改造的优点;

④ 投加 PAC 加强了对有机物的去除。该工艺的作用主要是在去除 NOM 的同时减少消毒副产物的产生。Actiflo® Carb 工艺通常设在传统沉淀池、气浮池(DAF)、Actiflo® 高密度沉淀池的下游，适用于地表水和地下水的处理。

Actiflo® 和 Actiflo® Carb 联用的工艺具有显著的优点，具体如下：

① 占地面积非常小；
② 运行稳定，特别是对于颗粒物质的去除效果稳定；
③ 超强的藻类去除能力。

Actiflo® Carb 工艺主要去除溶解性有机物质，由于第一阶段设置 Actitlo® 沉淀池去除了大量颗粒物质，使得 PAC 的吸附能力不会由于颗粒物质的存在而受到影响。当浊度<5NTU 时，原水直接进入 Actiflo® Garb 沉淀池进行处理，可以同时保证出水浊度和有机物达标，这样可以根据进水浊度情况，调整构筑物的使用和运行，优化整个处理工艺，大大降低运行费用并减少相关设备。

含砂絮凝物在斜管澄清部分实现高速沉淀，高效沉淀池主要由三个部分组成：

(1) 进水区及扩展沉淀区：进水区沿沉淀池的宽度布置，长度方向上位于淹没进水堰和沉淀区前的挡墙之间。扩展沉淀区可以分离比重大的 SS(大约占总 SS 含量的 80%)，它们直接沉淀在污泥回收区，从而减少了通过斜管的污泥量。

(2) 污泥回收区：沉淀的污泥会沿着斜管下滑然后跌落到池底，污泥在池底被浓缩。刮泥机上的栅条可以提高污泥沉淀效果，慢速旋转的刮泥机把污泥连续地刮进中心集泥坑。浓缩污泥由泥位计来控制以达到一个优化的污泥浓度，间断地被排出到污泥处理系统。所有的污泥管道系统配有防止堵塞的系统，利用高压水来清除堵塞。

(3) 斜管澄清区：两套六边形斜管安装在 Actiflo® Carb 沉淀池中心渠的两侧，斜管底部有与斜管相配套的支撑系统，斜管顶部的水中有澄清水收集系统。为了较好地收集絮体，斜管的开口尺寸为 80mm，倾角为 60°。较低的雷诺数(流动接近层流)和结构特点(增加湿周和沉淀面积)有助于分离效果的提高；微砂使得斜管澄清高上升速率的设计成为可能，上升流速设定为 28.5m/h；澄清水通过集水槽收集，集水槽的优点在于能避免浮渣的积累。为了有利于在小水量时水流的分配，集水槽上的出水堰设为梯形堰。沉淀池 2 套，尺寸为 5500mm×5000mm(SH)，净容积 118m^3。

最后，活性炭、污泥和微砂的混合物通过防磨损离心泵从澄清池的底部被抽出。根据离心旋流原理，水力旋流器将活性炭和污泥从可循环使用的微砂中分离出来，这些微砂颗粒从水力旋流器的下部排出并且再循环到絮凝池，密度较轻的活性炭、污泥和大部分的水一起向上移动从旋涡上部排出。值得一提的是水力旋流器不含有任何移动的部件。从水力旋流器溢流排出的活性炭和污泥流进分离池，一部分混合物通过重力进入接触池，其余则溢流进入污泥储池做进一步处置。微砂的使用赋予了工艺处理多种原水的优势，化学品加药较常规处理方式通常更少，能够产生恒定的高质量的水。微砂颗粒的形状与密度增加了絮凝和沉淀的效率，因此，即使含有较轻的固体颗粒，依旧能更容易、更快速地产生大的絮凝物。一旦絮凝物产生并附着于微砂，絮凝物沉淀的速率足以产生高速沉淀。

3. 工程案例

北京某工业废水处理厂利用微沙加碳技术对二沉池出水进行深度处理。生物法二级处理出水中的主要污染物为难生物降解或不可生物降解的溶解性有机物质。

（1）深度处理系统进水和预计处理出水水质如表 5-3 所示。

表 5-3　深度处理系统进水和预计处理出水水质

进水指标	进水		处理出水
	设计值	平均值	保证值
SS/(mg/L)	40	25	≤10
COD_{Cr}/(mg/L)	95	72	≤30
BOD_5	<8	N/A	≤6
TOC/(mg/L)	<18	N/A	≤12
pH/(mg/L)	7~9	N/A	6~9
Ca^{2+}/(mg/L)	<150	N/A	
Na^+/(mg/L)	<500	N/A	
Cl^-/(mg/L)	<200	N/A	
SO_4^{2-}/(mg/L)	<900	N/A	
温度/℃	15~35	N/A	
总磷/(mg/L)	≤1.0	N/A	

（2）该工艺选择 TGV 滤池作为预处理单元来去除进水中的 SS，选择 Actiflo® Carb 工艺来去除进水中的难生物降解有机物质，具体工艺流程如图 5-9 所示。

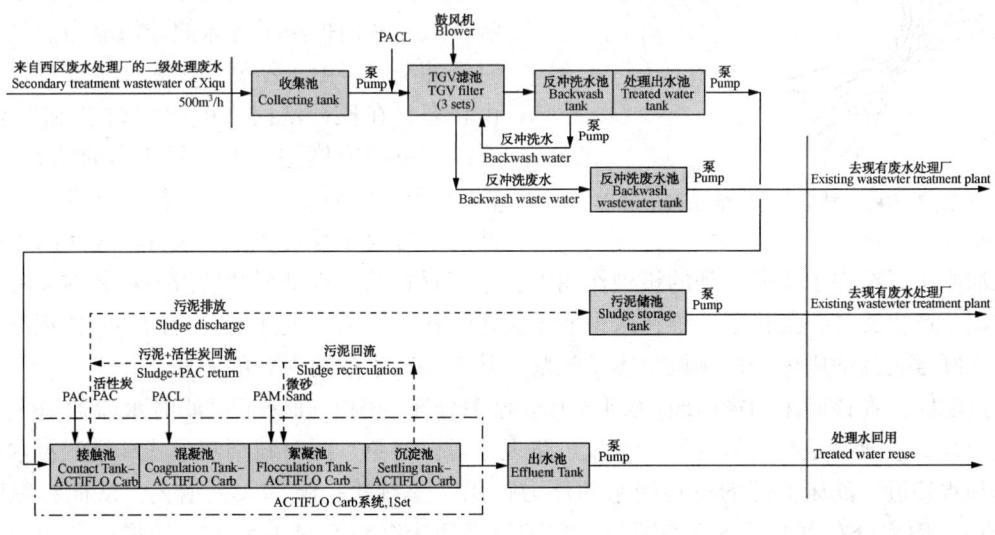

图 5-9　Actiflo® Carb 工艺处理系统流程框图

六、高速滤池

D 形滤池是由清华大学和德安公司共同开发研制的一种重力式高速自适应滤池，它以国家 863 计划的专利产品——彗星式纤维滤料为技术核心。它采用新型彗星式纤维滤料，小阻力配水系统，气水反冲洗，恒水位或变水位过滤方式。新型 D 形滤池具备传统快滤池的主要优点，同时运用了自适应过滤技术，多方面性能优于传统快滤池，是一种实用、新型、高效的滤池。

新型彗星式纤维滤料是一种将纤维滤料截污性能好的特征与颗粒滤料反冲洗效果好的特征相结合，形成一种全新的过滤材料。

颗粒过滤材料的重要特征是可以方便在滤池内完成清洗，但是采用纤维材料作为过滤材料的一个出发点是其比其他实体颗粒材料具有大得多的比表面积和空隙率，其孔隙度高达 85%~90%，对比之下，粒径 1mm 石英砂滤层孔隙度为 45%，由此推断，由纤维材料构成的滤床具有比常规过滤材料大得多的纳污量。纳污量为单位体积滤床每周期截留的悬浮颗粒物的质量，纳污量的提高对滤池效率的提高具有决定性的意义。这也是在保证滤后水质合乎要求及合适过滤周期的前提之下，应用"彗星"式纤维滤料的滤池可以比常规砂滤料滤池滤速高 2~3 倍的高滤速运行。

该过滤材料的特点是其两端（对称）为松散的纤维丝束，又称"彗尾"，中间的纤维丝束固定在密度较大的"彗核"内。其形状如图 5-10 所示。

过滤时，密度较大的"彗核"起到了对纤维丝束的压密作用，同时，又由于"彗核"的尺寸较小，对过滤断面空隙率分布的均匀性影响不大，从而提高了滤床的截污能力。气水同时反冲洗时，由于新型彗星式纤维滤料处于自由状态，在反冲洗时，由于"彗核"和"彗尾"纤维丝束的密度差，处于降落伞的状态，"彗核"在下，"彗尾"在上，"彗尾"纤维丝束随反冲洗水流散开并摆动，过滤材料之间的相互碰撞也加剧了纤维在水中所受到的机械作用力，过滤材料的不规则形状使过滤材料在反冲洗水流作用下产生旋转，强化了纤维在水中所受到的机械作用力，上述几种力的共同作用结果使附着在纤维表面的固体杂质颗粒很容易脱落，从而提高了过滤材料的洗净度。

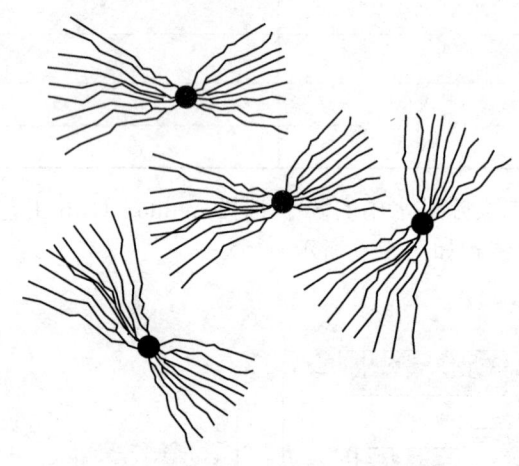

图 5-10 "彗星"式纤维滤料形状图

过滤时，在该滤床的横断面（水平）上空隙率分布均匀，确保了过滤时水流通道大小一致性，其直接效果是截污量均匀，水流短路现象得以避免。同时新型彗星式纤维滤浸水后的密度和水接近，滤床上部的滤料受水的浮力作用，滤料的孔隙率大大增大，从而在纵断面（垂直）空隙率分布由上至下逐渐减少，空隙率沿滤床纵断面呈上大下小的梯度分布，如图 5-11 所示。

该结构十分有利于水中固体悬浮物的有效分离，即滤床上部脱附的颗粒很容易在下部窄通道的滤床中被捕获而截留。因此可实现高速和高精度的过滤。

D 形滤池特点：

① 过滤精度高：对水中粒径 >5μm 的悬浮物去除率可达 95% 以上，对大分子有机物、病毒、细菌、胶体、铁等杂质有一定的去除作用；

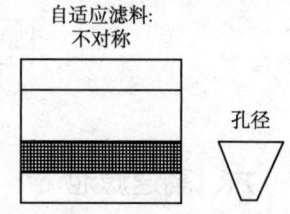

图 5-11 彗星式纤维滤床孔隙率梯度分布图

② 过滤速度快：设计滤速为 18~30m/h，占地面积省；
③ 纳污量大：一般为 15~35kg/m³；
④ 反洗耗水率低：反冲洗耗水量小于周期滤水量的 0.5%~2%；
⑤ 抗负荷冲击能力强：能经受短时间内高浊度水的冲击，而仍然保证出水水质；
⑥ 加药量低，运行费用低：由于滤床结构及滤料自身特点，絮凝剂投加量是常规技术的 1/2~1/3，周期产水量的提高，吨水运行费用也随之减少；
⑦ 特有的防跑料拦截技术，可保证滤料在反冲洗时不会流失。

因此，新型 D 型滤池可广泛应用于水处理工艺中的杂质分离，在广泛的滤速范围内正常工作，对原水中悬浮物浓度及变化有较好的适应性，可除去原水中多种污染物。该滤池可广泛适用于生活给水、工业给水、养殖用水、中水回用、污水处理、娱乐、景观用水等。

第二节 化学氧化法

石油化工污水经过常规工艺处理后，出水中仍含有一定的难生物降解的、有毒的有机物，这其中包括原污水污染物、不完全代谢产物及微生物分泌物。对于大多数常规方法不能奏效的难降解污染物，化学氧化法常常起到相当重要的作用。化学氧化法通过氧化剂释放的羟基自由基或自由氧等强氧化性组分攻击水中污染物分子，将大分子氧化变成游离小分子，部分进一步氧化转化为二氧化碳和水，从而实现污水中污染物的去除。化学氧化法依照氧化剂的种类不同可分为空气氧化、臭氧氧化、芬顿氧化及其他氧化剂方法等。在污水深度处理中，使用的化学氧化以臭氧及臭氧催化氧化、芬顿氧化为主，辅以其他的氧化技术。

一、臭氧氧化法

臭氧是一种强氧化剂，其氧化能力仅次于氟，比氧气、氯气和高锰酸盐等常用的氧化剂都高。产生臭氧的方法很多，工业上一般采用无声放电法制取。其原理是，在高压电场作用下，使干燥净化空气中的一部分氧气，在电子轰击下分解成氧原子，再与氧分子合成为 O_3，或直接合成为 O_3。这种方法生产的臭氧浓度约为 1%~3%（质量）。使用氧气为原料，生成的臭氧浓度会有所增高。

1. 臭氧氧化的特点

臭氧氧化法的优点在于，氧化能力强，去除污染物的效果显著。处理后污水中的剩余臭氧易分解，不产生二次污染。臭氧的制备在现场进行，不必储存和运输。臭氧氧化法的缺点是造价高、处理成本昂贵。在一些发达国家中臭氧氧化法广泛应用在水处理工艺生产过程中，被称为是一种清洁的处理手段。

2. 臭氧的反应机理

臭氧之所以表现出强氧化性，是因为臭氧分子中的氧原子具有强烈的亲电子或亲质子性，臭氧分解产生的新生态氧原子，和在水中形成具有强氧化作用的羟基自由基·OH，它们的高度活性在水处理中被用于杀菌消毒、破坏有机物结构等等，其副产物无毒，基本无二次污染，有着许多别的氧化剂无法比拟的优点，不仅可以消毒杀菌，还可以氧化分解水中污染物。

3. 臭氧催化氧化

臭氧催化氧化技术是一种高效的污水深度处理技术，是近年来工业污水处理领域的研究热点。与臭氧单独作为氧化剂相比，臭氧在催化剂的作用下形成的 OH· 与有机物的反应速率更高，氧化性更强，几乎可以氧化所有的有机物。如可以氧化臭氧单独氧化无法降解的小分子有机酸、醛等，可以将有机物完全矿化，提高污水有机污染物的去除率。

臭氧催化氧化机理如下：

均相臭氧催化氧化机理　臭氧在催化剂的作用下分解生成自由基；另一种是催化剂与有机物或 O_3 之间发生复杂的配位反应，从而促进臭氧与有机物之间的反应。自由基反应机理是一种类 Fenton 反应机理，即臭氧在催化剂的作用下分解形成具有强氧化作用的自由基。以 Fe 为例反应如下式：

$$Fe^{2+} + O_3 \longrightarrow FeO^{2+} + O_2$$

$$FeO^{2+} + H_2O \longrightarrow Fe^{3+} + OH \cdot + OH^-$$

4. 臭氧/紫外光组合法

紫外光对细菌具有较大的杀伤力，因此早已广泛地用作消毒物质。饮用水用紫外光消毒已有相当长的应用历史。紫外光对饮用水的消毒效果与其在水中透射能力有关。当水中悬浮物浓度较高时，消毒效果会降低。臭氧/紫外光组合法与紫外光消毒不同，主要目的是通过自由基型氧化反应途径进行深度降解水中毒性有机物等污染物。臭氧/紫外光在处理污水领域已经实际工业应用。美国环保局已经做出规定将臭氧/紫外光技术作为处理多氯联苯的最佳实用技术。目前臭氧/紫外光已经应用于小规模的饮用水处理系统中。大规模的水处理系统应用臭氧/紫外光还有待进一步研究其可行性。

5. 臭氧/放射线组合法

在饮用水消毒过程中会产生一些消毒副产物（DBP），其中三卤甲烷（THM）是急待处理的污染物。其抑制和消除措施之一是去除 THM 的前身物。氯消毒剂等与水中天然有机物（NOM）作用，特别是与富里酸、腐殖酸、胡敏素等反应会产生 THM 等消毒副产物。其中富里酸是自然界植物成分之一，经微生物分解而生成有机物。经氧化作用会生成各种低相对分子质量有机物。采用活性炭吸附法、臭氧氧化法等并不能有效去除富里酸等及其消毒副产物。日本学者研究一种臭氧-紫外线组合法，试验证明其能有效去除水中富里酸。试验用 300mL 容量瓶作为反应器，内装 200mL 试样。将此反应器固定于放射室内，用放射线照射，环境温度 25℃。放射线是用日本原子能研究所高崎分所的 $CO\gamma$ 射线，剂量率为 4.9×10^4 拉德/h，同时通入臭氧到反应器供给量为 100mL/min，未反应的臭氧从照射室排出后用活性炭吸附处理，含富里酸的水深液）TOC 为 5.5mg/L，呈很淡的黄褐色。试验结果表明，随反应时间增加，富里酸完全氧化成碳酸根离子。由于放射线使臭氧产生高氧化性的 HO· 自由基，并参与氧化分解的联锁反应，因此即使 TOC 浓度很低，也被有效地除掉了；对 TOC 的去除速度不受温度、pH 值的影响。在氧化反应 10min 内，富里酸水溶液的淡黄褐色已经完全消失；此法用放射线照射，但不会使水或共存物带有放射性。

6. 应用案例

（1）上海某石化公司生化尾水采用臭氧多相催化氧化技术。该技术采用特质的过渡金属作为催化剂，利用高压电场无声放电的方式将氧气转化为臭氧，并通过管道将臭氧投加至臭氧氧化池。臭氧可以将污水中部分有机物进行降解，同时使难降解的大分子有机物转化为易降解的小分子有机物，从而提高污水的可生化性。它的设计处理量为 2500m³/h，共有两台臭氧处理装置，每台产量为 20kg/h，臭氧浓度可达 6%～10%（质量），水力停留时间为 1.1h。该装置的出水水质为 COD≤75mg/L，BOD/COD≥0.25，色度（倍）≤50，COD 去除率约30%。

（2）某石化公司针对生化尾水水质特点采用高效低耗催化臭氧氧化技术。该技术很好地继承了传统臭氧氧化的优点，同时通过特殊的催化剂，不仅能提高臭氧的直接氧化效果，还可以在废水中引发自由基链反应，通过引发的·OH以及一系列强氧化性基团，并大幅提升氧化效果，臭氧利用率达95%以上，比一般的催化臭氧氧化提高了30%以上。氧化过程中，随着氧化反应的深入，大分子有机物结构被氧化破裂，分解转化为小分子有机物，强化了难降解有机物的去除效果。它的设计处理量为300m^3/h，共有两台臭氧处理装置，每台产量为12kg/h，臭氧浓度可达6%~10%（质量），水力停留时间为0.5h。该装置的COD≤50mg/L，去除率约40%，色度去除率≥90%。

二、芬顿氧化法

1. 芬顿氧化法特点

芬顿体系（Fenton）是由亚铁离子与过氧化氢组成的体系，能生成强氧化性的羟基自由基（·OH），在水溶液中与难降解有机物生成有机自由基使之结构破坏，最终氧化分解。·OH的氧化性很强，酸性条件下·OH的标准还原电位为2.7V，碱性条件下是1.8V。·OH能与大多数有机污染物非选择性的反应，反应机理为电子转移。但·OH的产生速率以及反应活性对降解效率影响较大。

具有去除难降解有机污染物的高能力的芬顿试剂，在印染废水、含油废水、含酚废水、焦化废水、含硝基苯废水、二苯胺废水等废水处理中体现了很广泛的应用。Fenton反应具有可氧化破坏多种有毒有害的有机物、反应条件温和、设备简单以及可与其他方法联合处理等优点，但也存在药剂使用量大、反应时间长且易生成铁泥等缺点。

2. 芬顿反应机理

Fenton试剂法处理废水的实质是二价铁离子（Fe^{2+}）与过氧化氢之间的链反应催化生成羟基自由基（·OH），其具有较强的氧化能力，·OH与有机物RH反应生成游离基（R·），R·则进一步氧化生成CO_2和H_2O，从而大大降低废水的COD。另一方面，·OH具有很高的电负性或亲电性，它的电子亲和能力达569.3kJ之高，具有很强的加成反应特性，因而Fenton试剂可无选择性或低选择性的氧化水中的大多数有机污染物，特别适用于生物难降解、生物低降解或一般化学氧化剂难以奏效的有机污染物的氧化处理。

影响Fenton试剂反应的主要参数包括溶液的pH、停留时间、温度、过氧化氢及Fe^{2+}的浓度，操作时pH不能过高（2~4之间）。芬顿的氧化过程可以表示如下：

链反应的引发：　　　　$Fe^{2+}+H_2O_2 \longrightarrow Fe^{3+}+HO·+OH^-$

　　　　　　　　　　　$Fe^{3+}+H_2O_2 \longrightarrow Fe^{2+}+HO_2·+H^+$

　　　　　　　　　　　$HO_2·+H_2O_2 \longrightarrow HO·+O_2+H_2O$

链的发展：　　RH(有机物)$+HO· \longrightarrow R·+H_2O$

　　　　　　　　　　　$R·+Fe^{3+} \longrightarrow R^++Fe^{2+}$

链反应的结果：　　　　$R^++O_2 \longrightarrow ROO^+ \longrightarrow CO_2+H_2O$

链反应的终止：　　　　$HO·+HO· \longrightarrow H_2O_2$

　　　　　　　　　　　$HO·+R· \longrightarrow ROH$

3. 工程案例

（1）福建某焦化厂1320t/d焦化废水深度处理

① 工程指标(表5-4)

表5-4 工程指标各参数表

	COD_{Cr}	氨氮	总氮	总磷	挥发酚	氰化物	悬浮物	pH值
进水	≤300mg/L	≤10mg/L	30mg/L	<1mg/L	<0.3mg/L	<0.6mg/L	75~200mg/L	6.5~8.5
出水	≤80mg/L	≤10mg/L	≤20mg/L	≤1mg/L	≤0.3mg/L	≤0.2mg/L	≤50mg/L	6~9

② 深度处理流程(图5-12)

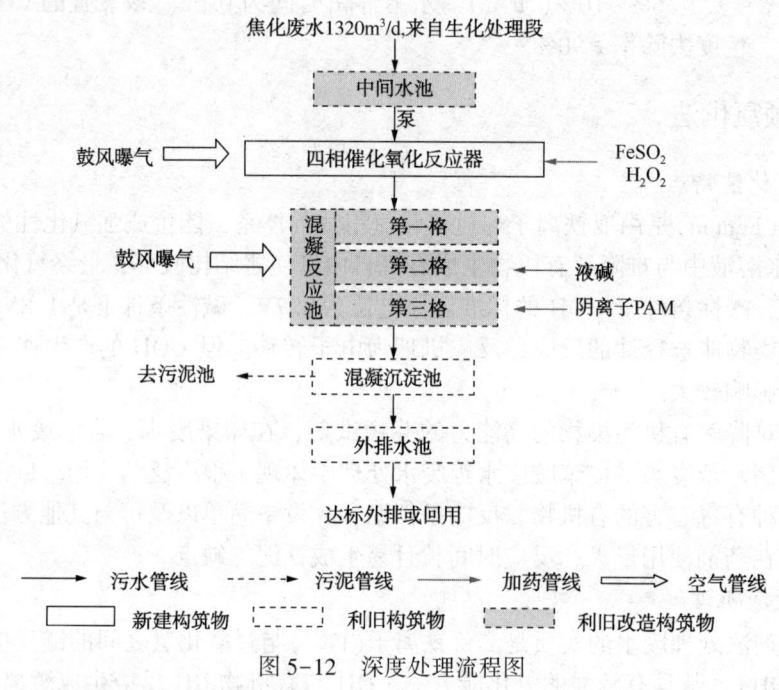

图5-12 深度处理流程图

(2) 广东某海港石化园区废水处理

园区分为油气化工作业区、港后石化工业区和公共配套设施区3部分。随着油气化工作业区的开发建设,已陆续进驻企业并投入生产,期间产生地面冲洗水、洗罐水、洗舱水等废水。

针对废水中各污染物的不同特性,经过不同构筑物预处理等处理后,出水进入气浮-水解-MBR-芬顿氧化组合生物处理单元,该工程自建成后一直运行稳定且出水水质达标。

① 废水水质

设计水量为1500t/d。进水和出水水质指标根据企业现场实测值及广东省DB 44/26—2001《水污染物排放限值》中的第二时段一级标准污染物排放限值确定,设计进、出水水质见表5-5。

表5-5 设计进水和出水水质

项 目	设计进水	排放标准
$\rho(COD_{Cr})/(mg/L)$	500	≤60
$\rho(BOD_5)/(mg/L)$	350	≤20
$\rho(SS)/(mg/L)$	400	≤20

续表

项 目	设计进水	排放标准
$\rho(NH_3-N)/(mg/L)$	45	≤10
$\rho(磷酸盐)(以P计)/(mg/L)$	8	≤0.5
$\rho(石油类)/(mg/L)$	20	≤5.0

② 工艺流程

根据废水的特点,本项目采用气浮-水解-MBR-芬顿氧化组合生物处理工艺,具体设计工艺流程见图 5-13。采用芬顿氧化深度处理工艺。该工艺能去除常规氧化手段无法去除的 COD_{Cr},氧化能力强且氧化速率高。$Fe(OH)_3$ 胶体能在低 pH 值范围内使用,而在低 pH 值范围内有机物大多以分子态存在,比较容易被去除,这也提高了有机物的去除效率。

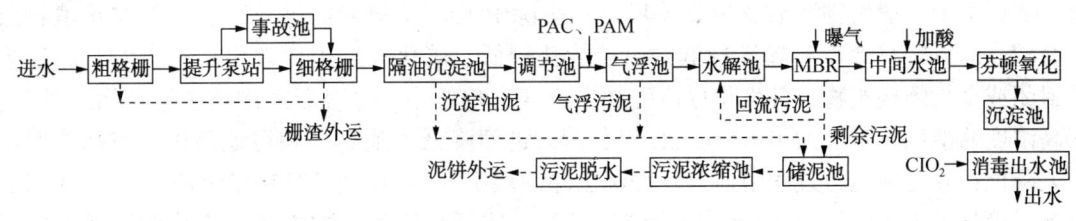

图 5-13 工艺流程图

③ 经济性分析

工程总投资为 1980 万元,其中土建投资为 510 万元,设备及其他投资为 1470 万元。处理成本为 2.90 元/t。

第三节 生物法

生物法作为深度处理方法,往往极少单独使用,主要受制于污染物分子结构的稳定性,因此生物法通常与化学氧化相组合使用。以化学氧化将污染物分子结构破坏,变成溶解性小分子有机物,提高了废水的可生化性。进一步通过生物法将小分子有机物降解,降低污水 COD,实现污水的深度净化。

一、曝气生物滤池

1. 曝气生物滤池的工艺原理及特点

曝气生物滤池是 20 世纪 80 年代末在欧美发展起来的一种新型的污水处理技术,它是由滴滤池发展而来并借鉴了快滤池形式,在一个单元反应器内同时完成了生物氧化和固液分离的功能。世界上首座曝气生物滤池于 1981 年诞生在法国,随着环境对出水水质要求的提高,该技术在全世界城市污水处理中获得了广泛的推广应用。目前,在全球已有数百座大小各异的污水处理厂采用了 BAF 技术,并取得了良好的处理效果。

(1) 工艺原理

曝气生物滤池是充分借鉴污水处理接触氧化法和给水快滤池的设计思路,将生物降解与吸附过滤两种处理过程合并在同一单元反应器中。以滤池中填装的粒状填料(如陶粒、焦炭、石英砂、活性炭等)为载体，在滤池内部进行曝气，使滤料表面生长着大量生物膜，当污水流经时，利用滤料上所附生物膜中高浓度的活性微生物强氧化分解作用以及滤料粒径较小的特点，充分发挥微生物的生物代谢、生物絮凝、生物膜和填料的物理吸附和截留以及反应器内沿水流方向食物链的分级捕食作用，实现污染物的高效清除，同时利用反应器内好氧、缺氧区域的存在，实现脱氮除磷的功能。

(2) 工艺特点

曝气生物滤池虽是生物膜处理方法的一种，但与传统生物滤池相比，仍具有明显特点：①BAF采用的粗糙多孔的小颗粒填料作为生物载体，可在填料表面保持较高的生物量(可达$10\sim15g/L$)，易于挂膜且运行稳定；②生物相复杂，菌群结构合理，反应器内具有明显的空间梯度特征，能耐受较高的有机和水力冲击负荷，不同的污染物可以在同一反应器被渐次去除，同步发挥生物氧化作用、生物吸附絮凝和物理截留作用，出水水质好，可满足回用要求；③区别于一般生物滤池及生物滤塔，在去除BOD、氨氮时需进行曝气，但粒状填料层具有较高的氧转移效率，曝气量低，运行能耗较低，硝化和反硝化效率高；④BAF滤池为半封闭或全封闭构筑物，其生化反应受外界温度影响较小，适合于寒冷地区进行污水处理；⑤高浓度的微生物量增大了BAF的容积负荷，进而降低了池容积和占地面积，使基建费用大大降低；⑥滤池运行过程中通过反冲洗去除滤层中截留的污染物和脱落的生物膜，无需二沉池，简化了工艺流程，采用模块化结构设计，使运行管理更加方便；⑦减少了污水厂异味，无污泥膨胀问题，无须污泥回流。

(3) 工艺参数

随着人们对曝气生物滤池研究的深入，BAF反应器的关键工艺参数也有了较大的调整，其工艺参数大致如下：容积负荷与要求出水水质相关，一般情况下有机物负荷为$2\sim10kg\ BOD_5/m^3\cdot d$；硝化$0.5\sim3kg\ NH_3-N/m^3\cdot d$；反硝化$0.18\sim7kg\ NO_3-N/m^3\cdot d$；水力负荷$6\sim16m^3/m^2\cdot h$；气水比$(1\sim3):1$，最大不超过$10:1$；填料粒径为$2\sim8mm$；填料高度为$2\sim4m$；单级反冲周期$24\sim48h$；多级反冲周期$24\sim48h$；硝化反硝化滤池运行时间较长；单池反冲水量占产水量的8%左右，或为单池填料体积的3倍左右；反冲时间$20\sim30min$，反冲洗水强度$15\sim35L/m^2\cdot s$，气强度$15\sim45L/m^2\cdot s$。

2. 曝气生物滤池的效能

作为新型污水处理工艺，国内外学者对曝气生物滤池的应用进行了大量研究。虽然很多学者在曝气生物滤池对有机物和悬浮物的去除，对硝化和反硝化等污染物的去除效能方面已取得了一定的进展和共识。但有关曝气生物滤池的生物挂膜、磷的去除、填料的选择、反冲洗方式等方面的研究与应用还有待进一步完善。

(1) 污染物的去除

曝气生物滤池工艺上的独特性及明显的空间梯度特征决定了其对污染物去除的高效性。

① 有机物和悬浮物的去除

曝气生物滤池内填料的物理吸附和过滤截留作用以及生物膜的生物氧化作用决定了池内SS和有机物的高效去除，国内外该领域的研究及应用也充分证明了上述观点。负荷的增大并不是因为进水中更多的SS，而是由于在更高的流量和低停留时间时去除效率是相当稳定的，总的SS去除率在80%~90%之间，而COD去除率在70%~80%之间波动。大连市马栏河污水处理厂采用BIOFOR型BAF，在处理量为$12\times10^4m^3/d$，COD负荷最大$6kg\ COD/m^3\cdot d$

的情况下，出水COD小于75mg/L。以上国内外研究与应用结果表明，曝气生物滤池对有机物和悬浮物的处理机能成熟，处理量大，去除效果显著，在污水碳有机物去除应用中潜力巨大。

② 氨氮的去除

氨氮是污水处理中最主要的目标去除物之一。曝气生物滤池将较短的水力停留时间与长的污泥龄有机统一起来，有利于硝化细菌这类世代期较长的细菌生长，对氨氮具有较高的去除效率，因此，被广泛应用于污水中氨氮的去除。硝化作用，有关BAF硝化性能的研究已得到越来越多研究者的重视，通过优化运行参数BAF的硝化效率已得到了明显的提高。

在滤速$4\sim6$m/h、$6\sim8$m/h、$8\sim10$m/h运行条件下，当NH_3-N的容积负荷为115kg NH_3-N/$m^3\cdot d$时，曝气生物滤池氨氮去除率始终保持在80%~100%，滤速的提高不仅不影响反应器硝化速度的限制因素，反而会对硝化有积极的促进作用。当COD：NH_4^+-N为4：1，进水COD低于200mg/L时，不影响硝化效能；当进水COD高于200mg/L时，硝化效能将无法达到100%；尽管BAF的氨氮去除效能在实践中得到了检验，但有关进水负荷，有机物浓度以及硝化细菌分布特征还需进一步探讨。目前的研究表明，曝气生物滤池的硝化性能与有机物浓度、温度、停留时间等因素有密切的关系，因此硝化性能的研究有待进一步地深入。

反硝化作用，由于曝气生物滤池中存在厌氧和兼性微生物，使得反硝化得以进行。另外，曝气生物滤池独特的空间梯度分布特征及运行特点使其具备了一定的短程硝化反硝化能力，曝气生物滤池采用粒状颗粒作为过滤和生物氧化的介质和载体，在整体上和每一单元填料表面所附着生物膜中都存在着基质和溶解氧的浓度梯度分布，这为各种不同生态类型的微生物在生物膜内不同部位占据优势生态位提供了条件。中试结果表明，通过实时曝气，即使将曝气量降低50%，也可达到同样的处理效果。显然，曝气生物滤池的硝化，反硝化能力已经得到了很好的实践验证，对去除污水中氨氮的技术发展具有一定的推动作用。

③ 磷的去除

单独利用BAF的生物作用除磷是很难达到排放标准的，通常情况下需采取化学方法除磷。德国科隆污水处理厂采用曝气生物滤池进行的同步硝化除磷实验表明，曝气生物滤池除磷率可达70%，总磷可降至0.15mg/L。利用水解污泥或水解固体废物做外加碳源，可同时去除比微生物生长需要量高3倍的磷。利用2级生物滤池在交替好氧、厌氧条件下运行对污水中氮磷的去除情况，发现影响除磷的因素为COD/TP值和水力停留时间，好氧过程中产生的硝酸盐和亚硝酸盐对磷的释放有一定影响。BAF化学加药除磷比生物除磷效率要高，同时BOD_5、COD的去除效果未受影响。从目前研究可知，单纯采用曝气生物滤池除磷效果较差，如何在滤池中创造良好的厌氧好氧环境有待进一步探讨。

（2）填料的研制与应用

填料的开发是曝气生物滤池工艺发展的核心问题，适合的填料对曝气生物滤池效能的发挥有着直接的影响，同时也将影响到曝气生物滤池的结构形式、运行成本和正常操作。

首先，填料材质本身的物理吸附特性、化学稳定性、有无毒害、孔隙率等对滤池处理效能有一定影响。目前，曝气生物滤池多采用颗粒状填料，如陶粒、沸石、焦炭、石英砂、活性炭和膨胀硅铝酸盐等。有机高分子填料聚氯乙烯、聚苯乙烯小球、合成纤维和波纹板等上浮式填料近来也得到了一定的应用。轻质填料取代高密度填料是曝气生物滤池污水处理技术发展的趋势。其次，生物填料的粒径大小也严重影响着曝气生物滤池的处理效能。滤料粒径小的曝气生物滤池脱氮效果好，但小粒径不适应高的水力负荷，会使滤池工作周期变短。而粒径较大的填料虽然改善了滤池操作条件，减少了反冲洗的次数，但不利于脱氮和磷的去除。同时滤料粒径对滤池性能影响时还发现，压降和SS的去除曲线表明小粒径滤床性能差。因此，在滤料粒径的选择上应综合考虑各种因素。目前，曝气生物滤池普遍采用的滤料粒径为3~8mm，滤层厚度为2~4m。鉴于我国目前还没有像欧美国家一样对曝气生物滤池用填料制定较为严格的标准，因此，制定适于我国曝气生物滤池的填料标准是十分重要的。

（3）启动方式

合适的启动方式对曝气生物滤池效能发挥作用明显，也是保证滤池快速启动的决定性因素。同其他的生物膜反应器启动方式一样，曝气生物滤池的启动也需同步进行微生物在反应器内的富集和在填料表面的附着增殖过程，即填料表面稳态生长的生物膜形成过程，也称挂膜。国外采用的挂膜方式有3种：间歇培养并逐步增加滤速；在设计滤速下或逐渐增加滤速进行连续流培养；投加活性污泥接种，进行间歇或稳态运行。3种启动方式中生物膜的生长速率、分布以及污染物的去除率虽各不相同，但达到稳态所需的时间却大致相同。通常情况下也可将生物滤池挂膜方式分为自然挂膜和接种挂膜2种基本类型。A. TMann等根据自己的试验结果建议采用设计滤速下运行连续培养以期得到更加稳定的生物量。国内很多生物膜装置也采用了自然挂膜法，取得了很好的挂膜效果，而且运行稳定。接种挂膜法则是采用活性污泥接种，通气闷曝一段时间后排出上清液，再加入待处理污水继续闷曝一段时间，然后连续进水、进气直至稳态运行为止，这种方法具有挂膜迅速的特点。

（4）反冲洗

滤池反冲洗也是保证滤池效能的关键步骤。反冲洗的质量不但决定处理出水水质，同时还对运行费用有很大的影响。在运行过程中，生物滤池随着处理的进行，滤层中的空隙将逐渐被新生长的生物膜和悬浮物堵塞，滤床的空隙率逐渐下降，滤层水头损失增加，当悬浮物达到一定程度时会穿透滤床，导致出水水质下降，这时滤层需要通过反冲洗来去除多余的悬浮物并更新生物膜，从而恢复其纳污能力，保证滤池的正常运行。合理的配水、配气系统将是保证有效冲洗并保证反冲洗强度不会影响生物膜正常生物活性的关键。

由于曝气生物滤池运行方式多种多样，滤料种类各有不同，因此反冲洗技术的研究受到广泛重视。传统生物滤池的反冲洗方式有高速水流反冲洗、单独水冲加表面助冲、气水反冲洗等，而气洗和水洗相结合可以减小反冲洗用水量，还可以取得比单纯水洗更好的反冲洗效果，因此，气水联合反冲洗以其高效节能的特点被普遍应用于曝气生物滤池工艺中。刘荣光等通过对单水、单气和气水同时反冲效果的对比，指出单水反冲过程仅利用了水流剪切力、滤料颗粒间的碰撞摩擦力，而在单气反冲过程中，在滤层内部主要是气流剪切力，滤床表层剪切力和碰撞摩擦力，只有在气水同时反冲时，污泥脱落才是水流剪切、摩擦、空气剪切、摩擦和滤料颗粒间碰撞摩擦综合作用的结果，因而效率最高。通过频谱分析气/水反冲时的压力变化，发现气/水反冲是效果最好的反冲机制。综上研究，气水联合反冲洗是降低能耗、加强反冲洗效果，延长运行周期的最佳选择。

3. 工程案例

通常情况下，单个曝气生物滤池即可完成碳化、硝化、反硝化、除磷等功能，为了强化曝气生物滤池的处理效果，拓宽处理领域，研究人员通过对其滤料的选用、布水通水方式、滤速、负荷及滤料反冲洗等方面的改进，按照污水处理要求不同，通过多级串联或与其他工艺组合的形式将BAF单元应用在除C/硝化工艺、除C/硝化/反硝化工艺以及其他污水处理领域中,并取得了一定的效果。

(1) Davyhulme 污水处理厂采用 BAF 工艺应用实例

英国曼彻斯特 Davyhulme 污水处理厂(WWTW)是英国西北地区最大的污水处理厂。服务居民人口 70 万,再加上工业人口,其当量人口可达 135 万,进水量达 360000m³/d。自 19 世纪 90 年代以来,污水一直就地处理,1911 年当地设计了活性污泥工艺,包括格栅、沉砂池、沉淀池和两套并联运行的活性污泥系统,而无硝化功能。为满足更严格的出水标准,1998 年该厂设计了 36 座上流式 Biostyr 生物滤池设备,处理活性污泥系统的出水,使其在排入曼彻斯特运河前进行脱氮处理。Davyhulme 污水处理厂运行期间 95% 以上采样点 TSS<30mg/L,BOD_5<20mg/L,NH_4-N<5mg/L,硝化率可达 90% 以上。

(2) Colombes 污水处理厂采用 BAF 工艺应用实例

赛纳中心(Seine Center)哥伦布污水处理厂(Colombes)位于巴黎密集的建筑群边缘,紧靠居民区,且该场地面积仅为 4hm²,为了达标排放、尽可能减少恶臭以及充分利用有限的土地,设计者将 BAF 单元应用在生物处理阶段来完成除 C/硝化/反硝化。该污水处理厂进水经预处理和物化处理后,第一步进入由 1 组 24 座 Biofor 生物滤池组成的除碳单元,这些生物滤池分布在中心廊道的两侧。每座滤池面积为 104m²,上向流方式运行,池内敷设了 2.9m 厚的粒状膨胀黏土。日常的反冲洗可以去除截留固体和脱落的剩余污泥。脱碳后出水进入由 29 座 Biostyr 生物滤池组成的硝化单元,这些生物滤池单池有效容积 330m³,填充悬浮载体聚苯乙烯圆珠,以上向流方式运行,填料由过滤器顶板安装有滤帽的支撑板截留在滤池内。每日进行正常的反冲洗,以冲掉污泥和恢复滤池的正常过滤性能。出水最后进入由以甲醇为反硝化的碳源的 12 座 Biofor 滤池组成进行反硝化作用。

由于污水处理厂接受 2 条不同水质下水道的污水,因此它可根据季节和水量的不同,灵活地将各构筑物予以优化组合,以满足旱季和雨季不同时期水力负荷的变化。

旱季运行情况:在处理流量为 2.8m³/s,除碳单元应用负荷为 1.9kg COD/m³·d 和 9.3kg SS/m³·d,硝化单元应用负荷为 1.25kg BOD/m³·d 和 1.05kg TKN/m³·d 的运行条件下,污水经除 C/硝化/反硝化工艺处理后,各种污染物的去除率分别为:SS98%、BOD_5 97%、TKN92%、TP76%。

雨季运行情况:处理流量由 2.8m³/s 过渡为 8.5m³/s,过渡时间仅为 0.5h,连续运行 8h。除碳单元流量升高 50%,硝化单元流量升高 100%。试验期间流量恒定为 255000m³/h,即流量大约为设计流量的 3 倍。对于整个系统而言,8h 内碳有机污染物去除量与 24h 内去除量几乎相等,出水水质无明显变化。由此可见 BAF 可承受雨季时高负荷的冲击。

(3) 美国莫内森焦化污水处理厂应用 BAF 处理工业污水实例

1996 年投入运行的美国宾夕法尼亚州的莫内森焦化污水处理厂,采用 6 座宽 2.9m、长 6.5m 的曝气生物滤池处理含硫氰化物、氨及酚类化合物的污水,平均流量为 654m³/d。该厂曾采用活性炭做滤料,但费用昂贵,且出水水质不能达到排放要求,后采用 Colox BAF 在滤速为 1.5m/h 的运行条件下,硫氰化物、氨及酚类化合物去除率分别达到了 99%、78% 和 99.9%。此外,台湾高雄处理塑料工业污水时,采用臭氧氧化和曝气生物滤池组合的方式,可将二级出水的 COD 值由 150~180mg/L 降至 100mg/L 以下,达到当地排放标准。韩国采用两极 BAF 处理电子工业污水,在处理量为 16000m³/d,好氧和厌氧滤池的水力停留时间分别为 1.36h 和 0.84h 条件下,BAF 硝化效率达 95%,TN 去除率大于 90%。以上应用实例充分说明 BAF 工艺日趋成熟,不仅适宜于城市污水的处理,也适合于各类工业污水的处理。

4. 存在的问题及应用前景

作为一种高效、低成本的污水处理新技术,曝气生物滤池在我国的应用还刚刚起步,随着社会的发展和水资源的紧缺,对污水处理后的水质要求必将日益提高,更高的污水排放水质标准和污水回用水源标准也将会逐步出台,这为曝气生物滤池技术在已有的污水处理厂做深度处理,或在新建的污水处理厂中应用创造了条件。如何通过对曝气生物滤池运行特征、处理效能等方面的深入研究以及对曝气生物滤池与其他工艺组合的优化研究,将拓宽曝气生物滤池的应用范围,对曝气生物滤池在我国污水处理中的进一步推广应用有积极的促进作用。

(1) 曝气生物滤池工艺的系统性研究还不是很深入,尽管曝气生物滤池的工艺不断进步,但其处理效能也只是各有所长,有关曝气生物滤池运行方式对处理效能影响的认识还不统一,究竟是上向流曝气生物滤池对氨氮和悬浮物的去除好于下向流,还是下向流好于上向流还存在争论,如何将各种工艺形式相互融合,从而发挥其最大去污效能有待进一步研究。

(2) 通常情况下,为了延长滤池的运行周期,减少反冲洗频率以降低能耗,曝气生物滤池处理污水时需对进水进行预处理。因此,高性能、低价位、截污能力强的填料将在其推广应用中起到重要作用,研究填料对污染物去除的影响,寻求改善填料性能的工艺和方法,制定适于我国国情的曝气生物滤池填料标准将是下一步研究重点。此问题解决不好,会制约曝气生物滤池除污性能的发挥。

(3) 曝气生物滤池生物法除磷效果较差,从目前的 BAF 运行工艺看,完全用生物除磷是很难达到排放标准的,同时脱氮除磷会使系统变得更为复杂。这是因为脱氮和除磷本身是一对矛盾,如 DO 太低除磷率会下降,硝化反应受到抑制;如 DO 太高,则由于回流厌氧区 DO 增加,反硝化受到抑制。如何深入研究其除磷机理,从而创造良好的厌氧好氧环境将有待进一步探索。

(4) 目前,曝气生物滤池生物空间梯度特征以及底物去除动力学规律还很不完善,尤其是有关曝气生物滤池生物膜的生长,生物膜的组成,生物膜的活性,微生物生态学特征等方面需进行针对性研究。

(5) 由于曝气生物滤池工艺本身固有的结构特点,在直接处理污污水时需采用物化法或化学氧化法进行预处理,操作复杂、成本高。能否在同一复合床式曝气生物滤池内完成多种污染物的高效去除将是下一步研究应用的重点。另外,如何将曝气生物滤池与合适的预处理技术有机结合或者采用多级曝气生物滤池联合的形式,从而进一步发挥曝气生物滤池本身高效去污能力,将在城市污水的深度处理回用方面发挥作用。

二、移动床生物膜反应器 MBBR

移动床生物膜反应器(Moving-bed Biofilm Reactor,MBBR)是一种革新型生物膜反应器,因其填料可移动的特性,对于污水的脱氮具有较好的效果而受到广泛的关注。MBBR 技术是为解决固定床反应器需定期反冲洗、流化床需使载体回流、淹没式生物滤池需清洗滤料和更换曝气器的复杂操作而发展起来的。此外,MBBR 中可随污水流动的填料起到了增加污泥量和延长污泥停留时间的作用,有利于生长速率慢的硝化细菌的生长,可以提高 NH_4^+ 的硝化效果,改善出水水质。MBBR 不但可以提高微生物的浓度,具有处理负荷大、抗冲击和抗毒性的优点,还能解决 A/O 工艺占地面积大、投资费用高的问题。移动床生物膜反应器是一种新型低能耗的生物污水处理装置,该反应器工艺简单,是介于固定填料生物接触氧化法和生物流化床之间的一项新工艺，结合了悬浮生长的活性污泥法与附着生长的生物膜法的优点，克服了接触氧化法填料易堵塞、生物膜过厚易结团的缺点；同时也解决了生物流化床三项分离困难、动力消耗高的问题。将其应用于工业污水的处理，既提高污水厂的脱氮效率，改善运行效果，又不需要增加原有反应器的容积。

1. 工艺原理及结构

MBBR 的主要原理就是将密度接近水的悬浮填料直接投加到反应器中，作为微生物生长附着的载体，在一定条件进行挂膜，使填料上附着大量微生物。然后向反应器内连续通入污水和空气，并创造良好的混合接触条件，栖息在填料表面上的微生物不断摄取水中氧和有机物，从而达到净化污水的目的。

2. 工艺特点

移动床生物膜反应器工艺的优势概括体现在以下几个方面：(1)微生物量大，污泥浓度是普通活性污泥的5~10倍，净化功能显著提高；微生物相多样化，生物的食物链长；(2)生物膜上脱落下来的生物污泥含动物成分多、密度大、污泥颗粒大、沉降性能好、易于固液分离，并且剩余污泥量少，减少了污泥处理费用；(3)载体密度轻，流化过程能耗低，加大了传质速率，氧转移效率高；不需要反冲洗，水头损失小，不发生堵塞，无须污泥回流，剩余污泥量少；(4)耐冲击负荷，对水质、水量变动有较强的适应性，并能处理高浓度污水；(5)在这个生物生态系统中同时具有好氧和厌氧代谢活性，硝化和反硝化反应能在一个反应器内发生，对氨氮的去除具有良好的效果。而且对毒性以及其他不利于生物处理环境因素的敏感度低，适应性强；(6)结构紧凑、占地少、能耗低，易于运行和管理，减少污泥膨胀问题，投资和运行费用低；(7)生化池的设计弹性大，适于已建污水系统的扩建。

3. 影响因素

（1）DO 的影响

① DO 对挂膜启动的影响

曝气强度影响填料的流化程度。合适的流化程度起到平衡填料上生物膜生长，加速老化生物膜脱落，维持生物膜活性的作用；而过于强烈的流化作用会减少填料上的生物量，降低填料的除污效果。因此，在保证供氧充分和维持填料流化的前提下，应减小曝气量，降低填料流化强度。研究表明 DO 质量浓度为 5mg/L 时，由于曝气量比较大，滚动剧烈，生物膜的形成比较困难，填料表面挂膜困难，对污水的 COD 处理效果低。

② DO 对挂膜时期 COD 去除率的影响

在挂膜初期，DO 质量浓度不宜太大，随着反应器运行时间的延长，应适当增加曝气量。因为在挂膜初期，由于曝气量较小，悬浮填料移动缓慢，有利于初期微生物在膜表面黏附，有利于生物膜的形成。而随着运行时间的推移，微生物的量不断增长，进水 COD 的值也在增加，DO 即成为 COD 降解的限制因素。所以，应逐渐增加曝气量，使填料维持正常的流化状态，避免生物膜上形成大比例的缺氧层，保证好氧微生物的正常代谢需氧量。

③ DO 对挂膜时期 NH_3-N 去除率的影响

NH_3-N 的去除主要是硝化反应的作用，氧(O)是生物硝化作用中的电子受体，硝化反应必须在好氧条件下运行。相关研究表明悬浮载体生物膜及其他生物膜工艺在保持较高的硝化效果时，均需较高的 DO 质量浓度，反应器中 DO 的大小必将影响硝化反应的速率，最终必将影响着 NH_3-N 去除率，故 DO 的增加有利于 NH_3-N 去除率的明显提高。但曝气量太大不利于微生物在填料表面吸附，因此，在挂膜初期要适当减小曝气量，在运行一段时间后，可以增大曝气量。这样更有利于挂膜和缩短启动时间。

(2) HRT 的影响

① HRT 对挂膜时期 COD 去除率的影响

HRT 是影响污水中 COD 去除率的一个重要因素。HRT 过短，流化作用过于强烈，不利于填料表面微生物的附着生长，此时水中营养物质丰富，大部分微生物处于对数生长期，微生物生长旺盛，细胞表面的黏液层和荚膜尚未形成，运动活跃，不易自行凝聚成菌胶团，对污水的处理效果不够理想。然而由于反应器内的微生物的总数是有限的，其处理污水的能力也有限，因而当水力停留时间过长时，COD 的去除率趋于稳定。因此，HRT 的选择应适中，一般可选择 4~6h。

② HRT 对挂膜时期 NH_3-N 去除率的影响

较短的 HRT 不利于挂膜过程中微生物的生长，填料上生物膜增长趋势减缓。为确保反应器中存活并维持一定数量和性能稳定的硝化菌，反应器必须有足够的 HRT。对一定进水底物质量浓度而言，在一定范围内延长 HRT，会降低容积负荷，提高氧浓度，从而提高 MBBR 的 NH_3-N 去除率。超出这一范围，延长 HRT，NH_3-N 去除率会增大，但很有限。HRT 过长，氨氮的去除率反而降低，因为水力停留时间过长减弱了生物膜中固着的态微生物的生长速度，使填料表面的生物膜变得松散。此外，HRT 的延长会增加池容，增加基建费用，不经济。

(3) 填料

悬浮填料是 MBBR 工艺的核心部分，它是生物膜附着生长和降解有机物的重要场所，是加强传质、改善反应器内水力条件和生化反应条件的基本手段。填料的性能好坏，直接影响到挂膜的难易程度、反应器中生物量的多少及反应器的处理效果。研究表明，改性填料具有更高的污水处理效率和更大的挂膜量。改性填料具有良好的亲水性和生物亲和性，使得生物活性高，处理效果好。郭志涛等的研究表明，填料的亲水性与生物亲和性对处理效果的影响大于填料比表面积对处理效果的影响。此外，悬浮填料的种类还影响填料表面生物膜的种群结构。为了使填料能在反应器内自由运动，填料最大填充比例应小于 70%，最好在 67% 左右。填料的有效比表面积是影响运行效果的主要因素，填料大小、形状居次要地位。

(4) 搅拌类型和搅拌方式

在好氧反应器中，一般采用空气搅拌。由于好氧反应器中污泥产量高、增殖快，填料的挂膜较为容易，考虑到好氧微生物对氧气的需求，故多采用连续搅拌的方式。在厌氧反应器中，采用水力、机械、沼气来搅拌。在厌氧反应器挂膜的初期，可采用间歇搅拌的方式，缩短厌氧挂膜的启动时间。挂膜成功后，可增加搅拌的次数，采用间歇或连续搅拌方式。

(5) 有机负荷

有机负荷较高时，对污泥的沉降性有一定的影响。污泥的沉降性随着有机负荷的增加而降低，因此，需在高速移动床生物膜反应器的出水中投加絮凝剂或其他分离技术，以提高污泥的沉降性。

4. 国内外 MBBR 研究现状

MBBR 处理工艺可靠，操作简单，处理效果好，具有很强的脱氮除磷能力，能够满足日益严格的排放要求。目前国外已有许多专家学者针对 MBBR 进行了大量的研究，包括小试、中试甚至生产性的研究，普遍取得了良好的效果，同时对有机物的去除及脱氮除磷的机理和影响因素有了一定的认识。在国外 MBBR 主要被应用到小型污水厂深度处理的设计、已有超负荷运转的活性污泥处理系统的改造、垃圾渗滤液处理和造纸污水处理等方面；在国内MBBR已被应用到低浓度生活污水和少数工业污水的治理中。

(1) MBBR用于生活污水的研究

在生活污水处理的研究与应用方面，德国的Morper博士最早提出了一种悬浮填料处理系统(LINPRO工艺)，即把硬币大小、密度稍小于水的多孔聚氨酯泡沫塑料块以10%~20%的投加率投加到曝气滤池中。根据不同的处理功能与对象，以不同的处理方式运行，取得了良好的效果，现已有30多家污水处理厂采用了此工艺。朱文亭等提出了循环移动载体生物膜反应器，对传统移动床生物膜反应器的运行方式和池型结构进行了改造，当进水COD为200~700mg/L，气水比为10∶1，水力停留时间(Hydralic Retention Time，简称HRT)为4h时，COD平均去除率为88.8%。并且反应器内的流态接近完全混合流，同时也控制了生物膜的厚度，使微生物始终处于生长旺盛的阶段，进而加快有机物的降解速率。张兴文等采用2座120m^{3}的MBBR处理抚顺乙烯有限公司厂区COD为60~80mg/L的低浓度生活污水。由于进水浓度偏低，对MBBR挂膜不利，工程中采用外加营养的措施后，3d内反应器成功挂膜启动。运行过程中，HRT为2.4h，出水COD降至20mg/L，达到了循环冷却水的回用标准。季民等采用好氧MBBR处理低浓度的生活污水，挂膜容易、HRT短、处理效果稳定，不需回流而且反应器体积紧凑，操作简单。Rodgers等组装了一个新的垂直MBBR用来处理市政污水，该系统中的填料为高比表面积的塑料介质。该介质垂直反复地在空气与污水之间循环移动，这种运动为污水中有机物的去除提供了足够的氧，溶解氧质量浓度可达1.5~5.0mg/L，能耗为0.09~0.25kW·h/m^3，以COD计为2.19kW·h/kg。这种新系统能有效地减少反应器容积，能耗低而且建造简单、操作容易。

(2) MBBR用于工业污水的研究

① 工业有机污水

在近年的研究中，MBBR已逐渐被应用到工业污水的处理中，挪威的Odegaard用悬浮填料系统对当地一家奶制品厂的污水处理进行了现场小试研究。结果表明，当进水COD平均值为3310mg/L，且一天内COD负荷变化较大，当COD负荷达到12kg/(m^3·d)时，其去除率可达85%。Jahren等则研究了基于A/O工艺的悬浮填料系统对温度为55℃左右造纸污水的处理，其厌氧与好氧段对SCOD的去除效果分别能够达到3.4kg/(m^3·d)和1.8kg/(m^3·d)。孙华等用MBBR处理染料化工污水，试验结果表明，在相同进水条件下，采用MBBR法16h处理后出水的COD、BOD$_5$、NH$_4^+$-N值与活性污泥法32h处理后的出水水质接近，而且MBBR法的抗冲击性明显高于活性污泥法。楼菊青用改进型移动床生物膜反应器处理有机污水，试验发现，在填料填充比例为50%，进水COD质量浓度为320~550mg/L，HRT为3h的条件下，出水COD质量浓度小于100mg/L，且反应器具有较强的抗冲击负荷能力，出水水质稳定。在处理其他高浓度工业有机污水，如含SCN污水、新闻印刷污水、含酚污水、冰激凌污水、屠宰污水方面，MBBR也取得了良好的效果。

② 焦化污水

焦化污水中含许多难生物降解的有机污染物，特别是COD、氨氮和酚的浓度较高，大多以芳香族及杂环化合物的形式存在，且含有一些有毒物质，用一般生物法处理后，难以达到国家一级排放标准(GB 8978—1996《污水合排放标准》COD≤100mg/L、NH$_3$-N≤15mg/L)。因此，必须采用高效的生物处理方法，才能取得比较满意的处理效果。MBBR在污水处理中具有稳定和高效的特点，当两级MBBR联用或与其他工艺联合时，系统的有机负荷和效率都能大大地提高,应用移动床生物膜反应器对焦化污水进行处理,可以获得比较满意的效果。

Jeong 等对移动生物膜法工艺同步去除焦化污水中的 COD、SCN、CN、NH_4^+-N、TN(total nitrogen)进行了实验室研究,并将其成功应用于一家现有焦化厂的改造。实验室条件下,在 COD 负荷 3.4kg/($m^3 \cdot d$)、载体填充率 50%、HRT 为 1d 时,COD、SCN、CN、NH_4^+-N、TN 的去除率分别为 97%、99%、99%、99%、93%;研究人员用该技术对一家采用 AOAO 工艺处理焦化污水的现有厂进行改造,实际处理效果与实验室所得结果基本吻合,出水中所有污染物的浓度都达到了排放标准。将这种工艺与现有的其他生物膜法相比,不难看出该工艺不仅污染物去除率高,操作简单,而且实验室结果可直接用于生产实际的指导。

MBBR 生物处理系统运行稳定可靠,抗冲击负荷能力强,脱氮除磷效果好,是一种经济高效的污水处理方法,可解决目前煤化工行业焦化污水不能高效达标排放的问题。该系统可以在不增加任何处理设施的情况下,显著提高处理效果,并可以通过对运行方式及运行参数的调整而实现不同的处理要求。针对我国部分早期建设的老污水厂处理效果不理想、用地紧张、资金不足与日益严格的出水排放标准矛盾的问题,MBBR 生物处理系统无疑是非常合适的解决方法,应大力推广研究。

(3) MBBR 用于生物脱氮的研究

MBBR 用于生物脱氮取得了较好的效果。夏四清等对黄浦江原水做了中试研究,实验结果表明,在水温 20℃、HRT 为 1h 的条件下,NH_4^+-N 平均去除率为 74%。Pastorelli 等在一个可调的中型工厂,利用以聚乙烯为载体的 MBBR 进行生活污水的脱氮研究。在没有外加碳源的情况下,即使在很低的 COD 负荷下,脱硝氮的速率 >0.3g/($m^3 \cdot d$)。另外国内外的一些研究人员对悬浮填料生物系统正做进一步的探讨与改进。如将该系统与 SBR 相结合,这样既具有生物膜的优点,又有序批式操作的好处,使其适用性更强,更具发展前途。Loukidou 等就用这样的联合工艺对成分复杂、有机物及氨氮含量高的垃圾渗滤液进行处理,HRT 为 2d,每天好氧、厌氧交替运行 3 次,COD 去除率平均为 65%,BOD 去除率平均为 95%,并且对色度、浊度也有较好的去除效果。

5. 发展趋势

自 MBBR 诞生至今十几年的时间里,由于 MBBR 工艺集中了生物滤池、固定床和流化床的优点,引起了世界各地学者和专家的研究兴趣,使 MBBR 工艺在水处理工程技术中得到迅速的发展,在以后的实际工程应用和理论研究中,应着重于以下几个方向:

(1) 工艺条件

MBBR 工艺适合中小型企业的生活污水和工业有机污水处理,在国内的研究和应用还属于起步阶段。确定 MBBR 工艺在生活污水和工业污水处理中的工艺条件,有利于尽早实现 MBBR 工艺在工业污水处理中的广泛应用。

(2) MBBR 改进

MBBR 在实际运行过程中,很难保证填料呈均匀流化状态,因此实际工程设计时,应通过大量实验来优化反应器的构造和水力特性,降低能耗,进一步提高经济效益。同时,反应器的设计及其水力条件还需要进一步研究。

(3) 填料的开发

MBBR 工艺的关键因素是生物填料,当前所使用的填料强度低、易磨损、需经常更换。因此,开发吸附性能好、密度适当、价格低廉、使用寿命长、易挂膜的材质成为研究的热点。另外，对填料的化学性质、生物膜的脱落机制也应进行深入研究，以期能在填料上设计不同的结构区域，来适应不同的微生物群体的生长。

(4) 反应动力学研究

生物膜反应器系统的动力学研究比较深入，但对 MBBR 的动力学研究报道还很少，且关于非扩散 COD 的水解动力学研究还处在起步阶段，没有一个完善的动力学表达式，非扩散 COD 的水解是发生在液相还是在生物膜表面还无从知晓。这些都有待于进一步的研究。

三、粉末活性炭-活性污泥法(PACT)

由于染料、医药中间体、农药、有机化工污水经处理后有时虽然 COD、BOD 达标，但出水却残留着有毒、难降解三致物质。美国环保局早在 20 世纪 70 年代就要求工业企业采用 BAT 或 BATEA(Best Available Technology Economically Achievable)处理工艺(即经济上达到的最有效控制工艺)正是在这种背景下，杜邦(Du Pont)公司开发了一种向活性污泥系统中投加粉末活性炭的技术并于 1972 年申请专利，这就是 PACT 工艺(Powdered Activated Carbon Treatment Process)，在美国又称为 AS - PAC 工艺(Activated Sludge - Powdered Activated Carbon)。该法一经产生就因其在经济和处理效率方面的优势广泛地应用于工业污水如：炼油、石油化工、印染污水、焦化污水、有机化工污水的处理，该法用于城市污水处理可明显改善硝化效果，因此各国环境工作者对 PACT 工艺表现了极大的兴趣并进行了广泛深入的研究。

1. 工艺流程

如图 5-14 所示，为一般 PACT 的工艺流程图，PAC 可以连续或间歇地按比例加入曝气池亦可以与初沉池出水混合后再一同进入生化处理系统，在曝气池中吸附与生物降解同时进行。所以可以达到较高的处理效率，PAC 污泥在二沉池固液分离后再回流入生化系统。从工艺流程图中可以看出，该法取活性炭吸附与生化作用两者结合之长，去两者各自之短，实质上是活性污泥形式的活性炭吸附生物氧化法，单独用活性炭价格昂贵而单独用生物法虽经济但只适用于去除有机污染物。

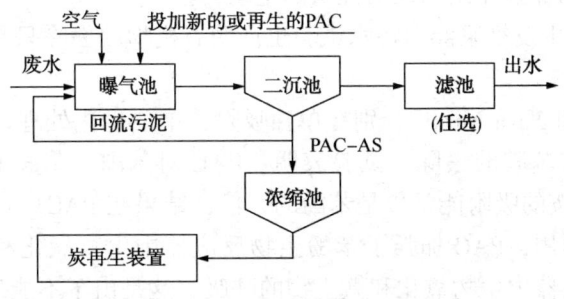

图 5-14 PACT 工艺流程图

投入 PAC 的 AS 系统有如下特点：

① 改善了污泥沉淀性能，降低了 SVI，提高了二沉池固液分离能力；

② 提高了不可降解 COD 或 TOC 的去除率，特别是能有效地去除纺织、造纸制浆和染料污水的色度和臭味，减少曝气池的发泡现象，这主要得益于粉末活性炭的吸附作用；

③ 改善污泥絮体的形成，这是由于活性炭与絮体结合后，絮体密度增大再加上活性炭的多孔性，絮体与之结合更充分；

④ 增加了无机物的去除率，增加了对重金属冲击负荷的适应性，炭吸附与金属相络合的有机物，在含硫量较高时在碳表面形成硫化沉淀析出，重金属随生物絮体共沉析；

⑤ 降低了生物处理出水的毒性，减轻了出水对鱼类的毒害；

⑥ 减少了对异养微生物或硝化微生物的抑制，有脱氮作用；

⑦ 降低了 VOCS 向气相的转移，在活性污泥系统中考虑 VOC 控制，PACT 工艺会有一定的效果；

⑧ 提高系统总的去除效率，大大改善出水水质，许多报道表明 PACT 法优于活性污泥法；

⑨ 便于污水厂的统一管理，以较低的投资提高污水厂的处理能力。

2. 作用机理

PACT 作用机理牵涉到复杂的吸附与生物降解同时进行的过程，至今尚未有定论，有深入研究的必要，目前主要有两种有代表性的理论：① 以 Kalinske、Perrotti 和 Rodman 以及 Spetiel 为代表，认为微生物与粉末活性炭有相互加强的作用，PAC 的存在增大了固液接触面积，在活性炭表面吸附有微生物细胞、酶、有机物以及氧，所有这些都为微生物的新陈代谢提供良好的环境，微生物酶可以进入活性炭微孔，从而使已吸附的有机物降解，空出吸附位使活性炭得到生物再生，再生的 PAC 可以重新吸附新的有机物，这种由生物降解控制的炭吸附能力可得到大幅度提高，与单纯的吸附系统相比炭的吸附容量增大，结果对于生物难降解但能被吸附的物质和不能降解的物质以及代谢终产物 MEP(Metabolic End Product)可通过这种 PAC 强化活性污泥工艺去除。在吸附—降解—再生—重吸附这种协同作用下有机污染物的去除率得以提高，最终出水水质大大改善。② 以 Ehrhardt 和 Rehm、Craveiro 和 Malina 以及张晓健为代表，他们得出相反的结论，认为污水处理效果的改善是由于吸附与生物降解简单的结合，因为经过几次吸附循环之后，有机物去除呈下降趋势，表明 PAC 表面已饱和，这说明并不存在生物再生现象，他们认为胞外酶促反应在微孔中不能发生，因为酶分子大于活性炭孔径。

C. Bornhardt，J. E. Drewes 等在用 PAC—AS 去除城市污水中有机卤素的试验中也没有观察到 PAC—活性污泥的加强作用以及活性炭的生物再生。

Ferhan Cecen 处理牛皮纸浆漂白污水试验也证明有机物的去除只是吸附与生物降解的简单结合。

Frieda Orshansky 和 Nava Narkis 分别在单独吸附、单独生化处理以及吸附与生化同时进行条件下研究了苯酚与苯胺的去除。试验表明：PAC 对苯酚、苯胺的最大吸附能力(mg/g PAC)基本相同，但苯胺的吸附能常数是苯酚的 5 倍，结果在 PACT 工艺中 PAC 对苯酚和苯胺的去除起了不同的作用，PAC 加强了苯酚生物反应器中生物氧化和微生物的呼吸但明显地减少了苯胺生物反应器中生物氧化和微生物的呼吸，这是由于不能生物降解的苯胺大量地吸附在 PAC 表面但没有被降解。表明由于两者不同的吸附能，在 PACT 工艺中去除机理亦不同。对苯胺来讲其去除只是吸附和生物降解的简单结合。该试验可表明 PACT 工艺处理不同物质组成的污水其机理有所不同，PAC 能否生物再生与所去除的物质有关。

不论是活性炭吸附与生物降解相互加强，还是二者简单结合，不管是否存在 PAC 的生物再生，上述试验无一例外地证明 PACT 法优于单独的活性污泥法，这可以从以下几方面来解释：

(1) 微生物氧化依赖于有机物的浓度，吸附增大了固定在炭粒表面的有机物浓度，并使反应进行的比较彻底；

（2）PAC 和活性污泥一起停留在曝气池中，相当于污泥龄的时间，难降解有机物有更多的机会被降解；

（3）由于炭吸附难降解有机物的同时吸附了微生物，从而延长了生物与有机物的接触时间而且 PAC 对细胞外酶的吸附也有利于微生物对有机物的降解。

3. PACT 去除污染物的动力学模型

最初对 PACT 的研究致力于 BOD、COD 去除率的提高，目前的努力集中于优先污染物的去除效果，特别是有机优先污染物去除动力学模型的研究。

（1）Jorge H. Garcia-Orozco，W. Wesdley Eckenfelder 通过比较 4,6-二硝基甲酚（DNOC）在 AS 与 AS-PAC 工艺中的去除效果，在 AS 动力学模型基础上建立了 AS-PAC 动力学模型。大多数有机优先污染物生物降解缓慢但可以被活性炭吸附，在 PACT 系统中，其去除效率决定于生物降解速率和在 PAC 上的吸附程度以及空气吹脱。

$$Q(C_0-C) = V(R_b+R_s+\cdots)+QNX_i \tag{1}$$

或

$$R_b = [C_r-NX_i-t(R_s+\cdots)]/t \tag{2}$$

式中　C_0——进水优先污染物浓度；
　　　C——出水优先污染物浓度；
　　　C_r——C_0-C；
　　　N——炭吸附能力；
　　　X_b——反应器中平均生物浓度；
　　　X_i——粉末活性炭投加量；
　　　R_b——生物降解速率；
　　　t——水力停留时间；
　　　K_b——生物降解速率常数。

由于该试验 DNOC 在低 Henry's 常数范围，空气吹脱在 DNOC 去除中不起主要作用，所以(2)式可简化为

$$R_b = (C_r-NX_i)/t \tag{3}$$

而在活性污泥系统中生物降解遵循零级动力学，即

$$R_b = K_bX_b$$

因此

$$C_r = K_bX_bt+NX_i \tag{4}$$

$$N = [C_r-K_bX_bt]/X_i \tag{5}$$

该模型需要在几种污泥龄情况下进行试验以便确定一些动力学系数。

（2）Gerald J. O'Brien 建立了一个稳态模型来预测 PACT 污水处理厂连续出水中优先污染物的浓度，即

$$S_e = S_i/(1+K_S\theta_N+K_BX\theta_N+K'_A\theta_CC_C) \tag{6}$$

式中　S_i——优先污染物进水浓度；
　　　S_e——优先污染物出水浓度；
　　　K_S——空气吹脱动力学常数；
　　　θ_C——污泥龄；
　　　θ_N——水力停留时间；

C_C——进水 PAC 浓度;

K_B——生物降解速率常数;

X——曝气池中生物浓度;

K'_A——由于 PAC 与 AS 的相互加强作用修正后吸附速率常数。

而对于间歇排放的出水中的优先污染物该模型并不适用,修正后为

$$S_{m2}=S_{m1}/(1+K_S\theta_{N2}+K_B X_2\theta_{N2}+K'_A\theta_C C_C) \quad (7)$$

$$R_{2m}=1-S_{e2}/S_{e1} \quad (8)$$

式中 下角 2——第二阶段 PACT 出流(第三级处理);

下角 1——第一阶段 PACT 出流(第二级处理);

m——从模型计算得出。

该修正后的模型可适用于二阶段 PACT 曝气池出水浓度预测,后来 O'Brien 和 Teather 进一步改进模型,成功地预测了当进水浓度随时间变化时,出水中挥发性、半挥发性以及不挥发性化合物的浓度,动力学模型如下:

$$K_S SV+K_B SXV+K_A S_C SV=dF_S/dV \quad (9)$$

式中 F——空气吹脱流速;

V——曝气池容积;

X——曝气池生物浓度;

S——优先污染物浓度;

K_A——吸附速率常数;

S_C——曝气池中 PAC 浓度。

4. 应用 PACT 工艺应注意的问题

(1) PACT 将粉末活性炭投加于活性污泥曝气池,其排出的剩余污泥为 PAC—生物污泥,具有磨损性,对泵体、池体、二沉池刮泥机械以及污泥处置设备都有较高的耐磨要求,选择材料时要加以考虑。

(2) 由于该工艺产生的污泥密度较高,所以二沉池刮泥机械以及污泥处置设备设计时要采用较高的扭力矩极限值。

(3) 当投炭量较大时,出水中含有较高的 PAC 颗粒,为改善这种情况,建议最好采用 SBR 系统或者加一个三级滤池,也可以用一个膜分离单元代替二沉池。

(4) PACT 系统中 PAC 的吸附容量与通过间歇等温吸附试验所预测的数值有所不同,应进行连续流处理试验获得相关数据用于设计。

(5) 因为 PAC 的吸附能力很强,如直接暴露于空气中则极易吸附周围环境中的物质,使吸附位被占 PAC 失效,所以在生产或试验中一定要注意密闭保存。

四、膜生物反应器(MBR)

1. 工艺简介

膜生物反应器(Membrane Bioreactor,简称 MBR),常用于 MBR 工艺的膜有微滤膜和超滤膜。按照膜组件的放置方式可分为外置式(分体式)MBR 和浸没式(一体式)MBR。

浸没式 MBR 膜孔径在 $0.01\sim0.4\mu m$ 之间。选择膜组件应遵循以下原则:(1)纯水通量 $120\sim750L/m^2\cdot h(10kPa)$;(2)膜孔分布均匀,孔径范围窄;(3)抗氧化性强;(4)耐酸碱;

(5)机械稳定性好,延伸率小于10%。设计运行通量:中空纤维膜可按 $12\sim30L/m^2\cdot h$ 取值。

外置式MBR指膜组器和生物反应池分开布置,生物反应池内的活性污泥混合液泵入膜组器进行固液分离的设备或系统。产水排放或深度处理,浓缩的泥水混合物回流到循环浓缩池或生物反应池,形成循环。简称R-MBR。膜组器指由膜组件、供气装置、集水装置、框架等组装成的基本水处理单元,在膜生物法污水处理工程进行固液分离的膜装置。

浸没式MBR指膜组器浸没在生物反应器中,污染物在生物反应池进行生化反应,利用膜进行固液分离的设备和系统。可采用负压产水,也可利用静水压力自流产水。简称S-MBR。

在MBR组合工艺发展的过程中,为适应不同的处理要求,选用了不同的生物反应器类型及工艺与膜进行组合。根据生物反应器有无供氧可分为好氧MBR和厌氧MBR。

好氧的MBR多用于易降解有机污水的处理,如城市和生活污水的处理,并根据微生物的形态可将普通活性污泥法及生物膜法分别与膜组合;根据运行方式以可将连续流生物反应器和序批式生物反应器分别与膜组合。厌氧MBR多用于工业污水的处理,并将不同的厌氧工艺分别与膜组合。

去除碳源污染物的浸没式MBR污水处理工艺流程,见图5-15。

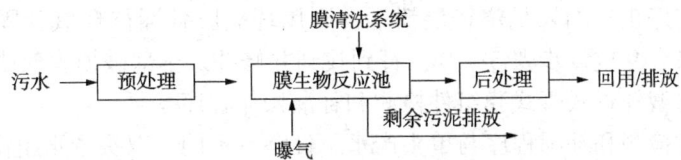

图5-15 去除碳源污染物的浸没式MBR污水处理工艺流程图

以脱氮为主的浸没式MBR污水处理工艺流程,见图5-16。

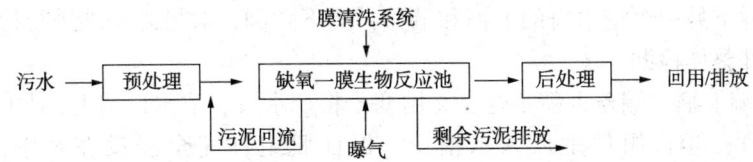

图5-16 以脱氮为主的浸没式MBR污水处理工艺流程图

同时脱氮除磷的浸没式MBR污水处理工艺流程,见图5-17。

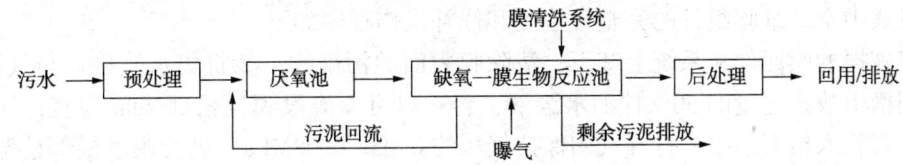

图5-17 同时脱氮除磷的浸没式MBR污水处理工艺流程

外置式MBR污水处理工艺流程,见图5-18。

2. 膜组件完整性检测

膜组件完整性检测的原理:将膜润湿后,在膜丝的一侧加入压缩空气。当空气低于泡点压力时,除有极少量空气流扩散出来外,没有明显的气流通过润湿的膜孔。如果膜存在缺陷(如纤维断裂),则在远低于泡点压力时空气就会自缺陷处溢出。观察在膜丝充满液体一侧

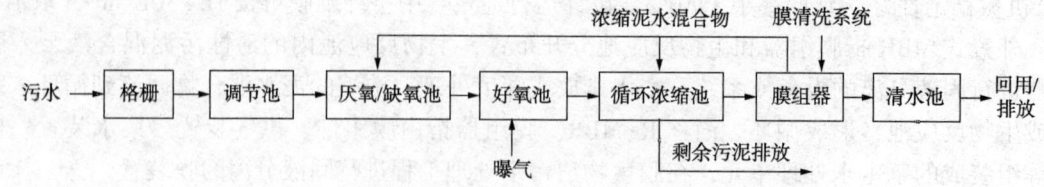

图 5-18 外置式 MBR 污水处理工艺流程图

出现的连续气泡,或者检测气体一侧压力的变化情况,均可判定膜丝及组件是否完整。

外置式管式膜组件的完整性检测和修补操作程序如下:

(1) 单头产水型外置式管式膜组件检测和补漏操作程序

① 将破损的膜组件从系统上卸下,竖直装到检测架上(产水端在上);② 将膜组件内部注满水,保存膜丝处于湿润状态;③ 除去产水端卡箍、端盖和产水管;④ 用塞子将浓水排放口堵住;⑤ 从进水口通入压力为 0.05~0.1MPa 的气体;⑥ 用烧杯均匀加水到膜丝浇铸面上;⑦ 观察膜丝截面,如果膜丝断裂或者浇铸层泄漏,会有连续不断的气泡从端面上冒出来,据此确认破损的膜丝或者浇铸层泄漏点;⑧ 泄漏膜丝找到后,关闭气源,用一个圆锥形的塑料胶钉插到泄漏的膜丝口处,把胶钉敲到 2/3 处时就剪断并敲平,再打开气压阀,倒水到膜丝口上,确认堵漏完好止。如果是浇铸层泄漏,则用环氧胶补漏待环氧胶固化之后再重新通气,确认修补效果。⑨ 重复步骤⑤~⑧,直到找到并修补好全部破损膜丝或泄漏点。

(2) 双头产水型外置式管式膜组件检测和补漏操作程序

双头产水组件检测和补漏程序与单头产水组件略有不同。双头产水组件设有上下两个产水口。在进行完整性检测时,不仅需要用塞子将浓水排放口堵上,还要堵住进水口、下端产水口,卸下上端产水口端的卡箍和端盖,进行完整性检测,其操作检测步骤与单头产水型步骤⑤~⑨相同。当上端产水口浇铸层截面检测、修补完毕,需要将组件装上卡箍和端盖堵上产水口,同时拆下另一个进水口的卡箍和端盖,上下颠倒,对另外一端进行检测和修补。

(3) 膜组件整体检漏

① 将产水端卡箍、端盖重新装好;② 用塞子将产水口、浓水口堵上(对于双头出水型还要堵上进水口);③ 将组件平放入水槽中,保证膜组件完全浸没在水中;④ 通入压力 0.1MPa 的气体,观察从组件外壳、各进口处卡具处是否有气泡出来,如果有气泡冒出,标记泄漏点;⑤ 如果是组件使用不当或超过使用期后造成外壳泄漏,可以用环氧胶修补,或者是各进水口卡具处泄漏,更换密封圈或者密封垫。⑥ 重复步骤④、⑤,直至组件不再泄漏。

浸没式中空纤维膜组件的完整性检测和修补操作程序如下:

① 将破损的膜元件从系统上卸下,清除膜表面的污染物;② 将集水管接口与气源连接;③ 在检测槽中放入适量的 50% 甘油水溶液,容积以可以淹没膜丝根部 2cm 为宜;④ 将集水管朝下垂直放入检测槽中,打开气阀保持气压约 0.05~0.08MPa,进行膜丝根部检测;⑤ 仔细观察集水管粘接处、膜丝根部是否有气泡冒出,如果有的话就要进行修补;⑥ 在检测槽中放入适量的清水,将待检组件浸没其中,通入气体,维持压力为 0.05~0.08MPa,进行膜组件整体检测;⑦ 观察有无连续性气泡从组件或者膜丝上冒出。⑧ 如果膜丝破损,截断膜丝的破损段,用堵漏针将膜丝密封;如果是浇铸层泄漏,则用胶修补;⑨ 重复③~⑧操作,直到找到并修补好全部破损的膜丝和泄漏点。⑩ 将修补好的组件放入水池中,通入压力为 0.05~0.08MPa 的气体,确认组件不再漏气。

平板膜组件的完整性检测和修补操作程序如下:

①从各膜组件的集水管采集水样,通过浊度计或目测判断水样里是否混入污泥,确定有膜片破损的膜组件(膜框架)位置。②从池中吊出破损的膜框架,用清水冲洗连接膜片与集水管的软管表面,清除污泥。③观察透明软管。膜片破损混入污泥时,软管内壁附着泥色,从而确定破损的膜片。④取出破损膜片,更换新膜片。

3. 优缺点

优点如下:

(1) 污染物去除效率高,出水水质好

膜生物反应器可以用于高浓度、难降解有机工业污水处理,又可以用于生活污水和一般工业污水的净化,由于其对污染物去除效率高,处理出水水质好。不仅对悬浮物、有机物去除效率高,出水的悬浮物和浊度可以接近零,而且可以去除细菌、病毒等技术。

由于膜的高效截留,对游离细菌具有截留作用,生物反应器内生物相当丰富,如世代时间较长的硝化菌得以富集,原生动物和后生动物也能够生长。膜出水不受生物反应器中污泥膨胀等因素影响。膜也可截留大分子的溶解态的有机物,延长它们在水中的停留时间,增加其在生物反应器内降解的机会。

(2) 负荷变化适应性强,耐冲击负荷

膜生物反应器系统对水力负荷、有机负荷变化适应性强。膜生物反应器由于膜的高效截留作用,可以完全截留活性污泥,使得反应器污泥浓度很高,实现了反应器内水力停留时间和污泥停留时间的完全分离,使整个反应器的运行控制更为灵活稳定。因此,膜生物反应器系统不必考虑当系统水力负荷和有机负荷发生变化时传统水处理工艺容易出现的污泥膨胀问题。

(3) 污泥排放量小

膜生物反应器水处理技术除了作为污水深度处理及资源化技术之外,还可作为一种污泥减量和解决常规污水厂大量剩余污泥处置的重要技术。膜生物反应器的污泥排泥量很小,甚至可以做到不产泥。

污泥自降解和污泥水解可降低传统水处理系统的效率,但对膜生物反应器系统却非常有益。而且膜分离使得污水中的大分子难降解物质,在体种有限的膜生物反应器内有足够的停留时间,大大提高了难降解物质的降解效率。反应器在高容积负荷、低污泥负荷、长泥龄的情况下运行,完全可以实现长周期内不排泥或排泥量很少,剩余污泥排放量很小,甚至不产泥。

(4) 工艺流程短,系统设备简单紧凑,占地少

由于膜生物反应器无须排出在好氧污泥系统产生絮体,因此膜生物反应器内污泥浓度可以很高,高的污泥浓度可以大大降低生物反应器的容积。同时,膜生物反应器省去了二沉池、滤池及一系列的辅助设备,甚至污泥的处理设备及费用。因此膜生物反应器结构简单紧凑。

(5) 易实现自动化控制

在传统的活性污泥法中,由于运行中经常出现波动和不稳定,为了确保良好的出水水质,管理难度大。而膜生物反应器由于采用膜分离技术,省去了污泥的分离设施,用微机可以很容易地实现膜生物反应器系统的全程自动化控制。

(6) 系统启动速度快,水质可以很快达到要求

由于可以很好地保持水中的污泥浓度,在最初的运行期,没有排泥,能够迅速地提高系

统内的污泥浓度,整个膜生物反应器系统启动速度快,水质可以很快达到处理要求。

缺点如下:

(1) 投资大。膜组件的造价高,导致工程的投资比常规处理方法大幅增加。

(2) 能耗高。首先 MBR 泥水分离过程必须保持一定的膜驱动压力,其次是 MBR 池中 MLSS 浓度非常高,要保持足够的传氧速率,必须加大曝气强度,还有为了加大膜通量、减轻膜污染,必须增大流速,冲刷膜表面,造成 MBR 的能耗要比传统的生物处理工艺高。

(3) 膜容易污染,需要定期清洗,给操作管理带来不便,同时需要消耗部分化学药剂。

(4) 受到膜材料的限制。由于材料技术的原因,目前膜的寿命还比较短,到期需要更换,导致运行成本进一步增加。

第四节 深度处理组合工艺及案例

通常情况下,污水深度处理是多个单元组合、共同实施来完成,不同单元发挥不同净化功能以去除污水中污染因子。因此根据污水的污染特征及提标要求,合理地进行单元组合而构建高效经济的组合工艺是污水深度处理的关键。

一、臭氧氧化+曝气生物滤池(臭氧催化氧化+EM-BAF)

1. 工艺原理

臭氧化技术是单独或通过催化剂的作用,在反应过程中产生具有强氧化性的·OH,利用·OH 分解水中的有机污染物。该技术不仅能单独使用,而且能与其他技术联用,充分发挥各自优势并形成互补,有助于提高污水的处理效率,降低污水的处理成本。曝气生物滤池(BAF)技术集过滤、生物吸附、生物氧化三大功能于一体,具有处理效果好、运行能耗低、出水水质高等特点,将其和催化臭氧化技术组合处理低 COD、色度偏高的污水,可达到良好的处理效果。

以臭氧氧化、BAF 为处理单元的污水深度处理技术已在国内外城市污水、炼油污水等领域进行了相关的研究和工业化实践。李魁晓等采用臭氧/BAF 工艺对城市污水处理厂二级生化出水深度处理。在进水 COD25~35mg/L、色度为 15~30、浊度约为 8NTU 的条件下,当臭氧投加量为 5~6mg/L、BAF 的水力停留时间为 1~1.5h 时,出水 COD<30mg/L、色度<5、浊度<1NTU。王开演等采用臭氧/BAF 工艺进行深度处理垃圾渗滤液。当臭氧加入量为 150mg/L,BAF 停留时间>4h,出水 COD 低于 85mg/L。高富等采用臭氧/BAF 工艺对某炼油厂二级生化出水进行了中试。在进水 COD 为 65~85mg/L、色度为 32~40 倍、浊度为 7~12NTU 的条件下,当臭氧投加量为 35~45mg/L、BAF 的水力停留时间为 3~4h 时,出水 COD<25mg/L、色度<4 度、浊度<2NTU。泰州石化总厂建立了臭氧催化氧化+内循环 BAF 污水处理工艺深度处理炼油污水,出水 COD 值已降至 50mg/L 左右。

2. 工艺流程

工艺流程如图 5-19 所示。

待处理污水经蠕动泵提升与来自臭氧发

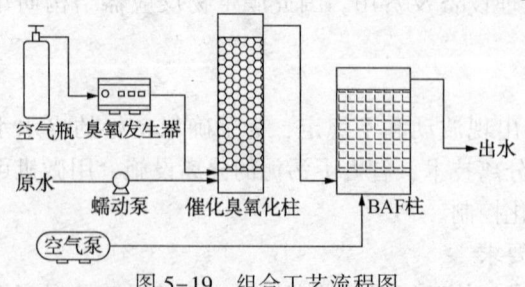

图 5-19 组合工艺流程图

生器的臭氧混合后进入催化臭氧化柱。在催化臭氧化柱中,臭氧、污水和催化剂三者共同作用,将污水中的有机污染物氧化分解,脱除污水色度,降低毒性。氧化后污水自顶部出水口流入BAF柱,柱内微生物快速降解水中残留的可生化中间产物,污水COD得到进一步降解。

3. 工程案例

[案例1]

某石油化工有限公司原污水处理厂设计能力为650m³/h,所采用的工艺流程为沉砂—调节—隔油—一级浮选—二级浮选—活性污泥法—沉淀—砂滤,出水达到沿海城市国家二级排放标准,排入大海。为响应国家对石化企业节能减排的号召,决定对部分污水(350m³/h)进行三级处理并回用作公司循环水场冷却水。经过多方技术研讨及中试试验,最后选定"臭氧+BAF"即化学预氧化与生化相结合的工艺作为深度处理项目的主体工艺。污水深度处理项目设计进、出水水质见表5-6,其工艺流程见图5-20。

表5-6 污水深度处理项目设计进、出水水质

项目	COD_{Cr}/(mg/L)	BOD_5/(mg/L)	$NH_3\text{-}N$/(mg/L)	石油类/(mg/L)	悬浮物/(mg/L)
深度处理装置进水(砂滤出水)	≤150	≤60	≤25	≤5	≤150
深度处理装置出水	≤30	≤5	≤2	≤1	≤10

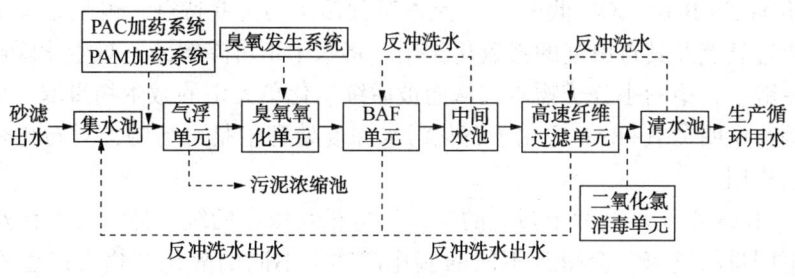

图5-20 WEPEC 350m³/h 污水深度处理项目工艺流程

(1) 工程调试

针对臭氧、BAF单元的特点,将调试工作划分为3部分进行:BAF单元生物挂膜、臭氧单元投加量确定与BAF单元生物膜驯化、BAF单元反冲洗参数确定。BAF单元生物膜的培养采用接种污泥挂膜法,接种污泥取自二沉池的剩余污泥。挂膜初期,每天排出1/3的上清液,补充新鲜的混合污水(碳源量要保持不变),同时检测上清液的COD、氨氮指标,通过COD、氨氮指标的去除率判定BAF池内微生物生长情况。20d左右,BAF滤料表面就形成了生物膜。另外在生物挂膜阶段,尽可能不冲洗BAF系统。如果BAF池内出现气量分配不均的现象,则可以适当反冲洗。但是反冲洗的强度要控制得当。

在BAF滤料挂膜成功后,开始启动生物驯化工作。驯化水为经过臭氧氧化的原水。驯化工作分为两个阶段:第一阶段,确定合适的臭氧投加量;第二阶段,在第一阶段的基础上,逐步提高臭氧氧化出水的比例直至系统对有机物的降解效果达到最佳。经过20d左右,可以确定臭氧最佳投加量为12~15mg/L。在此基础上,按照20%的比例分阶段逐步提高臭氧+BAF系统的进水量直至系统满负荷运行。BAF单元反冲洗周期的确定要从两方面结合考虑:一是BAF出水的悬浮物指标;二是脱落生物膜的生物相镜检。350m³/h污水深度处理项目经过20d左右的试运行,确定BAF系统反冲洗周期为4d,反冲洗气冲强度为10L/s·m,

历时5min,气水联合反冲洗历时8min,反冲洗水冲强度为6L/s·m,历时15min。

(2) 工程运行情况

经过近10个月的连续运行,目前整个系统运行稳定,各项参数正常。WEPEC 350m³/h污水深度处理装置2009年10月~2010年6月主要单元的处理效果见表5-7。

表5-7 深度处理装置主要单元处理效果

检测项目	深度处理装置进水（砂滤出水）	臭氧+BAF出水	过滤器出水	深度处理装置出水（消毒单元出水）
COD_{Cr}/(mg/L)	80~140	30~42	25~32	22~28
BOD_5/(mg/L)	6~15	2~5	2~4	2~4
NH_3-N/(mg/L)	10~20	≤1	≤1	≤1
石油类/(mg/L)	1~3	≤0.1	≤0.1	0.1
悬浮物/(mg/L)	12~20	6~8	2~3	2~3

(3) 投资与运行费用

该项目投入使用后,每年可直接节省费用238万元左右,给建设方带来了显著的经济效益同时由于本项目被评为辽宁省优质环保项目,也给建设方带来了良好的社会效益。

(4) 工艺组合特点

① 可生化性低(BOD/COD低于0.1)是本工程污水的主要特点,也是处理的难点。采用臭氧工艺,通过臭氧及其自由基的强氧化作用,将水中不可降解的、难生化降解的溶解性有机物氧化成短链、失稳的小分子物质,从而被后续生化单元中的微生物摄取、分解代谢。通过本工程案例,说明臭氧+BAF应用于石化污水深度处理中是可行的,对石化企业节能减排工作具有推进作用。

② 臭氧与BAF系统不是两个孤立的单元,是相互依存的统一体。针对污水中残存的有机物,投加不同量的臭氧,会得到不同的氧化产物,不同的氧化产物会产生不同的适宜菌群,而不同的菌种又有不同的世代时间,BAF容积负荷的选取和反冲洗周期恰恰是由这些菌种所决定的。因此在工程设计中,臭氧+BAF单元应该统一考虑。

③ 臭氧+BAF单元进水悬浮物含量要尽可能地控制在较低的水平,以免影响臭氧单元氧化效率以及避免BAF单元因为悬浮物堵塞而被迫反冲洗。

④ BAF单元用产水反冲洗,不能采用深度处理装置最终出水反冲洗。因为最终出水经二氧化氯消毒后,水中余氯含量大于0.1mg/L,而残存的余氯将对BAF单元的微生物起到毒害作用。

[案例2]

某石油集团是中国四大石油工业企业之一,其生产系统南区产生的工业污水系由第一污水处理场处理。该套系统在2002~2003年进行了一次彻底改造,设计处理能力为200m³/h。

(1) 工程照片(图5-21)

(2) 项目概况

由于工艺设计合理,处理单元匹配,尤其是三级处理中采用的曝气生物滤池(BAF),改造投产一次成功,装置运行平稳、高效,出水达到国标的二类一级排放标准。

BAF技术兼有活性污泥法、生物膜法的优点,代表了现代膜法技术的较高水平。经过在炼油污水处理中的开拓性使用,尤其是处理后的良好出水水质,充分证明了其技术的成熟性、可靠性，完全可以在炼油污水处理中大力推广使用。

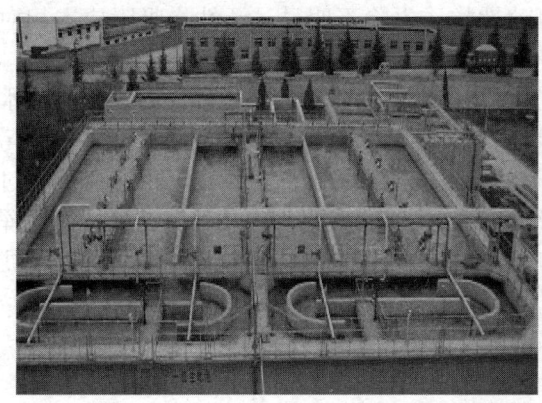

图 5-21　工程现场图

（3）改造装置进、出水水质（表 5-8）

表 5-8　改造装置进、出水水质　　　　　　　　　　　　　　　　　　　mg/L

项目	pH	石油类	硫化物	挥发酚	COD_{Cr}	NH_3-N	SS	BOD_5	CN
装置进水	8.8	1470	35	70	1550	45		680	<1.0
A/O 出水	6.7	5.7	1.0		60~100		130	15~25	
BAF 出水	6.3	<5	0.3~0.4		28~50	0.35~0.98	28	7~10	<0.1

二、PACT-WAR+沉淀+砂滤

1. 工艺原理

活性炭粉处理（PACT®）法采用标准活性污泥系统的基本原理，通过添加活性炭粉同时提供了生物系统和物理化学系统。该双重系统能在广泛的负荷条件下具有高性能。这种能力靠在活性炭粉和微生物或生物质量间的协同作用来保证，这种协同作用大于两种作用分别出现的总和。和活性污泥系统相似，生物物理 PACT® 工艺也是将悬浮物、胶状以及溶解固体转换成可沉淀的活性炭粉/生物絮凝物。转换机理可以看作以活性污泥系统中所描述的相同的两步出现（吸附和稳定）。因此，PACT® 和活性污泥处理法不应看作是操作现象的不同，而应看作是处理程度上的不同。因此，只要你因同样的原因并以同样的方式来正确操作/控制活性污泥系统，那么 PACT® 工艺便适用。

PACT-WAR 技术是一种加强的生化工艺。在生化工艺中加入粉末活性炭，延长反应时间。基本原理是使活性污泥附着于粉末活性炭的表面，由于粉末活性炭巨大的比表面积及其较强的吸附能力，在活性污泥与粉末活性炭界面间的溶解氧和降解基质浓度有了很大幅度的提高，从而也提高了 COD 的降解去除率。同时在高温高压下分解污泥，分解污泥时释放能量循环供给分解污泥能量，从而达到削减污泥的目的。

PACT-WAR 工艺运营特点如下：①抗冲击能力强；②可以削减污泥量；③可以对污水水质进行灵活调控；④提标改造改造费用较低，只有活性炭回收系统需要大幅改造；⑤运营费用低。PACT-WAR 技术对传统的污水处理工艺流程有两方面的改变：①增加粉末活性炭与生化工艺相结合；②增加了粉末活性炭回收再生工艺。

混凝沉淀技术主要去除呈胶体状态的粒子,但混凝过程中影响因素较多,处理效果不稳定;砂滤可去除粒径在 1μm 以上的颗粒,对可溶性物质去除不明显;活性炭吸附成本相对较高,但出水水质稳定,对可溶性物质也可以有效去除。

混凝沉淀以水体中胶体和微小颗粒状态的悬浮物为主要去除对象,也能同时去除污污水中部分可溶性污染物,如氨氮、正磷酸盐、重金属离子等。从感官上讲,混凝沉淀是去除污水中的浊度和色度。水中悬浮颗粒经过具有孔隙的介质或滤网被截留分离出来的过程称为过滤。在水处理中,一般采用石英砂、无烟煤、陶粒等粒状滤料截留水中悬浮颗粒,从而使浑水得以澄清。同时水中的部分有机物、细菌、病毒等也会附着在悬浮颗粒上一并去除。过滤是污水回用保证再生水水质的关键过程。

2. 工艺流程

如图 5-22、图 5-23 所示。

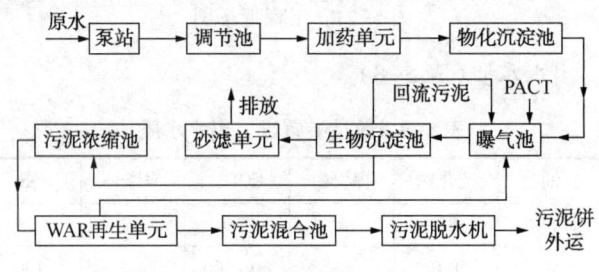

图 5-22　组合工艺流程图

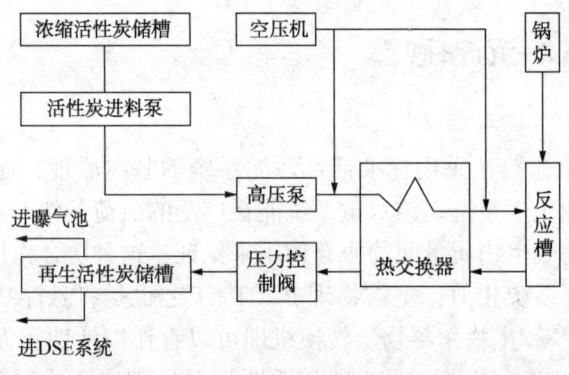

图 5-23　WAR 系统工艺流程图

PACT 系统是将粉末活性炭投入曝气池,利用 PAC 吸附有机物的特性,降低高浓度重金属或者毒性物质对微生物的伤害,并促进难降解物质的分解;在操作上需加入高分子助凝剂,使 PAC 颗粒与生物胶体包裹成较大的团块,进而改善污泥的沉降性。

WAR(wet air regeneration,湿式氧化再生)系统主要包括高压泵、空压机、热交换器、加热锅炉、DSE(differential speed elutriation,差速分离)除灰系统。工艺流程见图 5-23。该工艺可在高温高压下,使污水或污泥中的高浓度有机物质和毒性物质氧化分解,高温的目的在于使氧化反应得以加速进行,而高压状态则是为了维持液相的存在。剩余污泥经重力浓缩池送入 WAR 系统再生活性炭,炭所吸附的有机物在高温高压下被分解,再生炭送至储槽再回流至曝气池,一部分则送至排灰槽排灰。再生过程的控制重点是压力、温度、高压空气以及灰分的排除。本系统最佳工艺条件:温度为 230℃,时间为 1h,充氧量 PO 20.6MPa,进入 WAR 系统的炭泥浓度>7%,悬浮固体量不得低于 7%,以便提供 WAR 系统稳定的污泥量。

(1) 主要设备

① 分流槽

分流槽是一个矩形槽，用于接收多种液流并提供一个区域用于通过扩散器喷射压缩空气流将液流彻底混合。掺混流通过溢流堰离开分流槽的接收段，直接流入分流槽各自的排放段。分流槽将接收以下液流：含油污水流、营养液、再生炭、添加新鲜炭、含油污水砂滤器反洗液。

② 营养投加系统

向曝气池内投加微生物需要的基本营养元素（氮和磷），以保证一个健康的生态环境。如果流入的液流中不含有所需要的营养，就有可能形成菌丝和其他不需要的细菌。

③ 新鲜炭添加系统

新鲜炭添加系统是将干的活性炭粉通过水压送到使用点的泥浆中。新鲜炭添加系统是由料仓、滤袋室、接收料斗、均化器、螺旋式给料器、加湿锥体、喷射器、注射泵以及阀门组成。

④ 曝气池

每个曝气池接受从分流槽来的混合排放液流。除了从分流槽进入曝气池的液流以外，每个曝气池还配有管道能从加药系统接收液流。需氧微生物消耗溶解于污水中的游离氧，是通过靠近曝气池底部的扩散器注入压缩空气提供的。从再生碳储罐排出的蒸气通过鼓风机和管道系统送到各曝气池。蒸汽是用扩散器注入到曝气池操作水位下方。曝气池用作蒸汽的洗涤介质，因此减少了气味的排放。

⑤ 曝气鼓风机

供应到含油污水处理系统的空气来自充气集管，五台单级高速鼓风机将空气排放到公用集管，再从集管送到生物处理系统，到分流槽再到砂滤器。空气集管压力为 $0.079MPa$。

空气经靠近曝气池底部的分配管和扩散器注入曝气池。每个曝气池都配备有测量各池内溶解氧浓度的探头。每个探头的输出都直接送到各自的溶解氧控制器。溶解氧控制器的输出信号是为监测各自曝气池空气流量的流量控制器提供设定点的。流量控制器的输出信号是根据需要调整其相应的气动控制阀，使溶解氧浓度保持在选定的溶解氧控制器的设定值范围内的。

每台风机都配备有就地"启动-关停"控制台，以便现场启动或关机。每台风机上还配备有"关停"按钮，通过人机接口便可访问。

⑥ 砂滤器

四个单独的过滤单元组成完整的砂滤系统。每个单元都包括一个 $255mm$ 深的砂床。滤料为石英砂，有效尺寸为 $0.45mm\pm0.05mm$，最大均匀性为 $1.7mm$。

在过滤过程中，截留在砂床表面的固体将会抑制砂床过滤水的能力，引起砂床上的水位缓慢增高，最终会有存在预定的高液位状态。当发生此现象时，到此单元的流入流量就会停止，两台反洗泵中有一台便开始抽吸净水井中水送到砂床下方。反洗液流将空气带入下部疏水组件并强制水流向上流过砂床。这样的脉动动作就会除去砂床表面的物质，并由此提供一个新的过滤区域。在脉动完成时，反洗泵便停止工作，而阀门也会自动重新回到正常过滤运行的位置。

在预先确定的脉动数达到后，砂床反洗，清除滤床上收集的固体。反洗程序的启动和脉动方式相同，不过，反洗泵在延长的间隔时间内保持运行。在运行时，单元内的水位会上升到能使浮动固体溢流进入流动分配堰的高度。该液流被送入到污泥井。泥浆井泵将污泥井内的物质送回装置的头端。在反洗完成后，反洗泵停机，阀门就会自动重新定位到正常过滤运行位置。与砂过滤器相连的控制逻辑只允许一次有一个单元脉动冲洗或反冲洗。

砂过滤系统也配备化学清洗系统（10%次氯酸钠溶液），该系统定期用于彻底清洗各单元。

（2）现场图片

现场如图5-24、图5-25、图5-26、图5-27所示。

图5-24 曝气池

图5-25 活性炭粉贮罐

图5-26 曝气风机

图5-27 砂滤池

3. 工程案例

台湾某污水处理厂应用PACT-WAR+沉淀+砂滤组合工艺，检测了该工艺对有机物、重金属离子以及色度的去除效果，并对重要操作参数进行了评估。该工艺的平均COD去除率为77%、BOD_5去除率为84%、SS去除率为71%，色度去除率为94%；当曝气池活性炭浓度为500~1000mg/L时，其单位有机物去除量约0.2~0.6g，系统污泥龄为4~10d，污泥龄越长，则COD、BOD_5去除率越高，出水BOD/COD值约为0.03~0.16。

2012年，安庆石化含硫原油加工及油品质量升级工程实施后，分公司公用工程部新建了配套污水处理场，分高浓度含盐污水、低浓度含油污水两个处理系列，处理能力各600m^3/h，含盐污水COD进水指标小于等于800mg/L，出水指标小于等于30mg/L，含油污水COD进水指标小于等于1500mg/L，出水指标小于等于60mg/L新增、改造及现有各装置排出的含盐、含油、含碱污水、化工、化肥污水，依据水质的不同以及系统收集情况，单独或合并进入污水处理场不同的处理系列。其核心技术采用了西门子水处理技术公司提供的含油污水 PACT® 系统。

三、纤维球过滤+活性炭吸附过滤

1. 工艺原理

纤维球过滤首先由日本尤尼切卡公司发明,在我国也是起步较早的过滤方法。由于纤维球滤层孔隙率高,比表面积大,进行污水过滤时,既不易堵塞,又能保证出水水质,还有搏速高,设备体积小,占地少和反冲洗水耗少等优点,可望在污水回用工程中发挥独特的作用。

纤维球过滤滤层是无级变孔隙滤层,这种形式的滤层截污能力强。传统的粒状滤料要实现变孔隙过滤,需采用不同相对密度、不同粒径的滤料进行级配。而纤维球滤料利用流体力学原理会自动形成滤料密度沿水流动方向由小到大变化的无级变孔隙滤层,这样的滤层结构既能充分发挥滤料的截污容量,又能保证过滤出水的水质。纤维球滤层的密度可调解、可控制。纤维滤料为软性材料,滤层容易被压缩,可以通过调节滤层密度的方法调节过滤精度,但要防止滤层被无限制地压缩而使过滤水头损失增长过快。纤维球滤层的两端分别悬挂在过滤池上滤板和下滤板上,滤层密度不仅可调节而且可控制,可保持过滤流量在一个周期内比较稳定(流量衰减较缓慢)。

活性炭吸附是指利用活性炭的巨大比表面积对水中的一种或多种物质的吸附作用,以达到净化水质的目的。有关活性炭的一切应用,几乎都基于活性炭的微孔结构和巨大的比表面积这一特点。一般来说,颗粒越小,孔隙扩散速度越快,活性炭的吸附能力就越强。活性炭吸附是一个很复杂的过程,它以吸附质的疏水性及其对吸附剂表面的亲和性为推动力,使吸附质不断向吸附剂表面传递。吸附质对吸附剂表面的亲和力主要体现在吸附质的溶解度以及吸附质与吸附剂之间的各种作用力(包括范德华力、化学键力和静电引力)。

2. 工艺流程

工艺流程如图 5-28 所示,纤维球过滤设备结构简单,重量较轻。罐状设备内设上、下两块多孔挡板,纤维球滤料置于两板之间,不需设承托层。过滤方向是降流式的,水自上而

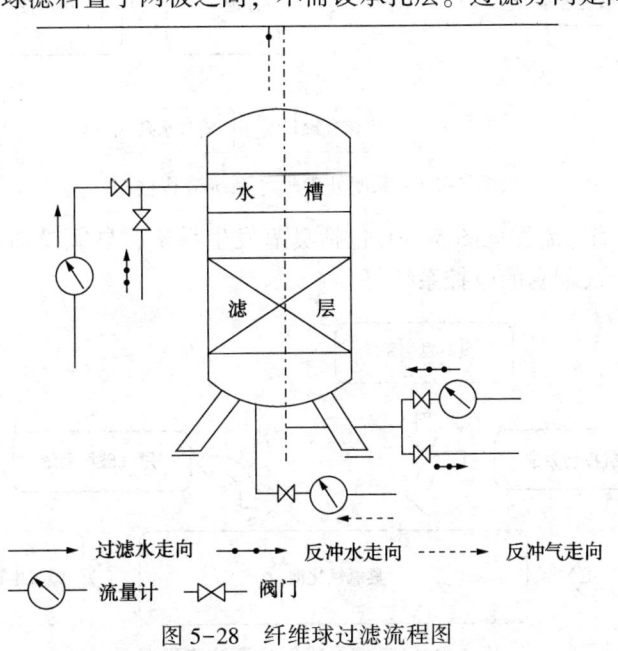

图 5-28 纤维球过滤流程图

下经过滤层，再生方式是气水同时反冲洗或先气洗后再气水反冲洗，以便节省反冲洗水量，也可以采用机械搅拌辅助水力反冲洗，以便节省供气设备。

活性炭的吸附性能主要是与其独特的物理性质有关。原材料中的有机物质在活性炭制造过程中被去除，使晶格间生成许多形状各异的孔隙。与其他吸附材料相比，具有小微孔特别发达的特征。其表面积占总表面积的95%以上，微孔能把通过过渡孔进来的小分子污染物和部分溶剂吸附到自身表面上。这就带来了活性炭超强的吸附能力和吸附容量。孔径按大小可分为微孔(半径为<0.02nm)、过渡孔(半径为0.02～1nm)和大孔(半径为1～100nm)。在活性炭中，微孔决定着活性炭的吸附能力，过渡孔起着重要的通道作用，大微孔则是该活性炭微观体系的入口。这三种孔隙，都会在很大程度上影响吸附速率。

四、气浮+臭氧氧化+曝气生物滤池

1. 工艺原理

污水经过深度处理气浮系统后，预测COD含量已经降低至80mg/L左右，直接进入曝气生物滤池，出水不能保证达到一级排放标准，由此，在气浮系统后，设置臭氧催化氧化系统，将部分有机物降解的同时，使难降解的大分子有机物转化为易降解的小分子有机物，提高污水的可生化性，在此条件下，可保证曝气生物滤池发挥应有的处理效果。

2. 工艺流程

深度处理气浮系统(流程见图5-29)包括气浮系统包括药剂储存投加系统和气浮反应系统，以及配套的电控系统等。

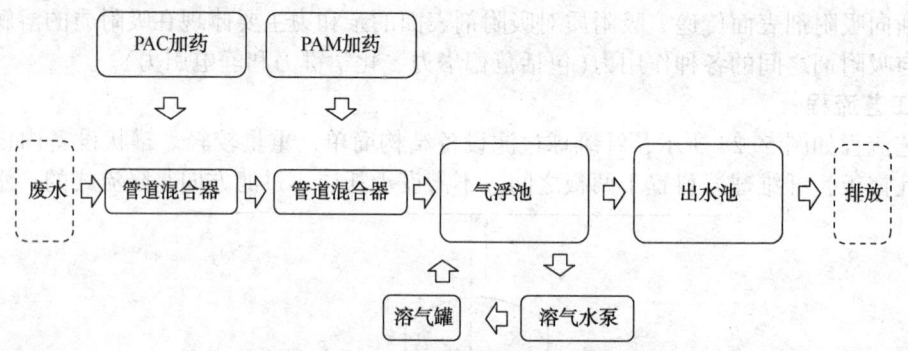

图5-29 深度处理气浮系统流程框图

臭氧催化氧化系统(流程见图5-30)包括臭氧发生系统、臭氧投加系统、臭氧反应系统和尾气破坏系统，以及配套的电控系统等。

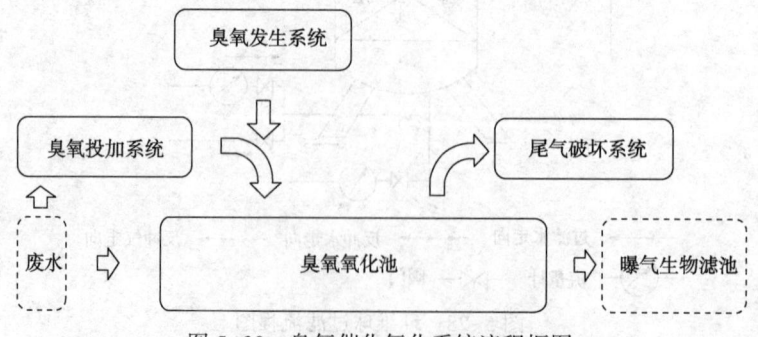

图5-30 臭氧催化氧化系统流程框图

曝气生物滤池系统(流程见图5-31)包括供气系统、反应系统、排水系统和起吊系统，以及配套的电控系统等。

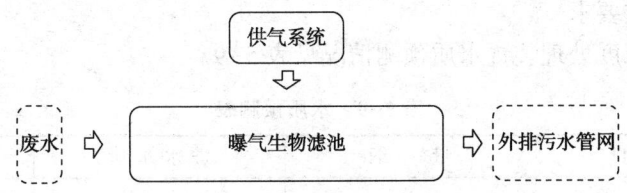

图5-31 曝气生物滤池系统流程框图

3. 工程案例

上海某石油化工公司提标升级改造新建深度处理装置，污水处理量为2500m³/h，工艺流程为：气浮→臭氧氧化→曝气生物滤池。

(1) 工艺设计参数。

① 气浮系统

药剂消耗设计参数：

聚合氯化铝（PAC）：8%，310kg/h，2715.6t/a；

聚丙烯酰胺（PAM）：4%，250kg/h，2190t/a。

储罐设计参数：

PAC储罐尺寸为3.5m×3.5m，有效容积为30m³，按照4d的使用量考虑；

PAM储罐尺寸为3.5m×3.5m，有效容积为30m³，按照5d的使用量考虑。

气浮池（DAF-1001A/B/C/D）设计参数：

气浮回流比：10%；

水力表面负荷：6.9m³/(m²·h)；

水力停留时间：27min；

有效池容积：566m³；

② 臭氧催化氧化系统

臭氧氧化池（V-3201）有效容积：2800m³；

水力停留时间：1.1h；

催化氧化反应区水力停留时间：0.5h；

静置脱气区水力停留时间：0.6h；

臭氧发生器：2台；

臭氧发生器臭氧产量：20kg/h/台；

臭氧发生器产生臭氧浓度约为6%~10%（质量）；

氧气消耗量：200kg/h/台。

③ 曝气生物滤池系统

处理水量2500m³/h；

单池尺寸：11.75m×W7.46mm，其中滤料层高4.0m；

滤料层空塔停留时间：1.88h；

滤速：2.13m/h；

COD负荷：0.38kgCOD/m³·d，COD由80mg/L到50mg/L，其中进BAF系统COD中可生物降解的COD不小于30mg/L；

气洗强度为50m³/(m²·h),水洗强度为18m³/(m²·h),反洗周期为24~48h,反洗顺序为:气洗4min,气水联合洗6min,清水漂洗10min。

(2) 实施后水质要求

项目实施后,深度处理装置水质预测情况见表5-9。

表5-9 水质预测表

序号	污染物项目	量纲	进水水质	出水水质
1	pH	无	6~9	6~9
2	色度	稀释倍数	70	50
3	悬浮物(SS)	mg/L	80	60
4	生化需氧量(BOD_5)	mg/L	20	10
5	化学需氧量(COD_{Cr})	mg/L	80	50
6	氨氮(NH_3-N)	mg/L	10	5
7	总氮(TN)	mg/L	25	20
8	总磷(TP)	mg/L	1.5	0.5
9	石油类	mg/L	10	5

第六章 污水处理回用

水危机的一个重要表现为水环境危机,这是指由于水质下降而引发的危机。大量工业废水和生活污水排放造成的水资源污染严重损坏了人体健康和生产发展,也破坏了生态平衡。为了解决水危机难题,世界各国根据自己的国情,采取了相应的对策,其中开源节流是必选的途径,而污水治理和回用是其中的重要内容,它既开辟了新的水源,又减少了对环境的污染和水生态环境的破坏,是解决水危机的重要战略举措。

我国对石油化工行业的污水回用提出了严格的指标,要求回用率不低于60%,主要回用于冷却循环补充水、绿化、清洗及部分生产工艺。污水回用主要是通过高级处理技术深度净化污水中残留的污染物,如悬浮固形物、溶解性大分子有机物、盐分及病原菌等。根据不同的回用要求,选择最经济的处理技术和工艺。

第一节 电渗析

一、技术原理

电渗析是一种改进的电驱动膜分离技术,其核心原件为选择性离子交换膜——化工分离膜,利用阴阳离子交换膜交替排列于正负极(电极)之间,并用特制的隔板将其分开,组成除盐(淡化)和浓缩两个系统。

当向隔室通入盐水后,在直流电场作用下,阳离子向负极迁移,通过阳离子交换膜而被阻挡在下一阴离子交换膜;阴离子向正极移动,通过阴离子交换膜而被阻挡在下一阳离子交换膜,从而使淡室中的盐水被淡化,浓室(淡室相邻的一对阴阳膜之间的空间)中的盐水被浓缩。为防止钙镁离子过度堆积成垢,运行一段时间后倒极,改变酸碱环境。倒极后,浓、淡室切换,淡室变成浓室,浓室变成淡室。

电渗析一个流程工作示意图如图6-1所示。

定期倒换极板正负极,改变溶液中正、负离子的有序迁移方向和阴阳膜附近的pH,可以实现浓水室、淡水室的切换,以及通过技术改进改变膜表面处的流体状态,避免钙、镁离子浓度过渡集中晶核形成出现结垢现象,从而使电渗析中膜具有自身清理功能。

倒极周期的确定依据为待处理水的含盐量和硬度指标,一般为0.5~2h。含盐量越高,硬度越高,倒极时间越短,反之,倒极时间越长。倒极过程通过时间来控制,采用PLC自动实现水路和电源加载项的同步切换。具体为运行倒极周期时间后,即达到倒极时间点时,PLC控制系统对对应倒极阀进行启停,同时自动切换整流柜的正负项输出。

二、工艺特征

电渗析工艺主要针对的处理对象为循环水排污水、高含盐水、达标外排污水、清洁下水。

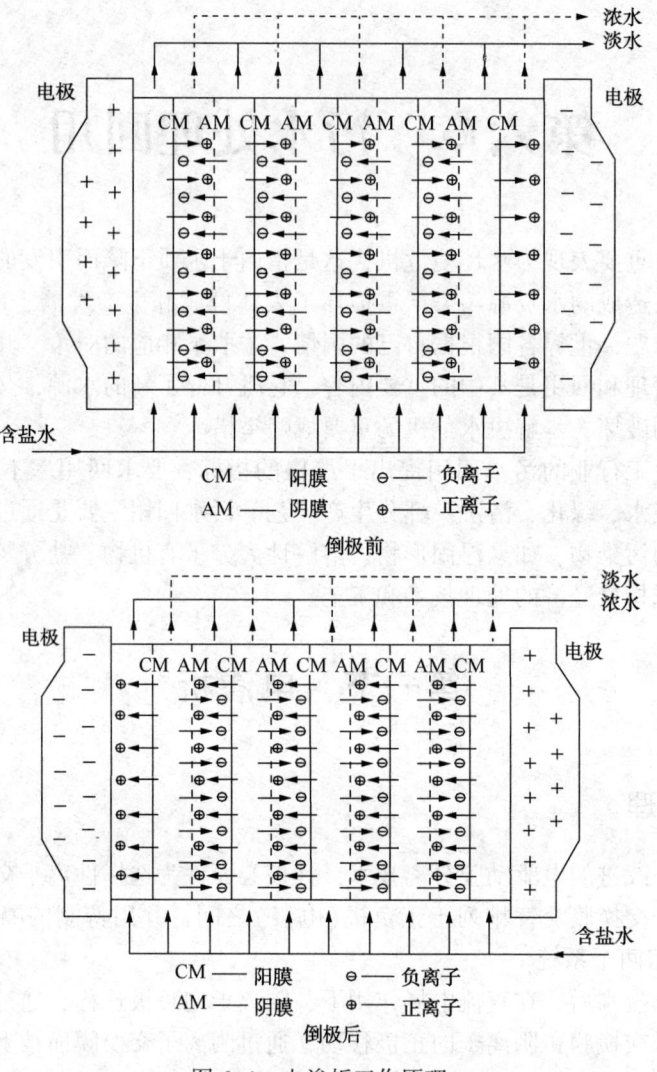

图 6-1 电渗析工作原理

电渗析工艺具有以下优势：

(1) 对进水要求低，相对于双膜工艺的进水水质要求要宽松；

(2) 电渗析工艺中设计防垢剂和曲折流动间隔层设计，相对于其他净水工艺更不易结垢和污堵；

(3) 经过电渗析工艺处理后的产水相对双膜工艺无须二次勾兑，可根据需求调节产水脱盐率，具有更优的经济效益；并且电渗析工艺的核心理念是离子迁移，所以对各种离子的去除率基本一致；

(4) 由于电渗析工艺产出的浓水可经过回注或单独循环进行再处理，所以相对其他工艺无二次污染；并且由于浓水回注或单独循环工艺的存在，CRP 工艺的回收率不小于 70%；

(5) 电渗析工艺能耗相对其他工艺较低，大部分能耗为电耗，相对其他工艺减少了药剂等消耗；

(6) 电渗析工艺模块小型化、标准化，更加方便拆装，并且若出现单台模块损坏或其他原因导致模块需从系统中切除，不影响整体电渗析设备开车使用；

(7) 电渗析设备供货灵活，可适应不同场所的调节：

① 用户自备厂房　模块摆放立体化，有占地面积小的优势，但现场施工周期长；

② 用户提供场地　采用集装箱厂房形式供货；集装箱厂房的理念为集装箱的拼接，大部分的工作量都集中在供货期中，货到现场拼接后即可进入调试开车阶段；具有占地面积更小，供货周期短，高度集成化程度更高，仅需普通地面基础就可使用，节省土建投资的优点；

(8) 电渗析设备后续维护操作简单，具备在线清洗系统；

(9) 电渗析设备相对其他净水设备投资较小。

三、工程实例

(一) 项目简介及工艺流程

某公司动力部将现有炼油污水回用装置投入运行，并在其附近建设一套处理量为 $100m^3/h$ 的电渗析中水脱盐装置，将一部分炼油中水装置产水经过脱盐勾兑后作为炼油部循环水系统的补充水。

建成后的炼油中水脱盐单元处理流程为：现有炼油中水装置（总产 $150m^3/h$，其中 $100m^3/h$ 进入脱盐系统）接触消毒池（原水池）→提升泵（$100m^3/h$）→全自动精密过滤系统→中间水池→提升泵（$160m^3/h$，其中 $100m^3/h$ 为原水，$60m^3/h$ 为回流浓水）→保安过滤器→电渗析电渗析脱盐装置（频繁倒极型，四级四段/四级八段）→产水（$75m^3/h$）与未脱盐中水（$50m^3/h$）混合→供水泵→回用于循环水补充水系统。工艺流程如图6-2所示。

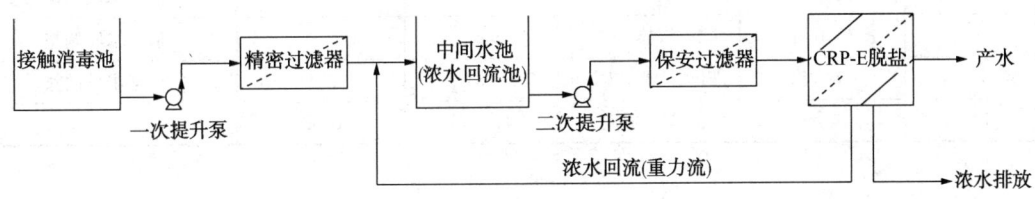

图6-2　工艺流程图

(二) 设计指标

1. 总进、出水质指标

各指标如表6-1所示。

表6-1　总进、出水水质

序　号	项　目	进　水	出　水
1	$COD_{Cr}/(mg/L)$	≤60	≤40
2	浊度/NTU	≤15	≤3
3	pH	6~9	6~9
4	油/(mg/L)	≤5	—
5	温度/℃	常温	常温
6	电导率/(μS/cm)	≤2000	≤500
7	氯化物/(mg/L)	≥350	—
8	设计水量/(m³/h)	100	75

2. 设计参数

(1) 最大处理能力 110m³/h （以进口处流量计为计量考核依据）
(2) 产水率≮75%　　　　（以产品流量计为计量考核依据）
(3) 脱盐率≮75%　　　　（以进出口在线电导率仪为计量考核依据）

系统水质、水量平衡如图 6-3 所示。

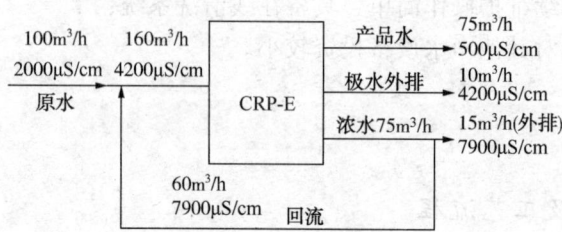

图 6-3　系统水质、水量平衡图

3. 公用工程消耗指标及用量(表 6-2)

表 6-2　公用工程消耗指标及用量

序号	名称	规格	单位	消耗量	备注
1	电	380V/50Hz	kW	230	
2	仪表风	0.4MPa	Nm³	2.0	
3	自来水	0.2~0.3MPa	m³/h	0.1	
4	阻垢剂	液体	t/a	4.0	根据水质调整
5	杀菌剂	液体	t/a	2.0	根据水质调整
6	硫酸	液体，93%以上	t/a	2.5	根据水质调整
7	盐酸	液体，36%	t/a	0.35	

(三) 运行状况

1. 不同工作电压下系统运行情况

不同工作电压下系统运行情况如表 6-3、表 6-4 所示。

表 6-3　电压为 60V 系统运行情况

水样名称	COD/(mg/L)	pH	浊度/NUT	电导率/(μS/cm)	脱盐率	水量	产水率
进水	35~60	7.4~7.8	0.95~2.68	1700	51.76%	75	73.33%
产水	23~45	6.9	0.36~1.54	820		55	

表 6-4　电压为 100V 系统运行情况

水样名称	COD/(mg/L)	pH	浊度/NUT	电导率/(μS/cm)	脱盐率	水量	产水率
进水	34~60	7.4~7.8	0.95~2.68	1700	68.88%	75	73.33%
产水	23~39	6.9	0.36~1.53	512		55	

2. 试剂及电量消耗

(1) 吨水消耗硫酸 0.056kg，杀菌剂 0.0139kg，阻垢剂 0.007kg。

(2) 吨水耗电量 1.25 度。

(四) 技术改造

1. 优化运行方案提高水利用率和浓水回收率

为提高水利用率和浓水回收率,优化改造共两个部分:

(1) 极水单独循环系统

100t/h 电渗析项目的极水来水采用原水,使用完即外排,造成了大量的原水浪费(正常开车时极水排水量为 14~20t/h);并且由于原水中含有大量的钙离子,使用原水作为极水也使得极板易结垢。

现为了提高水利用率和增加设备连续稳定运行时间,优化改造项目如下:

① 改极水外排为极水单独循环;

② 极水用水不再使用原水,改为纯水(或新鲜水)配置的氯化钠水溶液;

③ 改造极水单独循环系统需;

④ 增设极水泵;

⑤ 电渗析膜堆的极水进出水管路改造;

⑥ 氯化钠水溶液投加为人工投加;

⑦ 增设 5m³ 的极水水箱,底部设有排放手阀与一楼室内排水地沟相连,人工定期排放极水。

(2) 浓水回注系统

浓水部分外排部分回流至中间水箱。回流至中间水箱后造成重复处理再次脱盐,会造成电耗增加、结垢趋势增加、清洗周期缩短等。

现为了提高回收率和增加设备连续稳定运行时间,优化改造浓水回用系统,使浓水只进膜堆浓水室,不再进入中间水箱重复脱盐,从而提高回收率。

2. 优化加药方案改善杀菌效果

100t/h 电渗析通过连续投加非氧化性杀菌剂的方式进行杀菌控制,因非氧化性杀菌剂低浓度投加杀菌效果不佳,高浓度投加成本又会增加,研究决定将杀菌控制改为连续投加氧化性杀菌剂的方式。改造主要包括取消原非氧化线杀菌剂投加系统,增加氧化性杀菌剂($NaClO$)及还原剂($NaHSO_3$)加药泵、投加点,电渗析在线监测及相应的自控。

因此改造主要分为两部分:(1)增加 $NaClO$ 加药及控制系统;(2)增加 $NaHSO_3$ 加药及控制系统。

通过以上两项技术改造,增大了外排浓水浓度,提高了产水率,降低了精密过滤器的反洗频次和化学清洗的频率。

第二节 电吸附

一、工艺原理

电吸附(Electro-Sorption Technology,EST)除盐就是通过施加外加电压形成静电场,强制离子向带有相反电荷的电极处移动,通过对双电层的充放电进行控制,改变双电层处的离子浓度，并使之不同于本体浓度，从而实现对水溶液的除盐。如图 6-4 所示。

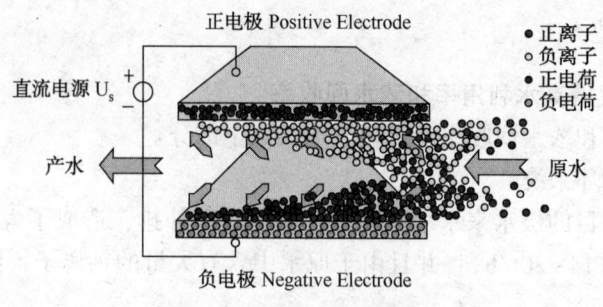

图 6-4　电吸附除盐原理图

二、工艺特点

（1）耐受性好

核心部件使用寿命长（>5 年），避免了因更换核心部件而带来的运行成本的提高。

（2）特殊离子去除效果显著

EST 技术对氟、氯、钙、镁离子去除率效果尤佳，且除盐率连续可调。

（3）无二次污染

EST 系统不添加任何药剂，排放浓水所含成分均系来自原水，系统本身不产生新的排放物。可直接达标排放，无须进一步处理。

（4）对颗粒污染物要求低

由于电吸附除盐装置采用通道式结构（通道宽度为毫米级），因此不易堵塞。对前处理要求相对较低，因此可降低投资及运行成本。同时，电吸附除盐设备具有很强的耐冲击性。

（5）抗油类污染

由于电吸附除盐装置采用特殊的惰性材料为电极，可抗油类污染。电吸附除盐技术已成功应用于炼油废水回用（齐鲁石化工程），实践证明了此点。

（6）操作及维护简便

由于 EST 系统不采用膜类元件，因此对原水的要求不高。在停机期间也无需对核心部件作特别保养。系统采用计算机控制，自动化程度高，对操作者的技术要求较低。

（7）运行成本低

该技术属于常压操作，能耗比较低，其主要的能量消耗在于使离子发生迁移。这与其他除盐技术相比可以大大地节约能源。其根本原因在于 EST 技术净化/淡化水的原理是有区别性地将水中作为溶质的离子提取分离出来，而不是把作为溶剂的水分子从待处理的原水中分离出来。

三、工艺流程

电吸附工艺流程分为两个步骤：工作流程、反洗流程，流程如图 6-5 所示。

工作流程：原水池中的水通过提升泵被打入保安过滤器，固体悬浮物或沉淀物在此道工序被截流，水再被送入电吸附（EST）模块。水中溶解性的盐类被吸附，水质被净化。

反洗流程：就是模块的反冲洗过程，冲洗经过短接静置的模块，使电极再生，反洗流程可根据进水条件以及产水率要求选择一级反洗、二级反洗、三级反洗或四级反洗。

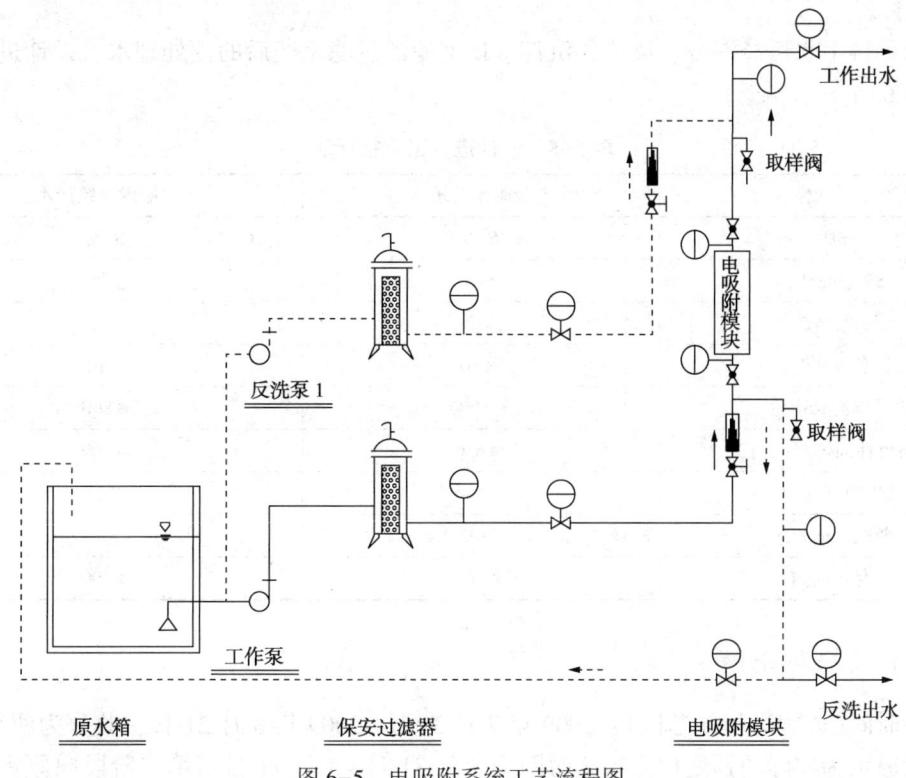

图 6-5 电吸附系统工艺流程图

四、工程实例

某公司水厂采用电吸附除盐设备，对再生水厂出水进行深度除盐处理，其平均除盐率为 78.3%；在原水氯化物平均浓度为 134.5mg/L，产水平均值 11.6mg/L，平均去除率达到了 90.6%，吨水电耗为 0.57kW·h，系统产水率为 76%。由此可见，电吸附技术应用于该再生水厂的中水回用完全是可行的。

（一）项目概况

某公司以"保护环境、净化水质、服务社会、促进发展"为宗旨。下辖的再生水厂投资 1.04 亿元于 2008 年 8 月建成投产一期规模 $10×10^4$t/d 再生水工程，再生水主要用于工业用水。再生水在这些企业主要用作冷却循环水，为提高循环冷却水的浓缩倍数，减少新鲜水补充量，降低运行费用，这些企业都对补充水中的氯离子含量和总含盐量提出了高于国家标准的要求。尽管目前再生水厂出水水质各项参数均满足国家标准 GB/T 18920—2002《城市污水再生利用城市杂用水水质》和 GB/T 50050—2017《工业循环冷却水设计规范》中规定的回用水水质标准，但回用水用户提出了更高的水质标准，他们有权选择性价比优异的水源。对于再生水厂来说，氯离子含量超出用户要求已成为再生水回用的关键制约因素。为解决这个问题排水公司拟将 $12×10^4 m^3/d$ 的再生水首先进行电吸附深度除盐处理中试研究，使其产品水满足以上企业的用水要求。

(二) 基础数据

水源：再生水厂经混合、反应、沉淀、D型滤池过滤杀菌后的预处理水。设计进、出水指标见表6-5。

表6-5 设计进、出水指标表

项 目	电吸附系统进水	电吸附系统产水
pH	6~9	6~9
SS/(mg/L)	≤5	≤5
浊度/NTU	≤2	≤2
色度/倍	≤10	≤10
电导率/(μS/cm)	≤1000	≤800
总溶解性固体/(mg/L)	≤650	≤500
氯化物/(mg/L)	≤180	≤27
余氯/(mg/L)	0.1~0.2	—
碱度/(mg/L)	≤100	≤100

(三) 数据与分析

试验时间(连续运行并考核)：2009年7月31日~2009年8月21日，共分为两个阶段，第一阶段原水为实际的预处理出水，时间为7月31日~8月11日；第二阶段向原水中添加一定的氯化钠以提高原水中氯化物的含量，时间为8月13~21日。

检测电导、总硬度、氯化物等指标，并提出水质分析报告单，数据分析如下：

1. 电导率

水的电导率与其所含的无机离子的总量有一定的关系，如水中的无机酸、碱、盐等。当它们的浓度较低时，电导率随浓度的增大而增大，因此常用于推测水中离子的总浓度或含盐量。电吸附技术对电导率的去除效果如图6-6所示。

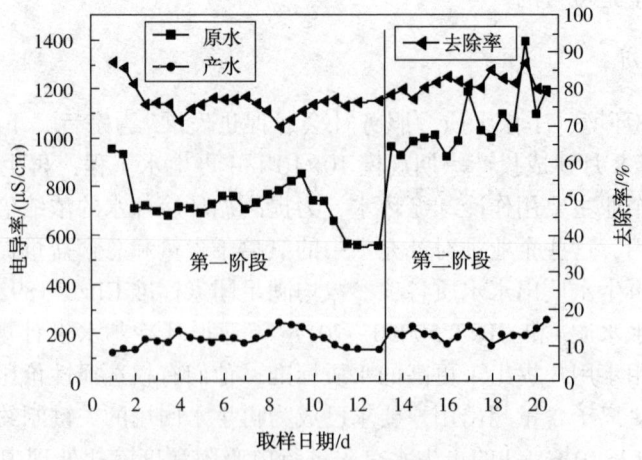

图6-6 电吸附原水和产水电导率及去除率的变化情况

从运行和检测结果看，原水和产水的电导率均比较稳定，只是在第二阶段试验时向原水中添加了一定量的氯化钠,以增加原水中氯化物的含量,所以其原水电导率有所上升,其原水平均电导率为854μS/cm,产水平均电导率为181μS/cm,平均去除率为78.3%。

2. 氯化物

由图6-7可知,在第一阶段和第二阶段,原水中氯化物含量变化较大的情况下,电吸附产水的氯离子浓度一直很稳定,可见电吸附除盐技术对氯离子有较好地去除效果。在原水氯化物平均浓度为134.5mg/L时,产水平均值11.6mg/L,平均去除率达到了90.6%。这是由于阴离子一般不会形成水和离子,其离子半径相对较小,有利于吸附行为的发生,所以氯离子的去除率要高于阳离子甚至是其他阴离子。

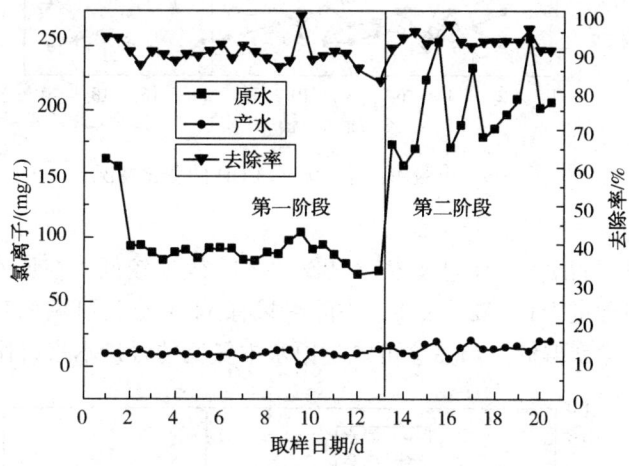

图6-7 原水和产水氯离子浓度的变化情况

3. 总硬度

从图6-8可以看出,电吸附技术对总硬度的去除效果比较稳定,在原水平均浓度为127.9mg/L时,产水平均值52.5mg/L,平均去除率为59.1%。

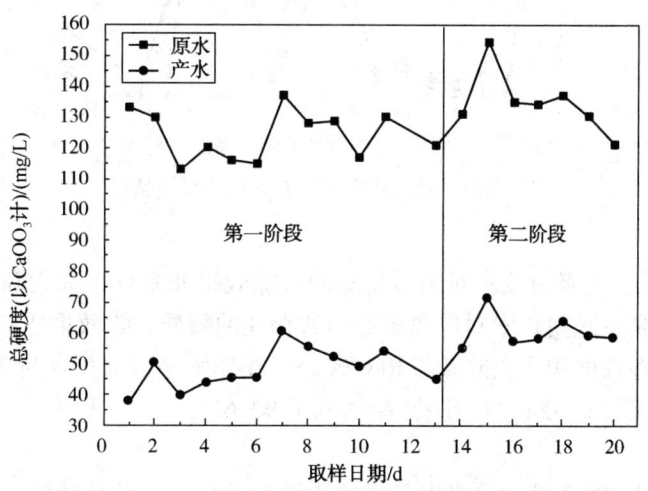

图6-8 原水和产水总硬度的变化情况

4. COD

由图6-9可知,电吸附技术对该种原水中的COD也有一定的去除效果。在原水的COD为28.6mg/L的情况下,电吸附产水的COD平均浓度为10.9mg/L。去除率为53.1%。

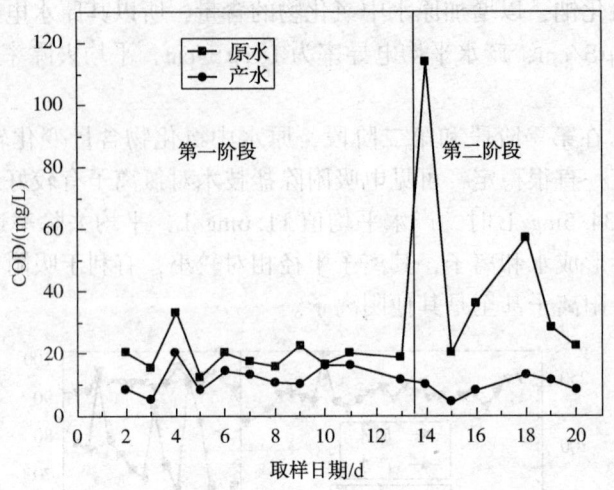

图6-9 电吸附原水和产水COD的变化情况

5. 氨氮

从图6-10上可以看出，电吸附技术对氨氮的去除效果较低，在原水为0.2294mg/L的情况下，产水的平均含量为0.1581mg/L，去除率只有44.17%，可见相对于其他离子来说电吸附技术对氨氮的去除率偏低，当然这可能是原水中氨氮的含量本来就比较低的缘故。

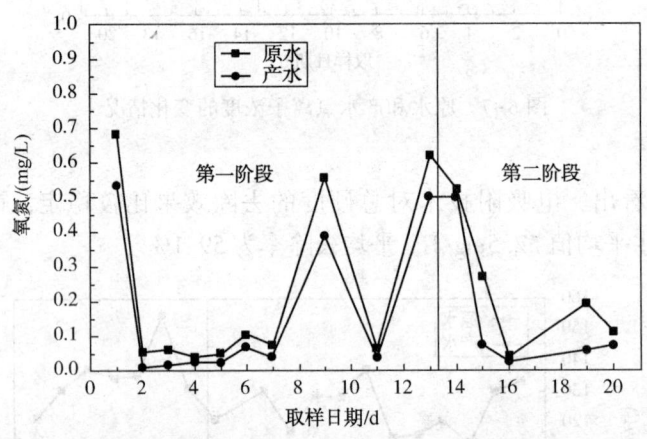

图6-10 原水和产水氨氮含量的变化情况

6. 硝酸盐氮

由图6-11可见，电吸附技术对硝酸盐氮的去除效果非常好，大大高于对氨氮的去除效果，究其原因可能是电吸附技术对以离子态形式存在的物质去除效果较好，而对于以分子尤其是以有机物形式存在的物质去除效果相对较差。在原水硝酸盐氮含量为5.73mg/L的情况下，产水的平均浓度为0.42mg/L，去除率达到了92.65%。

7. 总磷

由图6-12可知，此次试验原水中总磷的浓度波动较大，其总体的去除效果与氨氮差不多，在原水为0.5649mg/L的情况下，产水为0.3149mg/L，平均去除率为42.41%。

8. 吨水电耗与产水率

此次中试采用的电吸附除盐系统的处理量为0.5~1.0m³/h，连续运行20d，总共产水

451m³，总排水 108m³，耗电量为 257kW·h，其吨水电耗为 0.57kW·h，电价按 0.7元/kW·h 计，其吨水运行成本为 0.39 元；系统产水率为 76%。

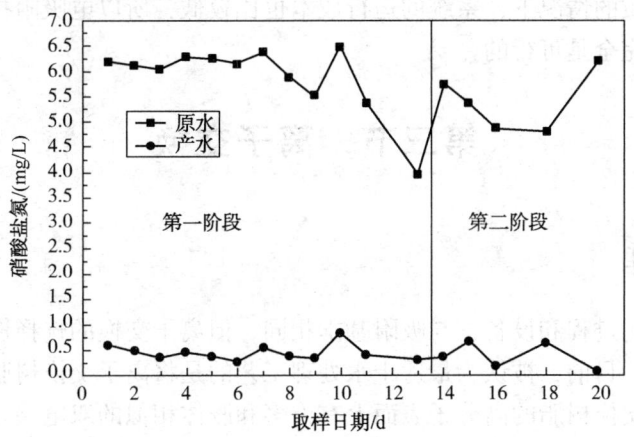

图 6-11 硝酸盐氮含量的变化情况

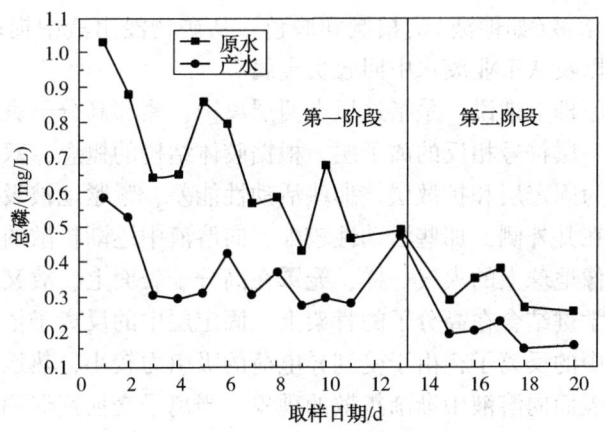

图 6-12 原水和产水总磷的变化情况

采用电吸附除盐技术对某排水有限公司再生水厂出水进行除盐中试试验研究，并取得了很好的效果，在原水波动较大的情况下，产水一直比较稳定，具体结果如下：

（1）原水平均电导率为 854μS/cm，产水平均电导率为 181μS/cm，平均去除率为 78.3%；

（2）原水氯化物平均浓度为 134.5mg/L，产水平均值 11.6mg/L，平均去除率达到了 90.6%；

（3）总硬度原水平均为 127.9mg/L，产水平均值 52.5mg/L，平均去除率为 59.1%；

（4）原水 COD 为 28.6mg/L，电吸附产水的 COD 平均浓度为 10.9mg/L，去除率为 53.1%；

（5）氨氮原水为 0.2294mg/L，产水的平均含量为 0.1581mg/L，去除率 44.17%；

（6）原水硝酸盐氮含量为 5.73mg/L，产水平均浓度为 0.42mg/L，去除率达到了 92.65%；

（7）原水总磷为 0.5649mg/L 的情况下，产水为 0.3149mg/L，平均去除率为 42.41%；

（8）其吨水电耗为 0.57kW·h，电价按 0.7元/kW·h 计，其吨水运行成本为 0.39 元，系统产水率为76%。

由此可见，电吸附技术完全能够满足处理该种水质的需求，尤其对氯化物的去除效果较好，在保证产水水质的情况下，系统的运行成本也比较低，所以电吸附技术应用于该再生水厂的中水回用系统完全是可行的。

第三节 离子交换

一、工艺原理

离子交换操作的过程和设备，与吸附基本相同，但离子交换的选择性较高，更适用于高纯度的分离和净化。目前，被认为最适于水处理工艺的是将离子交换树脂看作具有胶体型结构的物质，在离子交换树脂的高分子表面上有许多和胶体相似的双电层。

早在1850年就发现了土壤吸收铵盐时的离子交换现象，但离子交换作为一种现代分离手段，是在20世纪40年代人工合成了离子交换树脂以后的事。目前，离子交换主要用于水处理（软化和纯化）；溶液（如糖液）的精制和脱色；从矿物浸出液中提取铀和稀有金属；从发酵液中提取抗生素以及从工业废水中回收贵金属等。

离子交换树脂从原理上来说，是指这里有两层离子，紧邻高分子表面的一层离子称为内层离子，在其外面是一层符号相反的离子层。根据胶体结构的概念，双电层中的反离子按其活动性的大小可划分为固定层和扩散层。那些活动性能差，紧紧地被吸附在高分子表面的离子层，称为固定层，在其外侧，那些活动性较大，向溶液中逐渐扩散的反离子层，称为扩散层，因为这些反离子像地球上的大气一样，笼罩在高分子表面上，故又称为离子氛。

内层离子依靠化学键结合在高分子的骨架上，固定层中的反离子依靠异电荷的吸引力被固定着。而在扩散层中的反离子，由于受到异电荷的吸引力较小，热运动比较显著，所以这些反离子有自高分子表面向溶液中渐渐扩散的现象。当离子交换剂遇到含有电解质的水溶液时，电解质对其双电层有交换作用、压缩作用。

当然，离子交换反应是可逆的，而且等当量地进行。由实验得知，常温下稀溶液中阳离子交换势随离子电荷的增高，半径的增大而增大；高相对分子质量的有机离子及金属络合阴离子具有很高的交换势。高极化度的离子如Ag^+、Tl^+等也有高的交换势。离子交换速度随树脂交联度的增大而降低，随颗粒的减小而增大。温度增高，浓度增大，交换反应速率也增快。

二、工艺特点

离子交换剂使用寿命长，选择性高，能够在常温下进行，节省消耗，产品纯度高。

早期使用的硅质离子交换剂如海绿砂和合成沸石有许多缺点，特别是在酸性条件下无法使用。磺化煤利用天然煤为原料，经浓硫酸磺化处理后制成，但使用过程中暴露出交换容量低、机械强度差、化学稳定性较差等缺点，已逐渐被离子交换树脂所取代。

离子交换树脂是一种高分子的聚合物，与其他离子交换剂相比具有如下优点：①交换容量高；②外形大多为球状颗粒，水流阻力小；③机械强度高；④化学稳定性好。因此离子交换树脂已成为目前最普遍采用的离子交换材料。

三、工程案例

(一) 工程概况

某公司为满足水厂需要对工艺提出要求:(1)进入化水站的水源为自来水,水质设计贵方提供的水质分析报告进行设计计算,其变化系数 $K \leqslant 1.2$,排放的废水应进行中和后方可进入市政综合管网;(2)脱盐水处理设施具有较大的适应性、应急性,可以满足水质、水量的变化,并考虑在突发或事故状态下的各种应急用水;(3)采用工艺具有可靠性、运行稳定,运转费用低,管理维护量特别小,自动化程度高;(4)系统处理过程中选用工作泵均为离心泵,具有启动及运转功率小、噪音低、工作稳定等特点;(5)系统的设计分手动及自动控制,自动控制部分的工作仪表阀门为合资企业产品或进口产品。

(二) 水质要求

1. 原水水质及水量

(1) 设定原水水质报告见表3-1;$\sum A$(总阳离子含量)$= \sum K$(总阴离子含量)$= 3.1$mg-N/L;

(2) 要求系统产水量$\geqslant 30$m³/h;

(3) 原水水质较稳定,变化系数$K \leqslant 1.2$。

原水水质分析见表6-6。

表6-6 原水水质分析

序号	项 目	数据/(mg/L)	数据/(mg-N/L)
1	K^+	15.0	0.4
2	Na^+	20.0	0.9
3	Ca^{2+}	20.0	1.0
4	mg^{2+}	10.0	0.8
5	Pb^{2+}		
6	总阳离子		$\sum A = 3.1$
7	HCO_3^-	74.0	1.2
8	Cl^-	40.0	1.1
9	SO_4^{2-}	35.0	0.7
10	NO_3^-(以N计)		
11	F^-		
12	SiO_2		
13	总阴离子		$\sum A = 3.0$
14	pH	7.3	
15	游离CO_2		
16	耗氧量	1.5	1.5

续表

序号	项 目	数据/(mg/L)	数据/(mg-N/L)
17	总硬度(以 $CaCO_3$ 计)	90.0	1.8
18	永久硬度		
19	总碱度(以 $CaCO_3$ 计)	60	1.20
20	水温		
21	游离氯		

2. 离子交换进水要求(表 6-7)

表 6-7　离子交换进水水质要求

序　号	项　目	要　求
1	浊度(度)	<3
2	色度(度)	15
3	含盐量 TDS	<300mg/L
4	温度	<50℃
5	化学耗氧量(以 O_2 计)	<3mg/L
6	游离氯	<0.1mg/L
7	铁	<0.3mg/L
8	锰	<0.1mg/L

3. 用水要求

(1) 系统产水水量 $Q \geqslant 30m^3/h(25℃)$；

(2) 出水水质：详见表 6-8；

(3) 供水方式：连续供水；

(4) 控制方式：分手动及 PLC 程序控制、自动联锁保护两种。

表 6-8　出水水质要求

序　号	项　目	指　数
1	pH	8.5~9.2
2	总硬度	≈0
3	电导率	≤5.0μS/cm
4	二氧化硅	≤100μg/L

(三) 系统工艺要求及说明

根据用户原水水质报告及离子交换进水条件，提出以上简易流程。本工艺分预处理部分、一级脱盐系统。

1. 预处理部分

由于原水浊度不稳定，且原水水质变化系数较大，在前级预处理部分设置一台纤维球过滤器降低浊度，达到进离子交换器的用水要求，确保树脂不受有机及泥砂的污染。本装置为一用一备。

2. 预处理设备工作参数及说明

纤维球过滤器设计流速为 25~30m/h，过滤器内装直径为 30mm 的纤维球，由于纤维球相对密度小，运行呈压实状，反洗方便。所以该过滤器接近理想过滤器，具有截污能力强，产水量大等特点。因过滤器经反洗后，表面滤膜被破坏，过滤效率明显降低，固反洗后宜采用低流速运行，以便滤膜的形成，同时提高过滤效率。

纤维球过滤器反洗周期按出水浊度是否小于 1 度来确定，水反洗强度为 15L/m²·S，纤维球过滤器并设有搅拌机(框式搅拌机、摆线针轮减速机 XDL7-87-4)，以在水反冲前将纤维球进行松动，以便滤料冲洗彻底恢复滤料的载污量。

3. 一级脱盐系统工作参数及说明

(1) 无顶压逆流再生阳离子交换器

阳离子交换器在本工艺中主要去除水中的绝大部分阳离子，如：钙、镁、钠、铁、钾等阳离子，设计运行流速为 20~25m/h，交换器内装 001×7 树脂，层高 2000mm。出水形式为多孔板加 ABS 排水帽形式，设备内衬 5mm 的天然双层胶，中排为 316 材质子母管形式。设计反洗膨胀率 100%。本设备为一用一备，确保连续用水。

(2) 脱气塔

除 CO_2 器为鼓风填料式，在工艺中主要为去除原水中溶解性的 CO_2，以减轻阴离子交换器的运行负荷。由于原水中的 CO_2 以 HCO_3^-、CO_3^{2-} 等形式存在的量较大，经过阳离子交换器后，出水呈酸性，在酸性条件下，HCO_3^- 和 CO_3^{2-} 极不稳定，易与水中的 H^+ 结合成 H_2O 及 CO_2，因此，而鼓风条件下，易于析出去除。经除二氧化碳器后 CO_2 含量小于 5mg/L。本工程中使用一套。

(3) 中间水箱

中间水箱设计停留时间 20min，有效容积 $V_n = 10m^3$。本水箱可设置室外，为钢砼制作。顶部设检修孔及人梯、进水孔、呼吸孔。底部设排污孔，配有液面计。

(4) 中间水泵

中间水泵选用 IH80-65-160，$Q = 30t/h$，$H = 38m$、$N = 7.5kW$ 二台，一用一备，在工艺中主要为后级阴离子交换器增压。

(5) 无顶压逆流再生阴离子交换器

阴离子交换器设计运行流速为 20~25m/h，交换器内装 213 树脂(抗有机物污染性能较好的阳离子交换树脂)，设计树脂层高 2200mm。底部出水装置结构为多孔板加 ABS 排水帽，阴离子交换器在本工艺中主要去除水中的绝大部分阴离子，如 Cl^-、SO_4^{2-}、NO_3^- 及硅酸根离子等。设备内衬 5mm 的天然双层胶，中排为 321L 不锈钢材质，子母管形式。设计反洗膨胀率 100%。本设备共二台运行时一用一备，确保连续用水。

(6) 碱贮罐

碱贮罐是用以贮存再生用碱以起储备作用，贮存浓度为 30%左右的液态 NaOH。本装置除本体设备外，配有进出液口、排污口、排气口、测液位口、冲洗水口、备用口、人孔及磁性翻板液面计及配套阀门。

(7) 酸贮槽

高位酸贮槽是用以贮存再生用酸以起储备作用，贮存浓度为 30%左右的浓盐酸。本装置除本体设备外，配有进出液口、排污口、排气口、测液位口、冲洗水口、备用口、人孔及磁性翻板液面计及配套阀门。

(8) 酸计量箱

酸计量箱是用以向阳离子交换器内输送及计量酸液，与酸喷射器配用以稀释浓酸溶液。该容积应满足提供一台阳离子交换器再生液用量。进、出酸阀为带信号气动衬胶隔膜阀，配带信号输出磁翻板液位计。

(9) 碱计量箱

碱计量箱是用以向阴离子交换器内输送及计量碱液，与碱喷射器配用以稀释浓碱溶液。该容积应满足提供一台阴离子交换器再生液用量。进、出碱阀为带信号气动衬胶隔膜阀，配带信号输出磁翻板液位计。

(10) 去离子水箱

去离子水箱设计停留时间为2h，$V_n = 60m^3$，本水箱可设置室外，为钢板制作。设顶部、侧部检修孔、液面计、扶梯、进出水口、呼吸孔。底部设出水孔及排污孔。

(11) 去离子水泵及再生泵

去离子水泵选用IH80-65-160型二台(一倍一用)，具体参数为：$Q = 50t/h$、$H = 38m$、$N = 7.5kW$。去离子水泵在工艺中主要起后级增压作用。

再生泵选用CHL8-40型一台，具体参数为 $Q = 5t/h$、$H = 32m$、$N = 1.5kW$。再生泵在工艺中主要用于再生系统所供压力水源。

4. 系统周期计算

基础资料：阳树脂001×7共3.08m³，工作交换容量按800mg-N/L计，阴树脂213共3.08m³，工作交换容量500mg-N/L计。

则阳床内阳树脂周期 $T = \dfrac{3.08 \times 800}{30 \times \sum A} = 26.5h$

阴床内阴树脂周期 $T = \dfrac{3.08 \times 500}{30 \times (\sum K - 1.2 + 0.1)} = 27h$

经计算阳阴床的周期基本相等，且阳床周期小于阴床周期，系统的运行不存在阴床运行终期SiO_2的泄漏而无法检测等因素，满足设计原则，阴阳床控制周期按26h计。

本周期计算只限于表6-7中水质条件下的计算，若原水变化，周期亦相应有所变化，在做自动化程序控制的设计时还应进一步核查一年以上的原水水质资料，并考虑各种情况(如：浅水期、汛期等情况)以确保系统安全运行。

(1) 阳阴床酸碱耗量

基础条件：阳树脂001×7再生酸耗量55gHCl/moL，工作交换容量为800mg-N/L，30%盐酸密度1.149kg/L，5%盐酸密度1.023kg/L。阴树脂213再生碱耗量65gNaOH/moL，工作交换容量为600mg-N/L阴树脂计，30% NaOH密度为1.328kg/L，4% NaOH密度为1.043kg/L。

① 阳树脂：阳树脂一次再生耗盐酸量：393L。
② 阴树脂一次再生耗NaOH量：251L。

(2) 酸、碱计量箱选择：

实际选用酸计量箱：$V_n = 393 \times 1.2 \approx 500L$，$\phi 800 \times 1370$；

实际选用碱计量箱：$V_n = 251 \times 1.2 \approx 400L$，$\phi 700 \times 1370$。

5. 工艺简介

本系统采用集中控制方式，PLC微机控制，设备运行、监视等常数设置等具有清晰的工艺流程画面，动态显示运行常数及水质变化情况：

（1）单台设备配制工作仪表及监视仪表；

（2）PLC微机控制柜，显示系统的运行工况（系统进、出水电导、进出水流量、压力等参数）；带声光报警系统，显示系统的故障点，具有自我诊断能力。

（3）配电控制柜进行有效设计，强、弱电分设，在必要时可切换为手动控制，系统的启动可单步进行。

（4）系统液位与各工作水泵可实行联锁保护，有利于设备安全运行。

（5）纤维球过滤器出水进入阳离子交换器，进水、出水阀自动开，出水至脱气塔落入中间水箱，当满水位时同时自动开启中间水泵及阴离子交换器进水、出水循环阀，使整个系统在电导未达到要求时形成一个闭路循环，当电导≤5μS/cm时阴离子出水阀开，循环出水阀关。当流量累计仪至一定产水量即停止运行进入下一程序。（根据原有设计估算产水量约3000m³）电导≥5μS/cm报警。

整个再生程序由时间控制：

（1）小反洗：阳、阴离子交换器小反洗及上排水阀自动开启，以10m/h流速对压脂层进行清洗松动。时间控制在15min。

（2）放水：阳、阴离子交换器中排水及排气阀自动开启，将水位放至树脂层上部。控制时间为3~5min。

（3）加注计量箱：计量箱设高低位液位控制，高液位时来自酸碱贮槽阀门关，低液位时来自酸碱贮槽阀门开，确保系统控制在一定液位内。根据原有再生系统酸碱喷射器无法达到设计要求，故需增设二台HNP-2500及相应管道阀门。再生液进口为DN40，进出口为DN100。

（4）再生液入设备：阳、阴离子交换器中排及进再生液阀自动开启，喷射器压力水及来自酸碱箱出液阀自动开启（调试时调整），同时进碱压力水加热阀门开启。流速控制3~5m/h，浓度3%~5%，再生时间为30~35min，其中碱加热温度至35~38℃。

（5）置换：与上一程序基本不变，酸碱箱出液阀自动关闭，流量、时间与上一程序相同。

（6）落水：阳、阴离子交换器小正洗与排气阀自动开启，将树脂层上部水注满，时间控制10min（调试时可调）。

（7）小正洗：阳、阴离子交换器小正洗与中排水阀自动开启，对压脂层内废液进行清洗，时间为15min。

（8）正洗：阳离子交换器进出水阀自动开启，阴离子交换器进水与下排水阀自动开启，当出水电导小于原水电导，转入下一程序。

（9）循环：阳离子交换器进出水阀自动开启，阴离子交换器进水与出水循环阀自动开启，待出水电导≤5μS/cm即可备用或运行。

（四）工艺流程

1. 工艺流程

离子交换除盐工艺如图6-13所示。

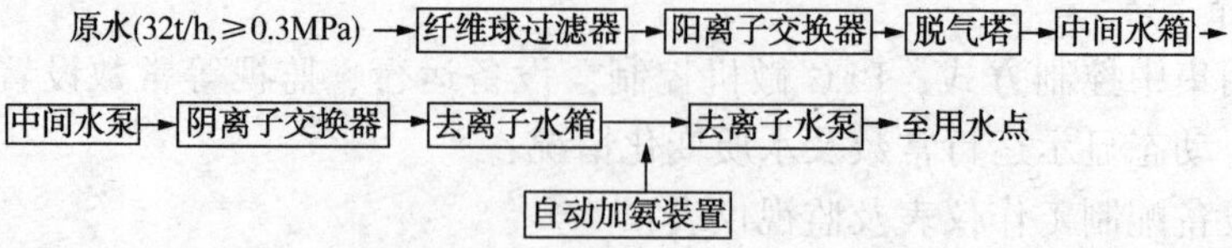

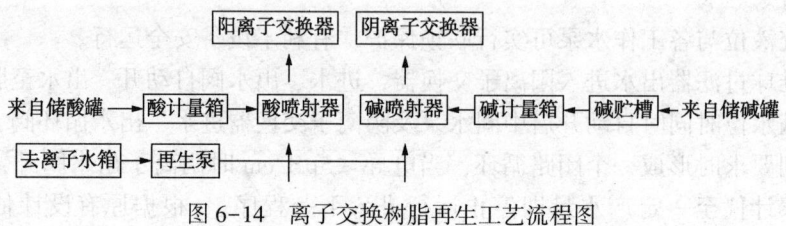

图 6-13　离子交换除盐工艺流程图

2. 再生工艺

离子交换树脂再生流程如图 6-14 所示。

图 6-14　离子交换树脂再生工艺流程图

第四节　膜分离

膜分离技术是一种新型高效、精密分离技术，它是材料科学与介质分离技术的交叉结合，具有高效分离、设备简单、节能、常温操作、无污染等优点，广泛应用于工业领域。

一、膜分离技术

(一) 基本原理

膜分离技术是一种使用半透膜的分离方法，在常温下以膜两侧压力差或电位差为动力，对溶质和溶剂进行分离、浓缩、纯化。膜分离技术主要是采用天然或人工合成高分子薄膜，以外界能量或化学位差为推动力，对双组分或多组分流质和溶剂进行分离、分级、提纯和富集操作。现已应用的有反渗透、纳滤、超过滤、微孔过滤、透析电渗析、气体分离、渗透蒸发、控制释放、液膜、膜蒸馏膜反应器等技术，其中在水处理工艺工业中常用的有超滤和反渗透 2 种。

膜分离的基本工艺原理是较为简单的(参见图 6-15)。在过滤过程中料液通过泵的加压，料液以一定流速沿着滤膜的表面流过，大于膜截留相对分子质量的物质分子不透过膜流回料罐，小于膜截留相对分子质量的物质或分子透过膜，形成透析液。故膜系统都有两个出口，

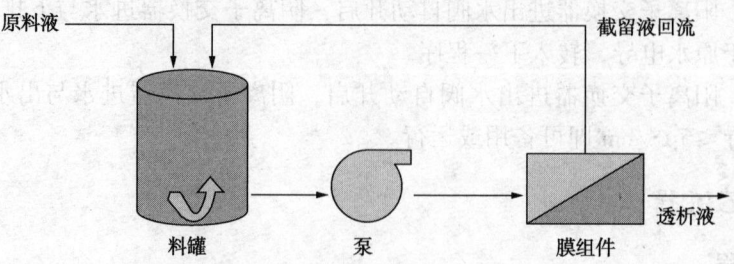

图 6-15　膜分离操作基本工艺流程

一是回流液（浓缩液）出口，另一是透析液出口。在单位时间（h）单位膜面积（m^2）透析液流出的量（L）称为膜通量（LMH），即过滤速度。影响膜通量的因素有：温度、压力、固含量（TDS）、离子浓度、黏度等。

（二）工艺特点

膜分离技术作为一门新型的高效分离、浓缩、提纯及净化技术，由于其多学科性特点，膜技术可应用于大量的分离过程。各种膜过程具有不同的机理，适用于不同的对象和要求，但有其共同的优点。

（1）膜分离技术能耗低。因为膜分离过程不发生相变化，其中以反渗透耗能最低。

（2）膜分离过程是在常温下进行的，因而特别适于对热敏感的物质，如对废水中有价值的重金属、化学药品、生产原料等的分离、分级、浓缩与富集过程。而用膜法处理饮用水，其出水水质只取决于膜自身的性质，如膜孔径、膜的选择性等，与原水水质无关。

（3）膜分离技术适用的范围广，反应过程不会改变物质的属性，不需要添加剂参加反应，不会带来新的污染物和浪费其他物质，可用于多种类型的废水处理过程。

（4）膜分离法分离装置简单，操作容易且易控制，便于维修且分离效率高。与常规水处理方法相比，具有占地面积小，处理效率高等特点。

（5）膜分离技术设备可实现定型化，自控性强，便于管理和运行，也有利于产业化发展。

（三）工艺分类

膜是具有选择性分离功能的材料，利用膜的选择性分离实现料液的不同组分的分离、纯化、浓缩的过程称作膜分离。它与传统过滤的不同在于膜可以在分子范围内进行分离，并且这过程是一种物理过程，不需发生相的变化和添加助剂。膜的孔径一般为微米级，依据其孔径的不同（或称为截留相对分子质量），可将膜分为微滤膜、超滤膜、纳滤膜和反渗透膜，根据材料的不同，可分为无机膜和有机膜，无机膜主要是陶瓷膜和金属膜，其过滤精度较低，选择性较小。有机膜是由高分子材料做成的，如醋酸纤维素、芳香族聚酰胺、聚醚砜、聚氟聚合物等。错流膜工艺中各种膜的分离与截留性能以膜的孔径和截留相对分子质量来加以区别，图6-16简单示意了四种不同的膜分离过程（箭头反射表示该物质无法透过膜而被截留）。

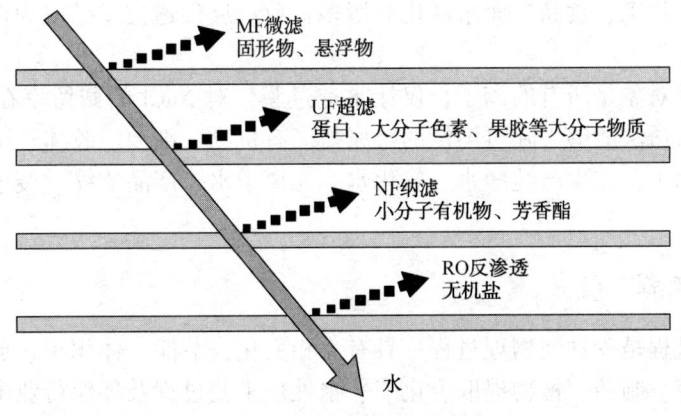

图6-16 四种不同的膜分离过程

1. 微滤(MF)

又称微孔过滤,它属于精密过滤,其基本原理是筛孔分离过程。微滤膜的材质分为有机和无机两大类,有机聚合物有醋酸纤维素、聚丙烯、聚碳酸酯、聚砜、聚酰胺等。无机膜材料有陶瓷和金属等。鉴于微孔滤膜的分离特征,微孔滤膜的应用范围主要是从气相和液相中截留微粒、细菌以及其他污染物,以达到净化、分离、浓缩的目的。

对于微滤而言,膜的截留特性是以膜的孔径来表征,通常孔径范围在 $0.1 \sim 1 \mu m$,故微滤膜能对大直径的菌体、悬浮固体等进行分离。可作为一般料液的澄清、保安过滤、空气除菌。

2. 超滤(UF)

超滤是介于微滤和纳滤之间的一种膜过程,膜孔径在 $0.05 \mu m$ 至 1000 相对分子质量之间。超滤是一种能够将溶液进行净化、分离、浓缩的膜分离技术,超滤过程通常可以理解成与膜孔径大小相关的筛分过程。以膜两侧的压力差为驱动力,以超滤膜为过滤介质,在一定的压力下,当水流过膜表面时,只允许水及比膜孔径小的小分子物质通过,达到溶液的净化、分离、浓缩的目的。

对于超滤而言,膜的截留特性是以对标准有机物的截留相对分子质量来表征,通常截留相对分子质量范围在 1000~300000,故超滤膜能对大分子有机物(如蛋白质、细菌)、胶体、悬浮固体等进行分离,广泛应用于料液的澄清、大分子有机物的分离纯化、除热源。

3. 纳滤(NF)

纳滤是介于超滤与反渗透之间的一种膜分离技术,其截留相对分子质量在 80~1000 的范围内,孔径为几纳米,因此称纳滤。基于纳滤分离技术的优越特性,其在制药、生物化工、食品工业等诸多领域显示出广阔的应用前景。

对于纳滤而言,膜的截留特性是以对标准 $NaCl$、$MgSO_4$、$CaCl_2$ 溶液的截留率来表征,通常截留率范围在 60%~90%,相应截留相对分子质量范围在 100~1000,故纳滤膜能对小分子有机物等与水、无机盐进行分离,实现脱盐与浓缩的同时进行。

4. 反渗透(RO)

反渗透是利用反渗透膜只能透过溶剂(通常是水)而截留离子物质或小分子物质的选择透过性,以膜两侧静压为推动力,而实现的对液体混合物分离的膜过程。反渗透是膜分离技术的一个重要组成部分,因具有产水水质高、运行成本低、无污染、操作方便运行可靠等诸多优点,而成为海水和苦咸水淡化,以及纯水制备的最节能、最简便的技术,目前已广泛应用于医药、电子、化工、食品、海水淡化等诸多行业。反渗透技术已成为现代工业中首选的水处理技术。

反渗透的截留对象是所有的离子,仅让水透过膜,对 $NaCl$ 的截留率在 98% 以上,出水为无离子水。反渗透法能够去除可溶性的金属盐、有机物、细菌、胶体粒子、发热物质,也即能截留所有的离子,在生产纯净水、软化水、无离子水、产品浓缩、废水处理方面反渗透膜已经应用广泛。

(四)工艺流程

由于膜分离过程是一种纯物理过程,具有无相变化、节能、体积小、可拆分等特点,使膜广泛应用在发酵、制药、植物提取、化工、水处理工艺过程及环保行业中。对不同组成的有机物,根据有机物的相对分子质量,选择不同的膜,选择合适的膜工艺,从而达到最好的膜通量和截留率，进而提高生产收率、减少投资规模和运行成本。

二、超滤膜(UF)

(一) 基本原理

由于超滤膜具有精密的微细孔，当溶液流过膜表面时，在压力的作用下，溶剂(例如水)、无机盐等小分子物质透过膜，而截留溶液中的悬浮物、胶体、微粒和细菌等大分子的物质，这样便完成了溶液的净化、分离与浓缩的过程(见图6-17)。

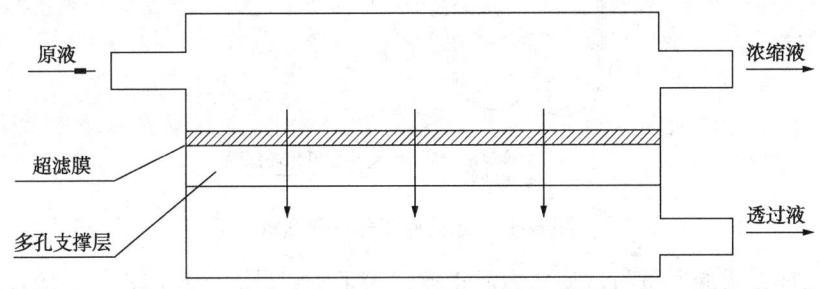

图6-17 超滤工作原理示意图

随着超滤膜技术的成熟发展，其在纯水、中水、废水、海水淡化等水处理领域得到了广泛应用；中空纤维超滤膜有内、外压式之分；应用模式有浸没式与组件式之分；超滤元件竖直放置可并联运行，水平放置可以串联运行；全量过滤与循环错流过滤是目前超滤的主要方式，且全量过滤的宽阔适用范围是对传统观念的更新；超滤元件反洗可分顶部反洗、底部反洗与两侧反洗，同时超滤反洗又有水反洗、药反洗与气反洗之分；超滤系统在离线化学反洗时需要进行全量循环与错流循环过程；柠檬酸、盐酸、氢氧化钠，次氯酸钠，三氯化铁是超滤系统运行最为常用的化学药剂；了解有关超滤技术的不同操作、运行方式，对于超滤系统的设计、运行是有帮助的。

目前超滤按运行方式主要分为以下几种：浸入式、外压柱式中空纤维、内压柱式中空纤维。生产运行时整个超滤膜组件淹没在膜池的液位下，超滤膜为外压中空纤维膜，其内/外径分别为0.9mm和1.9mm，膜元件过滤孔径为0.04μm，在纤维膜的两端安装集液管，通过集液管抽取透过液，多个组件连接在一起组成一体，安装在一个框架中，再放进膜池，其过滤系统的驱动压力为真空负压，膜组件底部装有曝气装置，利用气泡上升过程中产生的紊流清洁膜面，随着被去除的固体物在膜表面积聚，膜的水通量就会降低，为了保持稳定的滤过液流量，需要采用超滤产水对超滤膜进行频繁的反冲洗，反洗频率为每隔10~15min反洗15s，采用PLC自动控制。在整个超滤系统中频繁的透过液反冲洗和气水冲洗成为对抗膜污染的基本的处理工艺，超滤处理后产水水质达到：浊度<0.2NTU、TSS<1mg/L、SDI<3。超滤膜工作过程如图6-18所示。

(二) 工艺影响因素

(1) 温度：温度高时可以降低水的黏度，提高传质效率，增加水的透过通量。

(2) 压力：超滤系统为侵入式时，采用真空负压驱动，当膜池的水位变化不大时，过滤压力恒定为一定的数值。过滤压力除了克服通过膜的阻力外，还要克服局部水头损失。在达

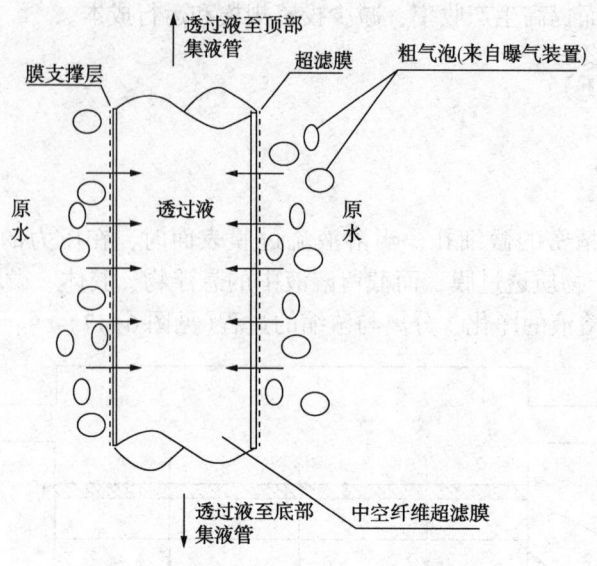

图 6-18 超滤膜工作过程图解

到临界压力之前,膜的通量与过滤压力成正比,为了实现最大的总产水量,应控制过滤压力接近临界压力。

(3) 运行周期和膜的清洗:随着过滤的不断进行,膜的通量逐步下降,当通量达到某一最低数值时,必须进行清洗以恢复通量,这段时间称为一个运行周期。适当缩短运行周期,可以增加总的产水量,但会缩短膜的使用寿命,而且运行周期的长短与清洗的效果有关。

(4) 进水浓度:进水浓度越大,膜越容易受到污染,同时也越容易形成浓差极化。为了保证膜过滤的正常进行,必须限制进水浓度。

(5) 回收率:回收率越大则最终排放的浓水浓度也越大,膜受各种污染物污染也越容易,污染程度也就越严重,会缩短膜的使用寿命,同时也会降低运行周期,影响膜的通量。

(6) 膜污染:超滤系统处理的原水为某车间的二沉出水,原水中的悬浮物、胶体及微生物较多,随着运行时间的增加,膜将会被水中的各种杂质污染,使膜产生污堵,从而影响膜的性能。膜的污染程度到一定的程度时需进行化学清洗恢复膜的性能。

(三) 工艺特点

不同于澄清器和多介质过滤器,随着水力/固体负荷的变化或反洗的发生,其性能并不相应下降。该超滤采用完全的变频控制,超滤透过液泵上的变频控制器可使电机根据用水量的变化自动增减转速从而调整处理速率。这种变频控制使系统能够随时将流量控制在0%～110%的设计范围内而绝不影响出水质量。

(1) 该超滤系统无须上游的澄清器或多介质过滤器作为预处理。只需预先粗滤原水。

(2) 总体回收率达到94%。

(3) 系统采用PLC控制系统,包括水流传感器和压力变送器等。设计了能够检测到每一膜列的透过液和排放液情况的系统。这种高度灵活的控制系统可使操作者的工作量减到最低。

(4) 膜可耐受 1000000×10^{-6} h 的次氯酸钠,从而确保在清洗和消毒时高度的灵活性以避免细菌滋长及其相关问题。

(5) 空气擦洗可以保证在给水变化情况下的总透过率。

(6) 自动反洗确保在较低压力下的更高的总透过率。

(7) 该膜是一种外压中空纤维膜。这表示脏水在膜的外侧并且只有清洁的透过液进入纤维。这就降低了由于细小的纤维流道的堵塞导致的膜的污堵。

（四）工艺控制过程

(1) 超滤给水不含有大颗粒物质和毛发等物质

为了在进入超滤系统前去除大的颗粒物质和毛发等物质，必须保证1mm原水过滤器正常工作，保证原水过滤器正常进行所需的水压和反冲洗正常进行。

(2) 提高对悬浮物、胶体和微生物的去除效果

注意控制好PAC的投加量及水力条件，保证絮凝的效果，使给水中的微小物质尽可能凝聚成较大的物质，大于超滤膜的孔径，提高超滤系统对悬浮物、胶体和微生物的去除效果。

(3) 提高杀菌效果

根据来水的pH值调整好次氯酸钠投加量，pH值高时可适当加大投加量，比正常余氯量稍大；pH值低时可适当减少投加量，比正常的余氯量稍小。

(4) 根据进水条件控制好回收率

回收率越大则最终排放的浓水浓度也越大，膜受各种污染物污染也越容易，污染程度也就越严重，会缩短膜的使用寿命，同时也会降低运行周期，影响膜的通量。当进水的浓度较大时可适当降低回收率。

（五）流程概述

原水经絮凝反应后由气动流量控制阀控制流量送入超滤膜池，每个膜池的超滤装置采用超滤膜元件，膜元件以外压中空纤维膜为例，孔径为0.04μm，在外压力的作用下原水由外向内透过超滤膜元件的表面进入到超滤膜元件的内部。

超滤膜元件内部的透过液不断地被透过液泵抽离膜元件，使膜元件内部产生负压，原水在大气压及水压的压力作用下不断的透过膜元件的表面，同时悬浮物、胶体、微粒和细菌等大分子的物质被截留在超滤膜元件的外表面，使透过液的浊度、SDI值降低从而满足反渗透的进水条件。

由于系统处于低压操作而且在膜两侧存在压降，溶解空气具有从透过液释放的趋势，因此透过液从膜元件出来后先流入空气分离罐，从水中逸出的空气在空气分离罐顶部被收集并由连续运行的真空泵自动抽离系统，启动注水阀会自动关闭以防止水进入真空泵。这样，所有的空气就从空气分离罐中去除掉，以避免由此在管路和泵系统内产生气塞。

透过液经空气分离罐脱气处理后由透过液泵抽到中间水箱，在进入中间水箱前用低负荷次氯酸钠计量泵投加相对少量的次氯酸钠至中间水箱的进水总管中，进一步加强杀菌效果，避免中间水箱内的细菌繁殖，添加总浓度略为1.0mg/L。透过液泵的转速根据超滤膜池和中间水箱的液面调节，不论任何原因致使流入超滤膜池中的水量减少，液面过低时透过液泵将停止以防止水面过低使膜表面暴露于空气中。透过液由安装在透过液泵出口上的流量计计量，正常生产时每台透过液泵流量为270m³/h(最大流量300m³/h)。

膜采用曝气的方式产生连续的气擦洗，气擦洗可以去除沉积在膜外表面的污堵物和颗

粒,可保证超滤膜元件能在高通量和低透过压力条件下运行,同时可降低膜的浓差极化效应。原水中较低的pH值会改变$CO_3^{2-}/HCO_3^-/CO_2$的平衡,产生气态物,会导致CO_2不断从水中逸出。根据水的化学成分,该系统对CO_2有30%~70%的脱除率。

由于采用负压过滤,被去除的固体物会在膜表面积聚,随着固体物的积聚,膜的水通量就会降低,为了保持滤过液流量,需要对超滤膜进行反冲洗,反洗频率为每隔10~15min反洗15s,采用PLC控制,每一列膜池可单独反洗。

反冲洗时由透过液泵通过阀门的切换抽取中间水箱的超滤产品水,反冲洗水在透过液泵的压力下从内向外反向冲洗膜元件,从而去除堵塞膜孔的各种污堵。反冲洗水的流量由安装在透过液泵出口上的流量计测量,冲洗时流量为453m³/h。

整个超滤系统的设计回收率为90%~94%,从超滤膜池中出来的超滤浓水将由排放液泵连续的输送到隔油池处理。排放液流量由控制阀和流量变送器根据产水的流量来调节,流量17.5~30m³/h。

三、反渗透膜(RO)

(一) 基本原理

反渗透是二十世纪后期迅速发展起来的膜法水处理方式,它是苦咸水处理、海水淡化、除盐水、纯水、高纯水等制备的最有效方法之一。反渗透膜是反渗透技术的核心,该膜是一种用特殊材料和加工方法制成的、具有半透性能的薄膜。它能够在外加压力的作用下使水溶液中的某些组分选择性透过,从而达到水体淡化、净化的目的。

1. 半透膜

半透膜是广泛存在于自然界动植物体器官上的一种选择透过性膜。严格地说,是只能透过溶剂(通常指水)而不能透过溶质的膜。工业使用的半透膜多是高分子合成的聚合物产品。

2. 渗透、渗透压

当把溶剂和溶液(或把两种不同浓度的溶液)分别置于此膜的两侧时,溶剂将自发地穿过半透膜向溶液(或从低浓度溶液向高浓度溶液)侧流动,这种现象叫渗透,如果上述过程中溶剂是纯水,溶质是盐分,当用理想半透膜将他们分隔开时,纯水侧会自发地通过半透膜流入盐水侧,此过程如图6-19(a)所示。

纯水侧的水流入盐水侧,盐水侧的液位上升,当上升到一定程度后,水通过膜的净流量等于零,此时该过程达到平衡,与该液位高度差对应的压力称为渗透压。

一般来说,渗透压的大小取决于溶液的种类、浓度和温度而与半透膜本身无关。通常可用下式计算渗透压。

$$\Delta \Pi = \Delta CRT$$

式中 $\Delta \Pi$——渗透压;
R——气体常数;
ΔC——浓度差;
T——温度。

3. 反渗透

当在膜的盐水侧施加一个大于渗透压的压力时,水的流动向就会逆转,此时盐水中的水

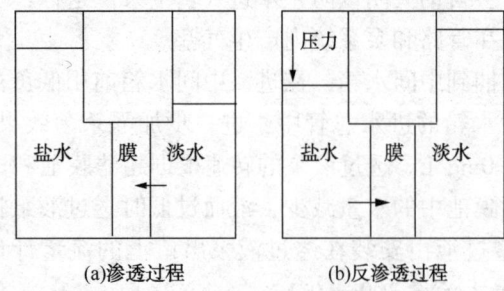

图6-19 渗透与反渗透原理示意图

将流入纯水侧,这种现象叫作反渗透,该过程如图6-19(b)所示。反渗透工作原理如图6-20所示。

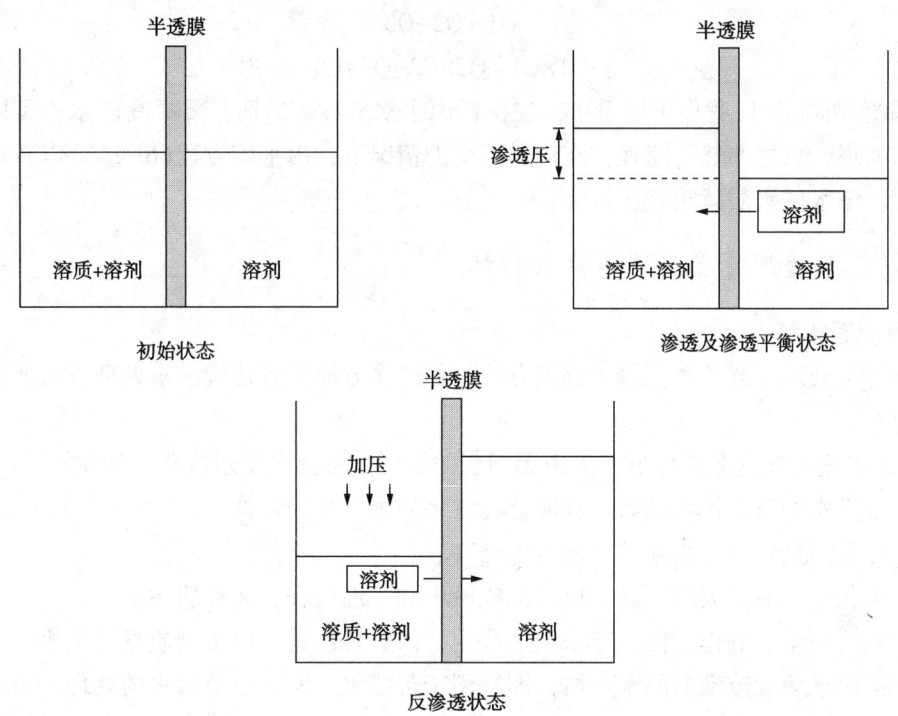

图6-20 反渗透工作原理示意图

4. 反渗透系统流量和物料守恒

反渗透流程如图6-21所示。反渗透物料平衡如图6-22所示。

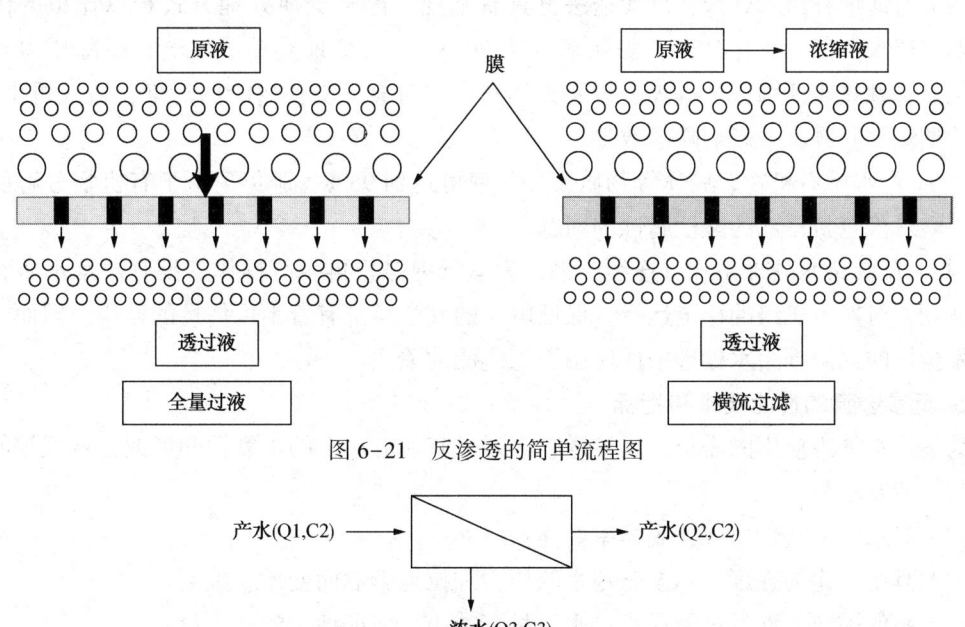

图6-21 反渗透的简单流程图

图6-22 反渗透物料平衡图

$Q1$—原水流量;$Q2$—产水流量;$Q3$—浓水流量;$C1$—原水中物质浓度;$C2$—产水中物质浓度;$C3$—浓水中物质浓度

在反渗透系统中，水体流量和水体中的各项物质的量总是保持不变的，它存在着两个平衡方程：

$$Q1 = Q2+Q3 \tag{6-1}$$
$$Q1 \times C1 = Q2 \times C2 + Q3 \times C3 \tag{6-2}$$

从平衡方程(6-1)我们可以看出，在保持原水水量恒定的话，要提高产水，可以通过减少浓水来实现，反之亦然；同理，在流量不变的情况下，由平衡方程(6-2)可以看出，产水水质越好，浓水的水质就越差。

(二)反渗透膜特点及性能要求指标

1. 反渗透膜特点

反渗透水处理工艺基本上属于物理方法，在诸多方面具有传统的水处理方法所没有的优异特点：

(1) 反渗透是在室温条件下，采用无相变的物理方法得以使水淡化、纯化。
(2) 依靠水的压力作为动力，其能耗在众多处理方法中最低。
(3) 化学药剂量少。无须酸、碱再生处理。
(4) 无化学废液及废酸、碱排放，无酸碱中和处理过程，无环境污染。
(5) 系统简单、操作方便，产水水质稳定，两级反渗透可取得高质量的纯水。
(6) 适应于较大范围的原水水质，即适用于苦咸水、海水以至污水的处理，也适用于低含盐量的淡水处理。
(7) 设备占地面积少，需要的空间也小。
(8) 运行维护和设备维修工作量少。
(9) 对锅炉补给水处理，反渗透法也具有常规的离子交换处理方式难以比拟的优异特色，如：产水中的二氧化硅少，去除率可达99.5%，有效地避免了发电机组随压力升高对SiO_2的选择性携带所引起的硅垢，以及天然水中硅对离子交换树脂的污染，造成再生困难、运行周期短等问题，并影响除硅效果。
(10) 产水中有机物、胶体等物质，去除率可达到95%，避免了由于有机物分解所形成的有机酸对汽轮机尾部的酸性腐蚀的问题。
(11) 反渗透水处理系统可连续产水，无运行中停止再生等操作，没有产水水质忽高忽低的波动，对发电机组的稳定运行，保证电厂的安全经济有着不可估量的作用。因而，反渗透在发电厂的锅炉补给水处理中的应用受到广泛的关注。

2. 反渗透膜的性能要求和指标

为适应水处理应用的需求，反渗透膜必须具有在应用上的可靠性和形成工业规模的经济性，其一般要求是：

(1) 对水的渗透性要大，脱盐率要高；
(2) 具有一定的强度，不至于因水的压力和拉力影响而变形、破裂。
(3) 膜的被压实性尽可能最小，水通量衰减小，保证稳定的产水量；
(4) 结构要均匀，能制成所需要的结构；
(5) 能适应较大的压力、温度和水质变化；

(6) 具有好的耐温、耐酸碱、耐氧化、耐水解和耐生物侵蚀性能；
(7) 使用寿命要长；
(8) 成本要低。

3. 膜的物理、化学稳定性和膜的分离特性指标

(1) 膜材质；
(2) 允许使用的最高压力；
(3) 允许使用的温度范围；
(4) 允许的最大给水量；
(5) 适用的 pH 范围；
(6) 耐 O_3 和 Cl_2 等氧化性物质的能力；
(7) 抗微生物、细菌的侵蚀能力；
(8) 耐胶体颗粒及有机物的污染能力。

4. 膜的分离透过特性指标

膜的分离透过特性指标包括脱盐率、回收率、水流通量及流量衰减系数（或膜通量保留系数）。

(1) 脱盐率(Salt Rejection) 指给水中总溶解固体物(TDS)中未透过膜部分的百分数。

$$脱盐率 = (1-产品水总溶解固形物/给水总溶解固形物) \times 100\%$$

(2) 回收率(Recovery) 指产水流量与给水流量之比，以百分数表示。

$$回收率 = (产品水流量/给水流量) \times 100\%$$

一般影响回收率的因素，主要有进水水质，浓水的渗透压、易结垢物质的浓度、污染膜物质等因素。

(3) 水通量(flux) 为单位面积膜的产水流量，与进水类型有关，不同水质的水通量如表6-9所示。

表6-9 不同水质的水通量

进水类型	一般复合膜的水通量(GFD)	进水类型	一般复合膜的水通量(GFD)
反渗透产品水	20~30	地表水	8~14
深井水	14~18	废水	8~12

(4) 流量衰减系数 指反渗透装置在运行过程中产水量衰减的现象。即运行一年后产水流量与出水运行产水流量下降的比值（复合膜一般不超过3%）。

(5) 膜通量保留系数 指运行一段时间后产水流量与初始运行产水流量的比值（一般三年可达到0.85以上）。

5. 膜脱盐机理和迁移扩散方程

膜脱除水中盐分并使水分子透过膜的机理说明，目前存在多种见解。基本上可以看作有孔和无孔的两种解释，主要有氢键理论、选择吸附-毛细孔流动理论和溶解扩散理论。为了阐明其不同点，现简要加以说明：

(1) 氢键理论是把醋酸纤维膜看作高度有序的矩阵结构的聚合物，膜的活性集团乙酰基（—C=O）具有与水分子形成氢键的能力，形成"结合水"，而水中溶解的其他粒子和分子则不能。在水的压力下第一个进入膜的水分子由于第一个氢键断裂下来，到下一个活性集团形成新的氢键。如此不断移位而使水及氢键传递通过膜层，而盐分则被分离出去。

(2) 选择性吸附毛细孔理论是把膜看作一种微细多孔结构物质(5~10A)，以Gibbs吸附方程为基础。膜的亲水性决定了选择吸附纯水而排斥盐分的特性，在固液表面上形成纯水层（约0.5nm）。在施加压力下，纯水层中的水分子不断通过毛细管流过膜。

(3) 溶解扩散理论在反渗透水处理中是把膜视作无孔的，按溶解扩散方程计算。这一理论是将膜当作溶解扩散场，认为水分子、溶质都可溶于膜内，并在推动力下进行扩散，淡水分子和盐分的溶解和扩散速度不同，因而表现了不同的透过性。定量的描述反渗透过程中的产水量和盐透过量是剂压差(Δp)和浓度差(ΔC)为扩散传质作为推动力。其扩散方程是

$$Q_w = K_w(\Delta p - \Delta \pi)A/\tau$$

式中　Q_w——产水量；

K_w——系数；

Δp——膜两侧的压差；

$\Delta \pi$——渗透压；

A——膜的面积；

τ——膜的厚度。

K_w与膜的性质和水温有关，K_w越大，说明膜的渗水性能越好。

$$Q_s = K_s \times \Delta C \times A/\tau$$

式中　Q_s——产水量；

K_s——系数；

ΔC——膜两侧的浓度差；

A——膜的面积；

τ——膜的厚度。

K_s与膜的性质、盐的种类以及水温有关，K_s越小说明膜的脱盐性能越好。

从以上两式可以看出，对膜来说，K_w大K_s小则质量较好。相同面积和厚度的膜，其产水量与净驱动压力成正比，盐透过量至于膜两侧浓度差成正比，而与压力无关。

6. 膜的运行条件的影响及浓差极化

膜的水通量和脱盐率是反渗透过程的关键运行参数。这两个参数将受到以下因素的影响，主要有：压力、温度、回收率、给水含盐量。

(1) 压力

给水压力升高，水通量增大，产品水含盐量下降，脱盐率提高。

(2) 温度

在提高给水温度而其他运行参数不变时，产品水通量和盐透过量均增加。温度升高，水的黏度减小，一般产水量可增大2%~3%；但同时温度升高，膜的盐透过率系数K_s变大，因而盐透过量有所增加。

(3) 回收率

增大回收率，产品水通量下降，是因为浓水盐含量增大，导致渗透压升高，在给水压力不变的情况下，$\Delta P - \Delta \pi$变小，因而Q_w减小。同时，与浓水盐浓度升高，使ΔC增大，故盐透过量Q_s增大，产品水含盐量升高。

(4) 给水含盐量

给水含盐量增加，产品水通量和脱盐率都下降。由于给水TDS增加，ΔC增加，故Q_s增加，即盐透过量增加；而且渗透压也增加，在给水压力不变的情况下，$\Delta P - \Delta \pi$变小，故Q_w减小。

7. 膜表面的浓差极化

（1）反渗透过程中，水分子透过后，膜界面层中含盐量增大，形成浓度较高的浓水层，此层与给水水流的浓度形成很大的浓度梯度，这种现象称为膜的浓差极化，浓差极化会对运行产生极为有害的影响。

（2）浓差极化的危害

① 由于界面层中的浓度很高，相应的会使渗透压升高。当渗透压升高后，势必使原来的运行条件的产水量下降，为达到原来所需的产水量，就要提高给水压力，增加电能消耗。

② 由于界面层的浓度升高，膜两侧的 ΔC 增大，使产品的盐透过量增大。

③ 由于界面层的浓度升高，对易结垢的物质增加了沉淀结垢倾向，造成膜的污垢污染。为了恢复膜的性能，要频繁的清洗，并可能造成膜性能的下降。

④ 由于形成的浓度梯度，会以一定措施使盐分的扩散离开膜表面，但胶体物质的扩散要比盐分的扩散速度小数百数千倍，因而浓度极化是促成膜表面胶体污染的重要原因。

（3）消除浓差极化的措施

① 要严格控制膜的水通量；

② 严格控制回收率；

③ 严格按照膜生产厂家的设计导则设计 RO 系统。

（三）膜的种类及其结构形态分类

1. 反渗透膜的类别

（1）按膜本身的结构形态分类

① 均质膜为同一种材质、厚度均一的膜。为了增加强度以便耐压，膜的厚度较厚，整个膜厚都起着屏蔽层的作用，因而透水性较差。

② 非对称膜为同一种材质，制作成致密的表皮层和多孔支持层。表皮层很薄，起盐分离作用，厚约 $0.1\sim0.2\mu m$，因为阻力较小，膜的水通量较均质膜高。

③ 复合膜为不同材质制成的几层膜的复合体。表层为致密屏蔽表皮（起阻止并分离盐分的作用），厚约为 $0.2\mu m$，表皮敷在强度较高的多孔层上，多孔层厚约 $40\mu m$，最底层为无纺织物支撑层，厚约 $120\mu m$，起支持整个膜的作用。

（2）按膜加工外形分类

① 平面膜由平面膜作为中间原材料，可以加工成板式、管式或卷式反渗透膜。

② 中空纤维膜以熔融纺丝经过中空纤维的纺丝、热处理等工艺制成的很细很细的非对称结构的中空纤维膜。

（3）按膜的材质分类

① 醋酸纤维素膜一般是用纤维素经脂化生成三醋酸纤维素，再经过两次水解，成一、二、三醋酸纤维素的混合物制成的膜。

② 芳香聚酰胺膜一般是高交联芳香聚酰胺作为膜表皮的致密脱盐层。

2. 芳香聚酰胺超薄复合膜与醋酸纤维素膜性能对比

（1）复合膜的化学稳定性好，醋酸纤维素膜不可避免地会发生水解；

（2）复合膜的生物稳定性好，不易受微生物侵袭，而醋酸纤维素膜易受微生物侵袭；

（3）复合膜的传输性好；

(4) 复合膜在运行中不会被压紧，因此产水量随使用时间改变小，而醋酸纤维；膜在运行中会被压紧，因而产水量不断下降；

(5) 复合膜的脱盐率随时间改变小，而醋酸纤维素膜由于不可避免水解，脱盐率不断下降；

(6) 复合膜由于 K_w 大，其工作压力低，反渗透给水泵用电量与醋酸纤维膜相比几乎减少一半；

(7) 醋酸纤维膜的寿命一般仅为三年，而复合膜可使用五年；

(8) 复合膜的缺点是抗氯性较差，价格较贵。

(四)反渗透装置(膜组件)的特点

(1)膜元件的种类及主要特点

工业上使用的膜元件主要有四种基本形式：管式、平板式、中空纤维式和涡卷式。管式和平板式两种是反渗透最初始的产品形式，中空纤维式元件和涡卷式元件是管式和平板式膜元件的改进和发展。

① 管式膜元件　将管状膜衬在耐压微孔管上，并把许多单管以串联或并联方式连接装配成管束。由内压式或外压式两种。一般用内压式，其优点是水流流态好，易安装、清洗、拆换，缺点是单位面积小。

② 平板式膜元件　是由一定数量的承压板组成，承压板两侧覆盖微孔支撑板，其表面覆以平面成为最基本的反渗透单元。迭和一定数量的基本单元并装入压力容器中，构成反渗透器。此种形式能承受高的压力，缺点是占地面积大、水流分布均匀差、扰动差、易产生浓差极化。

③ 中空纤维膜元件将中空纤维丝成束地以 U 形弯的形式把中空纤维开口端铸于管板上，类似于列管式热交换器的管束和管板间的连接。由于纤维间是相互接触的，故纤维开口端与管板的密封是以环氧树脂用离心浇铸的方式进行的，其后，管板外侧用激光切割以保证很细的纤维也能是开口的。在给水压力作用下，淡水透过每根纤维管壁进入管内，由开口端汇集流出压力容器，既为产品水。

该种形式的优点是单位面积的填充密度最大，结构紧凑；缺点是要求给水水质处理最严，污染堵塞清洗困难。

如上所述，管式、平板是膜元件的填充密度很低，但可应用于高污染给水或黏度高的液体的处理；中空纤维膜元件易污染，影响其在一般水处理情况下使用。

涡卷式反渗透元件在 20 世纪 60 年代中期问世，无前述各形式的缺点，特别是 1980 年出现低压复合膜后，膜的性能指标各项均好，不易污染，且可低压运行、投资少、耗电低、脱盐率高(可达 99.7%)、寿命长。因此涡卷式复合是当前工业水处理首选的膜元件。

(2) 涡卷式膜元件

基本结构，涡卷式膜元件类似一个长信封状的口袋，开口的一边粘接在含有开孔的产品水中心管上。将多个膜口袋卷绕到同一个产品水中心管上。使给水流从膜的外侧流过，在给水压力下，使淡水通过膜进入膜口袋后汇流入产品水中心管内。

为了便于产品水在膜袋内流动，在信封状的膜袋内夹有一层产品水导流的织物支撑层；为了使给水均匀流过膜袋表面并给水流以扰动，在膜袋与膜袋之间的给水通道上加有隔网层。

涡卷式反渗透膜元件给水流动与传统的过滤方向不同反渗透给水是从膜元件端部引入，

给水沿着膜表面平行的方向流动，被分离的产品水垂直于膜表面，透过膜进入产品水膜袋的。如此，形成了一个垂直、横向相互交叉的流向。而传统的过滤，水流是从滤层上面进入，产品水从下排出，水中的颗粒物质全部截留于滤层上。涡卷式膜元件的工作则不然，给水中被膜截留下的盐分和胶体颗粒物质仍留在给水（逐步地成为浓水）中，并被横向水流带走。如果膜元件的水通量过大，或回收率过高（指超过制造厂导则规定），盐分和胶体滞留在膜表面上的可能性就越大。浓度过高会形成浓差极化，胶体颗粒会污染膜表面漩涡式反渗透膜元件结构如图 6-23 所示。

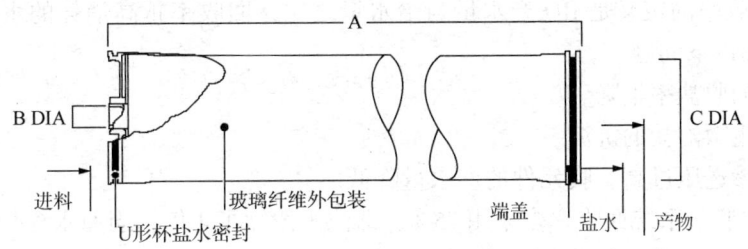

图 6-23 漩涡式反渗透膜元件结构图

（3）四种反渗透膜元件特点的比较

以下是四种膜元件特点的比较，可以看出它们之间各个方面的差异：

① 系统费用：管式、平板式>中空纤维式、涡卷式；
② 设计灵活性：涡卷式>中空纤维>平板式>管式；
③ 清洗方便性：平板式>管式>涡卷式>中空纤维式；
④ 系统占地面即：管式>平板式>涡卷式>中空纤维式；
⑤ 污堵的可能性：中空纤维>涡卷式>平板式>管式；
⑥ 耗能：管式>平板式>中空纤维式>涡卷式。

（4）压力容器

压力容器用于装填膜元件。在实际运行过程中，给水从压力容器一端的给水管路进入膜元件。在膜元件内一部分给水穿过膜表面而形成低含盐量的产品水，剩余部分水继续沿给水通道向前流动而进入下一个膜元件，由于这部分水含盐量比进水要高，在反渗透系统中称为浓水。产品水和浓水最后由产品水通道和浓水通道引出压力容器。

给水在压力容器中每一个膜元件上均产生一个压力降，如果不采取措施，这一压力降足以使膜卷伸出而对膜元件造成损害。为此在压力容器内的每一个膜元件的一端均有一个防膜卷伸出装置，以防止运行时膜卷伸出。同时设计给水流量不能超过设计导则给定的数值，运行时单个膜元件的压降不允许超过规定值。

膜元件与膜元件之间采用的是内连接件连接，为了防止在连接处浓水泄漏，在膜元件与膜元件之间有密封。

(五)反渗透系统的设计

(1)确定系列(单元)

根据用户用水情况，RO 装置的总容量可分为几个单元，因为 RO 单元的清洗和维修需要停运。

(2)确定膜的形式和型号

对于容量较大的反渗透系统，均选用涡卷型反渗透膜，对于大型电站水处理系统，反渗透之后要进行精处理，经详细技术经济论证，往往会得出宜选用复合膜元件的结论，然后确定采用哪个厂家的膜元件及其型号。

(3) 确定系统回收率，选定压力容器

根据系统回收率选用压力容器。如系统回收率为75%，则考虑采用6个1m长膜元件装一个压力容器，或者4个1.5m长的膜元件装一个压力容器。一般采用"一级两段"的排列方式。

RO系统回收率的定义是RO产水量与给水量之比，回收率越高消耗的水量越少，但回收率过高会存在以下问题。

① 产品水的脱盐率下降。

② 可能发生微溶盐的沉淀。

③ 浓水的渗透压过高，膜元件的产水量降低。

一般苦碱水脱盐系统回收率多采用75%，即浓水浓缩了4倍，当原水含盐量较低时，有时也可采用80%，如原水中某种微溶盐含量高，有时也采用较低的系统回收率以防结垢。

(4) 确定膜元件的数量

根据膜元件生产厂家提供的设计导则，根据原水水源和给水的SDI确定采用的水通量数值。

以每单元指定的RO的产水量除以每支膜元件的平均产水量即估出膜元件的数量，如采用6个膜元件的压力容器，则除以6，同上取整数得出压力容器总数，再将压力容器总数分为两段，使两端压力容器总数之比接近2∶1，然后利用厂家提供的软件，将每个压力容器内膜元件数、膜元件型号、产水量、回收率、水文、水质、使用年限等输入即可求出给水压力、浓水压力、给水渗透压、浓水渗透压、浓水的LSI、产品水和水中离子含量等数据。每输入一个各段压力容器的数量，即可得出一组计算结果。对比相应膜元件的设计通量、系统温度、系统压力、各报警参数等就可以确定膜元件的数量和膜组件的排列方式。

(5) 压力容器

大型RO装置，压力容器组件应单独布置在滑架上，压力容器布置的最高高度应便于装卸膜元件。

装有6个8040型（ϕ8英寸，长40英寸，1英寸=2.54cm）膜元件的压力容器，当运行时（受压时）将约伸长13mm，直径将增大0.5mm，因此不能限制压力容器的膨胀，否则引起压力容器的翘曲，发生膜元件O形密封圈的泄漏而产生沟流，以及膜元件连接件"O"形圈的泄漏，并且与压力容器连接的管也应采取软管连接。

RO装置的管路、阀门、仪表的布置应便于操作和调节。

(6) 膜元件的背压

防止膜孔袋粘接线破裂，在设计上就必须考虑静背压问题。对醋酸膜元件，任何时候产品水侧的压力都不能高于给水及排水的压力，膜不允许承受反压。对复合膜元件静背压必须小于5psi（1psi=6.89kPa）。粘接线的破裂是由于膜口袋两侧的压差而非流量。由于逆止阀不能瞬间关闭，不能保证绝对严密，所以在系统中设置逆止阀等均不能彻底解决背压问题。

(7) 为防止发生水锤，在给水泵出口应装设慢开门。

(8) 为防止膜卷伸出，要求设计时给水的流量不能超过设计导则规定的数值，运行时单个膜元件的压降不允许超过规定值，Fluid System规定单个膜元件的压降必须小于10psi。

（9）在设计时系统应考虑在 5μm 过滤器之前装有不符合 RO 进水要求的不合格水排放。

（10）在 RO 停运后需要进行冲洗，对复合膜元件最好采用反渗透产水进行冲洗。

（六）反渗透装置运行与维护

1. 运行中要控制产水量和系统回收率，防止浓差极化

RO 装置的运行，对产水量和系统回收率的控制非常重要。

盐的透过量与膜两侧的浓度差和温度有关，所以当产水量低时脱盐率降低。当膜发生污染和结垢，往往使膜表面粗糙，使滞流层增厚而导致极化严重。因此要根据产品水流量表和浓水流量表控制高压泵出口阀和 RO 排水阀；并且要维持表计的准确性：(1)表计需要校对；(2)应选用性能优越的流量计。

2. 反渗透膜元件脱盐率下降可能存在的原因

（1）压力容器中元件之间连接件的"O"形密封圈和出水管接头的"O"形密封圈泄漏；

（2）膜口袋接线破裂，膜被硬颗粒划破；

（3）由于高压泵启动时发生水力冲击负荷（水锤）使膜元件或其连接件破损；

（4）醋酸纤维被细菌侵袭而使脱盐率降低；醋酸纤维膜本身的水解是不可避免的，其脱盐率将随时间不断降低。

（5）膜元件的 O 形密封圈与压力容器内之间发生泄漏，可能有一部分进水没有经过反渗透膜元件而发生旁路。

3. 反渗透装置需要装设的仪表和控制设备

为了使 RO 能安全可靠地运行，便于运行过程中的监督，应该装设必要的仪表和控制设备，一般需要装设的表计有温度表、压力表、流量表、pH 表、导电度表等，装设的地点及其作用分述如下：

（1）温度表

给水温度表，因产水量与温度有关，所以需要检测以便求出"标准化"后的产水量，大型设备应进行记录。另外，温度超过 40℃ 会损坏膜元件，所以有对原水加热器的系统应该设超限报警器，超温水自动排放并停运 RO。

（2）压力表

给水压力表、一段 RO 出水压力表、排水压力表，用于计算每一段的压降（也可装设压差表），并用于对产水量和脱盐透过率进行"标准化"。5U 过滤器进口压力表、出口压力表（也可装设压差表），当压降达到一定值时（$2kg/cm^2$）就需要更换滤芯。给水泵进、出口压力开关，出口设高压报警，进口设低压报警停泵。

（3）流量表

产品水流量表，作用是运行中监督产水量。每段单独装设，以便"标准化"校核。产品水流量应有指示、累计和记录。

浓水流量表，作用是运行中监督排水量。浓水流量应有指示、累计和记录。

给水流量表，便于 RO 加药量的自动比例调节（加酸、阻垢剂、$NaHSO_3$ 等）。

（4）导电度表

给水导电度表、产品导电度表，配有指示、记录、设高限报警功能。

（5）pH 表

当给水需加酸防 $CaCO_3$ 垢时，加酸后的给水需装设 pH 表。

4. 运行记录

在系统的运行过程中应该做相应的运行记录,运行数据除了能追溯系统的性能之外,还是发现并排除故障的有效工具之一。

(1) 预处理处理运行参数记录

① 每天记录进水总余氯浓度;

② 每天两次记录任何增压泵的出水水压;

③ 记录超滤系统的运行参数(详见超滤系统操作手册);

④ 每天测量酸或其他任何化学药品的消耗量;

⑤ 至少每三个月按制造厂商建议的方法进行一次仪表校正;

⑥ 任何不正常的操作,如故障或停机等。

(2) 膜系统运行参数记录

以下参数需监测并记录,每班至少一次。

① 操作日期、时间及系统运转时数;

② 超滤和每一段压力容器(膜组件)前后的压降;

③ 每一段进水、产水与浓水压力;

④ 每一段产水与浓水的流量;

⑤ 每一段进水、产水与浓水的电导度,每周测量一次每支压力容器的产水电导率;

⑥ 每一段进水、产水和浓水的含盐量 TDS;

⑦ 进水、产水和浓水的 pH 值;

⑧ 进水 SDI 和浊度值;

⑨ 进水水温;

⑩ LSI 值或 S&DSI 值,当浓水 TDS 小于 10000mg/L 时,用前者,当浓水 TDS 大于 10000mg/L 时使用后者;

⑪ 根据制造厂商建议的方法与周期作仪表的校正,至少每三月一次;

⑫ 任何不正常的事件,例如 SDI,pH,压力的失常和停机等。

5. 维修保养记录

做相应的维修保养记录也有利于系统长期的运行管理,是系统长期稳定运行的一个重要因素,在实际运行中应该做以下的记录。

(1) 记录例行维修情况;

(2) 记录机械故障和更换情况;

(3) 记录任何膜元件安装位置的改变,标记元件的序列号;

(4) 记录 RO 装置的更换或增加;

(5) 记录所有仪表的校正操作;

(6) 记录预处理仪器设备如超滤的更换或增加等,包括日期、厂家和等级等;

(7) 记录所有 RO 膜元件的清洗操作,包括清洗日期、清洗持续时间、清洗剂及浓度、溶液 pH 值,清洗期间的温度,流量与压力。

6. 膜的清洗系统

即使 RO 给水的预处理以及 RO 系统本身的设计及运行均符合要求,膜仍然会受污染,如果进水条件好且系统运行合理,一般半年至一年才清洗一次。一般出现以下情况,应进行清洗。

(1) 产水量降低 10%~15%；
(2) 压降增高 10%~15%；
(3) 产品水水质降低 10%~15%，脱盐率降低 10%~15%；
(4) 其他异常现象，经过分析需要清洗。

清洗应该设置专门的清洗系统，系统包括：
(1) 清洗药液溶解箱(寒冷地区应带有加热装置)；
(2) 清洗泵；
(3) 5μm 过滤器。

清洗系统应装设温度计和流量计，5μm 过滤器进、出口要装设压力表。清洗箱的容积可以近似地按每次需要清洗的压力容器空容积之和加上连接管道的容积的总和取值。清洗泵的压力不超过 60psi。计算循环清洗时，按各段分别清洗。清洗膜元件时，清洗的方向与运行的方向相同，不允许反向清洗，否则会发生膜卷伸出而损坏膜元件。

7. 常见污染物及其去除方法

(1) 碳酸钙垢

在阻垢剂添加系统出现故障时或加酸系统出现故障而导致给水 pH 值升高，那么碳酸钙就有可能沉积出来，应尽早发现碳酸钙垢沉淀的发生，以防止生长的晶体对膜表面产生损伤，如早期发现碳酸钙垢，可以用降低给水 pH 至 3.0~5.0 之间运行 1~2h 的方法去除。对沉淀时间较长的碳酸钙垢，则应采用柠檬酸清洗液进行循环清洗或通宵浸泡。

注：应确保任何清洗液的 pH 不要低于 2.0，否则可能会对 RO 膜元件造成损害，特别是在温度较高时更应注意，最高的 pH 不应高于 11.0。可使用氨水来提高 pH，使用硫酸或盐酸来降低 pH 值。

(2) 硫酸钙垢

清洗液 2(参见表 6-11)是将硫酸钙垢从反渗透膜表面去除掉的最佳方法。

(3) 金属氧化物垢

可以使用上面所述的去除碳酸钙垢的方法，很容易地去除沉积下来的氢氧化物(例如氢氧化铁)。

(4) 硅垢

对于不是与金属氧化物或有机物共生的硅垢，一般只有通过专门的清洗方法才能将他们去除，有关详细方法可与专业水处理公司或膜生产厂家联系确定。

(5) 有机沉积物

有机沉积物(例如微生物黏泥或霉斑)可以使用清洗液 3(见表 6-11)去除，为了防止再繁殖，可使用经专业水处理公司或膜生产厂家认可的杀菌溶液在系统中循环、浸泡，一般需较长时间浸泡才能有效，如反渗透装置停用超过 3d 时，最好采用消毒处理，并与专业水处理公司或膜生产厂家会商以确认适宜的杀菌剂。

8. 反渗透膜的污染及清洗方法

(1) 清洗液

清洗反渗透膜元件时选择适当的清洗液。确定清洗液前对污染物进行化学分析是十分重要的，对分析结果的详细分析比较，可保证选择最佳的清洗剂及清洗方法，应记录每次清洗时清洗方法及获得的清洗效果，为在特定给水条件下，找出最佳的清洗方法提供依据。

(2) 反渗透膜元件的化学清洗与水冲洗

清洗时将清洗溶液以低压大流量在膜的高压侧循环,此时膜元件仍装在压力容器内而且需要用专门的清洗装置来完成该工作。

清洗反渗透膜元件的一般步骤：

(1) 用泵将干净、无游离氯的反渗透产品水从清洗箱(或相应水源)打入压力容器中并排放几分钟。

(2) 用干净的产品水在清洗箱中配制清洗液。

(3) 将清洗液在压力容器中循环1h或预先设定的时间,对于8英寸或8.5英寸压力容器时,流速为35~40加仑/分钟(133~151L/min),对于6英寸压力容器流速为15~20加仑/分钟(57~76L/min),对于4英寸压力容器流速为9~10加仑/分钟(34~38L/min)。

(4) 清洗完成以后,排净清洗箱并进行冲洗,然后向清洗箱中充满干净的产品水以备下一步冲洗。

(5) 用泵将干净、无游离氯的产品水从清洗箱(或相应水源)打入压力容器中并排放几分钟。

(6) 在冲洗反渗透系统后,在产品水排放阀打开状态下运行反渗透系统,直到产品水清洁、无泡沫或无清洗剂(通常需15~30min)。

反渗透膜污染特征及处理方法如表6-10所示。建议使用的常见清洗液如表6-11所示。

表6-10 反渗透膜污染特征及处理方法

污染物	一般特征	处理方法
1. 钙类沉积物 (碳酸钙及磷酸钙类,一般发生于系统第二段)	脱盐率明显下降系统压降增加系统产水量稍降	用溶液1清洗系统
2. 氧化物(铁、镍、铜等)	脱盐率明显下降系统压降明显升高系统产水量明显降低	用溶液1清洗系统
3. 各种胶体 (铁、有机物及硅胶体)	脱盐率稍有降低系统压降逐渐上升系统产水量逐渐减少	用溶液2清洗系统
4. 硫酸钙 (一般发生于系统第二段)	脱盐率明显下降系统压降稍有或适度增加系统产水量稍有降低	用溶液2清洗系统,污染严重用溶液3清洗
5. 有机物沉积	脱盐率可能降低系统压降逐渐升高系统产水量逐渐降低	用溶液2清洗系统,污染严重时用溶液3清洗
6. 细菌污染	脱盐率可能降低系统压降明显增加系统产水量明显降低	依据可能的污染种类选择三种溶液中的一种清洗系统

说明：必须确认污染原因,并消除污染源。

表6-11 建议使用的常见清洗液

清洗液	成 分	配制100加仑(379L)溶液时的加入量	pH调节
1	柠檬酸反渗透产品水(无游离氯)	17.0磅(7.7kg)100加仑(379L)	用氨水调节pH至3.0
2	三聚磷酸钠 EDTA 四钠盐反渗透产品水(无游离氯)	17.0磅(7.7kg)7磅(3.18kg)100加仑(379L)	用硫酸调节pH至10.0

续表

清洗液	成 分	配制100加仑（379L）溶液时的加入量	pH调节
3	三聚磷酸钠十二烷基苯磺酸钠反渗透产品水（无游离氯）	17.0磅（7.7kg）13磅（0.97kg）100加仑（379L）	用硫酸调节pH至10.0

注：1磅≈0.45kg；1加仑≈3.78L。

9. 膜元件用杀菌剂及保护液

本文提供了有关杀菌剂的一般信息，杀菌剂可用于膜元件的杀菌或储存保护。在对膜元件储存或消毒杀菌以前，应首先确认系统中膜元件的类型，因为膜元件有可能是醋酸膜也可能是复合膜。下文所列的一些方法，特别是使用游离氯的方法，只能使用于醋酸膜，如用于复合膜元件则会损坏这些元件。

如果给水中含有任何硫化氢或溶解性铁离子或锰离子，则不应使用氧化性杀菌剂（氯气及过氧化氢）。

（1）醋酸纤维膜用杀菌剂

① 游离氯

游离氯的使用浓度为 $0.1 \times 10^{-6} \sim 1.0 \times 10^{-6}$ mg/L，可以连续加入，也可以间断加入，如果必要，对醋酸膜元件可以采用冲击氯化的方法。此时，可将膜元件与含有 50×10^{-6} mg/L 游离氯的水每两周接触1h。如果给水中含有腐蚀产物，则游离氯会引起膜的降解。所以在腐蚀存在的场合，我们建议使用浓度为 10×10^{-6} 的氯胺来代替游离氯。

② 甲醛

可使用浓度为 0.1%～1.0% 的甲醛溶液作为系统杀菌及长期保护之用。

③ 异噻唑啉

异噻唑啉由水处理药品制造商来供应，其商标名为 Kathon，市售溶液含 1.5% 的活性成分，Kathon 用于杀菌和存贮时的建议浓度为 $15 \times 10^{-6} \sim 25 \times 10^{-6}$。

（2）聚酰胺复合膜（ESPA、ESNA、CPA 和 SWC）及聚烯烃膜（PVD1）用杀菌剂

① 甲醛浓度为 0.1%～1.0% 的甲醛溶液可用于系统杀菌及长期停用保护，至少应在膜元件使用24h后才可与甲醛接触。

② 异噻唑啉

市售 kathon 溶液含 1.5% 的活性成分，建议用于杀菌和存贮时的建议浓度为 $15 \times 10^{-6} \sim 25 \times 10^{-6}$ mg/L。

③ 亚硫酸氢钠

亚硫酸氢钠可用作微生物生长的抑制剂，在使用亚硫酸氢钠控制生物生长时，可以 500×10^{-6} mg/L 的剂量每天加入 30～60min，在用于膜元件长期停运保护时，可用 1% 的亚硫酸氢钠作为其保护液。

④ 过氧化氢

可使用过氧化氢或过氧化氢与乙酸的混合液作为杀菌剂，必须特别注意的是在给水中不应含有过渡金属（Fe、Mn），因为如果含有过渡金属时会使膜表面氧化从而造成膜元件的降解，在杀菌液中的过氧化氢浓度不应超过0.2%，不应将过氧化氢用作膜元件长期停运时的保护液。在使用过氧化氢的场合其水温度不超过25℃。

（3）复合膜元件的一般保存方法

适用范围 本节介绍的方法适用于以下情况：
① 安装在压力容器中的反渗透膜元件的短期保存。
② 安装在压力容器中的反渗透膜元件的长期保存。
③ 作为备件的反渗透膜的干保存及反渗透系统启动前的膜保存。

注意：芳香族聚酰胺反渗透复合膜元件在任何情况下都不应与含有残余氯的水接触，否则将给膜元件造成无法修复的损伤。在对RO设备及管路进行杀菌、化学清洗或封入保护液时应绝对保证用来配制药液的水中不含任何残余氯。如果无法确定是否有残余氯存在，则应进行化学测试加以确认。在有残余氯存在时，应使用亚硫酸氢钠中和残余氯。此时要保持足够的接触时间以保证中和完全。

10. 膜元件保存

（1）短期保存

短期保存方法适用于那些停止运行5d以上30d以下的反渗透系统。此时反渗透膜元件仍安装在RO系统的压力容器内。保存操作的具体步骤如下：
① 用给水冲洗反渗透系统，同时注意将气体从系统中完全排除。
② 将压力容器及相关管路充满水后，关闭相关阀门，防止气体进入系统。
③ 每隔5d按上述方法冲洗一次。

（2）长期停用保护

长期停用保护方法适用于停止使用30d以上，膜元件仍安装在压力容器中的反渗透系统。保护操作的具体步骤如下：
① 清洗系统中的膜元件。
② 用反渗透产水配制杀菌液，并用杀菌液冲洗反渗透系统。
③ 用杀菌液充满反渗透系统后，关闭相关阀门使杀菌液保留于系统中，此时应确认系统完全充满。
④ 如果系统温度低于27℃，应每隔30d用新的杀菌液进行第二、第三步的操作；如果系统温度高于27℃，则应每隔15d更换一次保护液（杀菌液）。
⑤ 在反渗透系统重新投入使用前，用低压给水冲洗系统1h，然后再用高压给水冲洗系统5~10min，无论低压冲洗还是高压冲洗时，系统的产水排放阀均应全部打开。在恢复系统至正常操作前，应检查并确认产品水中不含有任何杀菌剂。

（3）系统安装前的膜元件保存

膜元件出厂时，均真空封装在塑料袋中，封装袋中含有保护液。膜元件在安装使用前的储存及运往现场时，应保存在干燥通风的环境中，保存温度以20~35℃为宜。应防止膜元件受到阳光直射及避免接触氧化性气体。

11. 污染密度指数SDI的测定方法

污染密度指数SDI值是表征反渗透系统进水水质的重要指标。本书主要介绍测定SDI值的标准方法，其方法的基本原理是测量在30psi给水压力下用0.45μm微滤膜过滤一定量的原水所需要的时间。SDI测试装置如图6-24所示。

（1）测试仪器的组装
① 按图6-24组装测试装置；
② 将测试装置连接到RO系统进水管路取样点上；
③ 在装入滤膜后将进水压力调节至30psi。在实际测试时，应使用新的滤膜。

注意：为获取准确测试结果，应注意下列事项：
- 在安装滤膜时，应使用扁平镊子以防刺破滤膜；
- 确保O形密封圈清洁完好并安装正确；
- 避免用于触摸滤膜；
- 事先冲洗测试装置，去除系统中的污染物。

(2) 测定过程

① 记录测试温度。在试验开始至结束的测试时间内，系统温度变化不应超过1℃。

② 排除过滤池中的空气压力。根据滤池的种类，在给水球阀开启的情况下，或打开滤池上方的排气阀，或拧松滤池夹套螺纹，充分排气后关闭排气阀或拧紧滤池夹套螺纹。

③ 用带有刻度的500mL量筒接取滤过水以测量透过滤膜的水量。

④ 全开球阀，测量从球阀全开到接满100mL和500mL[①]水样的所需时间并记录。

⑤ 五分钟后，再次测量收集100mL和500mL水样的所需时间，10min及15min后再分别进行同样测量。

⑥ 如果接取100mL水样所需的时间超过60s，则意味着约90%的滤膜面积被堵塞，此时已无须再进行实验。

⑦ 再次测量水温以确保与实验开始时的水温变化不超过1℃。

⑧ 实验结束并打开滤池后，最好将实验后的滤膜保存好，以备以后参考。

⑨ 计算公式

$$SDI = P_{30}/T_t = 100 \times (1 - T_i/T_f)/T_t$$

式中　SDI——污染密度指数；

P_{30}——在30psi给水压力下的滤膜堵塞百分数；

T_t——总测试时间，min；

T_i——第一次取样所需时间；

T_f——15min（或更短时间）以后取样所需时间。

通常T_t为15min，但如果在15min内即有75%的滤膜面积被堵塞[②]，测试时间就需缩短。

注：① 接取500mL水样所需时间大约为接取100mL水所需时间的5倍。如果接取500mL所需时间远大于5倍，则在计算SDI时，应采用接取100mL所用的时间。

② 为了精确测量SDI值，P_{30}应不超过75%，如果P_{30}超过75%应重新试验并在较短时间内获取T_f值。

四、组合膜

以某石化企业污水处理厂污水回用装置为例。该公司是本市的一个用水大户，公司的供水主要来自地表水和地下水两部分，地表水占总用水量的65.7%，公司处在地下水比较贫乏的地区，受降水影响很大，使得地下水供水能力没有保证。随着地区的发展供水形势越发严峻，地区给公司的供水指标逐年在压缩，水资源缺乏已经成为制约公

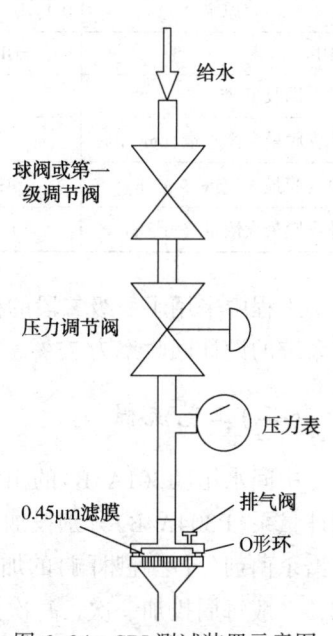

图6-24　SDI测试装置示意图

司发展亟需解决的问题。公司在着力采取措施节约用水的同时，也在做开辟新水源的各方面工作。污水资源回用是开辟新水源工作的一条有效途径。

本工程将建设一套处理能力为 1200m^3/h 的污水回用水处理装置，生产准一级脱盐水 800m^3/h。利用污水净化车间二沉池出水作为原水，采用超滤和反渗透组合工艺，其中超滤部分采用 ZENON 公司 500d 超滤过滤系统，反渗透部分采用 DOW 化学公司 BW30-400FR 膜组件，原水经处理后总脱盐率≥97%，产品水 TDS<24mg/L，电导率<50μS/cm，达到准一级除盐的标准，产品水供给化工厂后经动力车间水处理装置进行深度除盐后最终作为高压锅炉补给水。

(一)污水回用工程反渗透膜组件的产品规范和排列组合

BW30-400FR 膜产品规范如表 6-12 所示。

表 6-12 本生产装置采用的膜元件型号为 DOW 化学公司 BW30-400FR 膜产品规范

产品名称	有效膜面积/m^2	运行压力/bar	产水量/m^3/d	稳定脱盐率(cL)/%
BW30-400FR	37	15.5	40	99.5

注：(1) 产水量和脱盐率是基于测试条件：2000×10^{-6}mg/L NaCl，压力如上表，25℃，pH=8，回收率为 15%；
(2) 单只元件的产水量可能有变化，但不会低于上述表值的 7%；
(3) 单只元件的最小脱盐率 98%；
(4) 性能规范随着产品改进会略有改变；
(5) 进水流道厚度为 28mil(1mil≈0.025mm)。

不同水质下 BW30-400FR 膜通量和回收率的运行导则如表 6-13 所示。

表 6-13 不同水质下 BW30-400FR 膜通量和回收率的运行导则(经验性)

原水	RO、UF 渗透液	软化后的井水	软化后的地表水	地表水	过滤后的三级排放水
SDI	SDI<1	SDI<3	SDI 3~5	SDI 3~5	
最大回收率/%	30	19	17	15	10
单支膜最大产水量/(m^3/d)	42	35	30	27	19
单支膜最大进量/(m^3/h)	19	17	17	15	14
单支膜最大浓量/(m^3/h)	1.8	3.6	3.6	3.6	3.6

工程中采用了一级二段的排列组合，第一段的膜组件数量为 27 个，第二段为 14 个；整个系统的设计回收率为 75%。

(二)工艺流程

中间水箱(T301A/B)的出水在进入反渗透提升泵前由杀菌剂计量泵(P303A/B)和还原剂计量泵(P304A/B)分别投加非氧化性广谱杀菌剂(异噻唑啉酮)和亚硫酸氢钠。非氧化性广谱杀菌剂(异噻唑啉酮)的加药剂量约 100×10^{-6}mg/L，采用在运行过程中的冲击式投加方式，一般每周投加一次，每次投加 20~30min，以抑制水中的细菌繁殖。亚硫酸氢钠加药剂量约 3×10^{-6}mg/L，主要作用是脱除给水中的余氯，保护反渗透膜免遭不可逆转的氧化损坏,在加药点处设静态混合器,使这两种药品加入均匀。

投加杀菌剂和还原剂后的超滤产水分成四股水先经反渗透提升泵(P-301A/B/C/D)升压,随后由高压泵(P-302A/B/C/D)提升分别送入对应的4套反渗透装置进行脱盐处理。由于超滤产水经反渗透单元处理后最终浓水中各种离子被浓缩4倍,为了防止反渗透浓水侧结垢,在高压泵的进水管处由阻垢剂计量泵(P-307A/B/C/D)投加阻垢剂,并在加药点处设静态混合器,使药品加入均匀,加药剂量约为3×10^{-6},投药后LSI值可提高至2.8,能有效控制碳酸钙、硫酸钙、硫酸钡结垢,同时对SiO_2、铁铝氧化物及胶体具有很强的分散效果。由于原水水温变化范围较大,造成反渗透装置在同样产水量下运行压力的很大不同。为了保证反渗透装置正常运行,降低能耗,在夏季水温较高时,通过系统切换阀门,来水走旁通线,可以停止RO提升泵的运行,单独运行高压给水泵。高压泵采用变频器调节控制。

经投加阻垢剂后的超滤水由高压泵输送至反渗透装置(RO301A/B/C/D)进行脱盐,脱盐率大于97%。由于反渗透产品水受水中溶解CO_2的影响,产品水的pH值约为5.7~6.2,水质偏酸性,腐蚀性较强。为了防止对后续设备及管道的腐蚀,在反渗透产水的总出水管上由氨计量泵投加氨调节pH,投加量约为3mg/L,加药点设有静态混合器,使氨与产品水充分混合,将产品水pH值调至7.2~8.0,减轻水的腐蚀性。产水加氨混合后进入成品水池(T-401),用成品水输送泵(P-401A/B/C)送至化工一厂动力车间,作为化工一厂动力车间化学水处理装置的用水。反渗透的浓水直接排放到车间的船曝池,最终经船曝池流至牛口峪库区。反渗透单元中设有浓水自动冲洗系统,每当反渗透装置停止运行时,自动启动RO冲洗水泵(P307),打开电动冲洗进水阀和排水阀,对膜元件进行低压冲洗,以防止膜表面受浓水污染。

(三)影响因素及控制分析

不同因素对产水通量的影响如图6-25所示。影响反渗透系统运行的因素主要有以下几点:

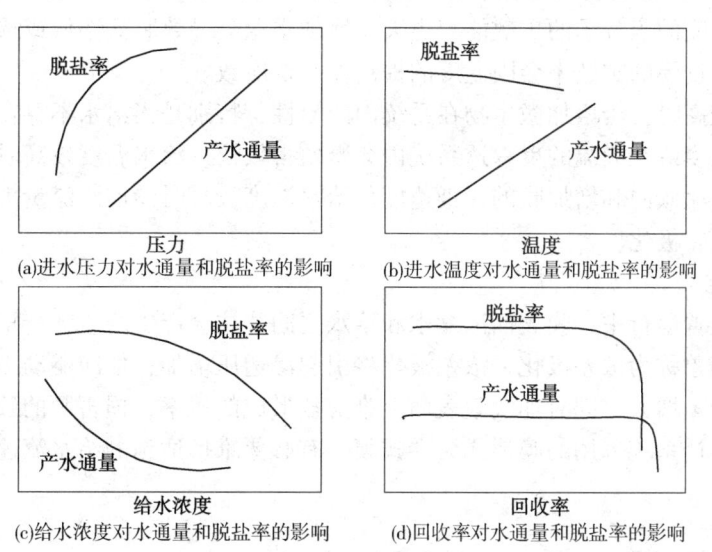

图6-25 不同因素对产水通量的影响

1. pH 值

膜的水解速度与溶液的 pH 值和温度有关。当膜水解时，透水量和透盐率将增加而产水质量将明显恶化。对于醋酸纤维素膜，pH 值约为 4.7 时，水解速度为最小。pH 值大于或小于 4.7 时，水解速度均加大。水解速度明显受温度影响，且随温度增大而增大，合适的 pH 值和温度是保证膜合理寿命的重要因素。聚酰胺中空膜和复合膜不易发生水解。本工程反渗透部分采用 DOW 化学公司 BW30-400FR 膜组件，属于聚酰胺复合膜，pH 值适应的范围较广，为 2~11。

2. 运行压力

运行压力由溶液渗透压、净推动力和管路等的压降组成。渗透压与原水中的含盐量和水的温度成正比，与膜的性能无关。净推动力是为了使膜元件(组件)产生足够量的产品水而需要的压力。对不同的膜，必须根据原水含盐量、膜元件(组件)的排列组合等因素，测算出合适的运行压力，以确保膜的长期安全运行。

由于透水量与运行压力成正比，因此，提高运行压力将增大透水量。正如图 6-25(a)所示，透过膜的产水通量增加与进水压力的增加有直线的关系，增加进水压力也增加了脱盐率，但是两者之间没有线性关系，而且达到一定的程度后，通过增加进水压力提高盐分的排除率有上限限制，如图 6-25(a)中脱盐率曲线的平坦部分所示那样，脱盐率将不再增加。

对于新的膜元件(组件)，由于膜压密没有那么严重，膜的阻力小些，透水量较大。因此，对运行初期的膜，在满足产水量和脱盐的情况下，运行压力宜采用比正常压力较低的为好。

3. 温度

DOW 化学公司 BW30-400FR 膜为复合膜，对温度有使用限制，运行中保证温度在 45℃以下。膜元件(组件)标明的透水量一般是在 25℃的情况下，在其他温度下可以根据厂商资料做适应的温度校正。

适当提高进水温度，可以降低水的黏度，提高膜的透水量。尤其是在北方的冬天，对给水进行加热是必要的。在温度高于 20℃下运行，温度升高 1℃，透水量约增加 3%。如图 6-25(b)所示，膜对进水温度的变化非常敏感，随着水温的增加，产水通量几乎线性的增大，这主要由于穿过膜的水分子的扩散能力更大，增加水温会导致脱盐率低或透盐率增加，这主要是因为盐分透过膜的扩散率会因温度的提高而加快所致。

给水温度较高时，会增加微生物在系统内的活性，特别是当给水不存在杀菌剂时。细菌在较高的给水温度或在滞流的反渗透系统内会繁殖得较快。给水温度较高时，也会加大碳酸盐和硫酸盐的结垢倾向和增加膜的污染速度。给水温度较高时渗透水流量也增加，相应地会增加膜表面的浓差极化。

4. 浓差极化

在反渗透装置运行中，膜表面浓缩水和给水之间往往会产生浓差，严重时形成很高的浓度梯度，这种现象称为浓差极化。浓差极化将引起渗透压增加，使净驱动力减少，从而使透水量减少，透盐量增大，同时加大膜表面上难溶盐形成的机率，损害膜的致密层。

本工程反渗透系统采用的膜形式为卷式膜，有必要维持适当的给水流速，防止发生浓差极化。

5. 给水浓度

渗透压是水中所含盐分工有机物浓度和种类的函数，给水浓度增加，则渗透压也增加，因此需要逆转自然渗透流动方向的进水驱动压力主要取决于进水中的含盐量。如图6-25(c)所示,如果压力保持恒定,给水浓度越高,通量就越低,渗透压的增加抵消了进水能力,产水通量降低,增加了透过膜的盐通量(降低了透盐率)。

6. 回收率

如图6-25(d)所示,在进水的压力恒定下,如果回收率增加,残留在原水中的含盐量更高,自然渗透压将不断增加直至与所施加的压力相同,这将抵消进水压力的推动作用,减慢或停止反渗透过程,使产水通量降低或甚至停止。

7. 膜污染

在膜过滤过程中,水中的微生物、微粒、胶体粒子或难溶盐等由于与膜存在物理化学相互作用或机械作用而引起的在膜表面或膜孔内吸附、沉积造成膜孔径变小或堵塞,使膜产生透过流量与分离特性的不可逆变化现象,膜的污染问题大体可分为:沉淀污染(膜表面结垢、金属氧化物的污染)、吸附污染(污堵、胶体污染、有机物污染等)、生物污染。

(1) 沉淀污染

当原水中盐的浓度超过了其溶解度,就会在膜上形成沉淀或结垢。普遍受人们关注的污染物是钙、镁、铁和其他金属的沉淀物,如氢氧化物、碳酸盐和硫酸盐等。避免沉淀污染的方法主要有:

① 降低回收率,减少离子积中阳离子或阴离子的浓度,过从而缩小浓缩倍数,以避免离子积超过溶度积。

② 预先除去结垢离子,如可用钠离子交换法除去钙,一般情况下此种方法对大型的反渗透系统是不经济的,另一种方法是添加酸,如此可减少氢氧化物和碳酸盐的浓度,使金属离子沉淀难以生成。

③ 可以投加阻垢剂,减缓沉淀的生成速度,以阻碍沉淀生成。

(2) 吸附污染

① 污堵　往往由于给水中杂质颗粒过多,或微米过滤器漏过杂质,造成杂质不能通过膜元件(组件)的给水-浓水通道,而留在膜表面上。

② 胶体污染　胶体物质直接残留在膜表面上而引起胶体污染。水中胶体污染的程度可由下面两个参数决定:胶体浓度和胶体稳定性。胶体浓度可通过测定水中的SDI值,SDI值大致反映胶体污染程度。测量ζ电位值也可大致反映胶体在水中的稳定性。

③ 有机物在膜表面的吸附通常是影响膜性能的主要因素。随时间的延长,污染物在膜孔内的吸附或累积会导致孔径减少和膜阻增大。通过膜化学清洗有效地溶解凝胶层中有机化合物,化学清洗的溶液通常由苛性物质和酶剂组成。

(3) 生物污染

微生物污染是由于微生物、细菌在膜表面上的繁殖引起的,膜的生物污染分两个阶段:黏附和生长。在溶液中没有投入杀菌剂或投入量不足时,黏附细胞会在进水营养物质的供养下成长繁殖,形成生物膜。在一级生物膜上的二次黏附或卷吸进一步发展了生物膜。从而影响系统性能的现象。生物污染可通过对进水进行连续或间歇的投加杀菌剂来控制。

8. 化学损伤

由于本反渗透装置采用的是DOW化学公司BW30-400FR膜组件,属于聚酰胺复合膜,而游离氯和其他氧化剂将会对复合膜产生氧化破坏,导致膜元件的性能衰减,因此在进入反渗透装置前需将游离氯和其他氧化剂去除。

9. 机械损伤

在正常运行的反渗透装置给水或清洗时清洗水中若含有尖锐外形的悬浮固体或颗粒杂

质，亦或由于装置的回收率过大导致给水出现无机盐类结垢形成结晶体时，不但会引起膜的污染，同时也会对膜的表面造成磨损，导致膜性能的下降。

10. 反渗透化学清洗单元

(1) 化学清洗的必要性

在正常的运行条件下，反渗透膜可能被无机物垢、胶体、微生物、金属氧化物等污染，这些物质沉积在膜表面上，将会引起反渗透装置出力下降或脱盐率下降，因此，为了恢复良好的透水和除盐性能，需对膜进行化学清洗。

(2) 化学清洗的条件

操作过程中污染物沉积膜表面，导致标准化的产水量和系统脱盐率的分别下降或同时恶化。当下列情况出现时，需要清洗膜元件：

① 标准化产水量降低10%以上；
② 标准化脱盐率增加5%以上；
③ 进水和浓水之间的标准化压差上升了15%。

以上的基准比较条件取自系统经过最初的48h运行后的操作性能。需要注意的是，如果进水温度降低，则膜元件的产水量也会下降，这是正常现象而非膜的污染所致，压力控制失常或回收率的增加将会导致产水量的下降或透盐量的增加，当观察到系统出现问题时，此时膜元件可能并不需要清洗。

可以通过FlimTec公司的计算机程序FTNORM对膜元件的性能数据进行标准化，通过数据的比较后是否决定进行清洗。

(3) 基本原理

化学清洗法是利用某种化学药剂与膜表面的污染物质产生化学反应达到清洗膜的目的。主要的清洗方法如下：

① 酸洗法 酸洗法对去除钙类沉积物、金属氢氧化物及无机胶质沉积物等无机杂质效果最好。常用的酸有盐酸、草酸、柠檬酸等，酸溶液的pH值根据膜材料而定。

② 碱洗法 碱洗法对去除油脂及其他有机物效果较好，常用的氢氧化钠和氢氧化钾，碱溶液的pH值也根据膜材料而定。

③ 氧化法 氧化法对去除而且可以同时起到杀菌的作用。常用的氧化剂是1%~2%的过氧化氢溶液或者500~1000mg/L的次氯酸钠溶液或二氧化氯溶液。

(4) 清洗药品和清洗液

FlimTec公司膜元件的一般清洗液如表6-14所示。

表6-14 FlimTec公司膜元件的一般清洗液

清洗液 污染物	0.1%NaOH或1.0%Na$_4$EDTA（最大允许值pH12/30℃）	0.1%NaOH或0.025%Na-DDS（最大允许值pH12/30℃）	0.2%HCl	1.0%亚硫酸氢钠	0.5%磷酸	1.0%亚硫酸氢铵	2.0%柠檬酸
无机盐垢（如CaCO$_3$）			最好	可以	可以		可以
硫酸盐垢（如CaSO$_4$、BaSO$_4$）	最好	可以					

续表

清洗液 污染物	0.1%NaOH 或1.0%Na$_4$ EDTA(最大允许值 pH12/30℃)	0.1%NaOH 或0.025%Na-DDS (最大允许值 pH12/30℃)	0.2%HCl	1.0%亚硫酸氢钠	0.5%磷酸	1.0%亚硫酸氢氨	2.0%柠檬酸
金属氧化物(如铁)				最好	可以	可以	可以
无机胶体		最好					
硅	可以	最好					
微生物膜	可以	最好					
有机物	作第一步清洗可以	作第一步清洗可以	作第二步清洗可以				

酸性清洗剂用于清洗包括铁污染在内的无机污染物，而碱性清洗剂用于包括生物物质在内的有机污染物。酸性清洗的 pH 值约为 2，碱性清洗的 pH 值约为 12。

11. 反渗透系统

主要进水条件：

水温 11~35℃；

水压 0.9~1.8MPa；

SDI<3；

残余氯<0.1×10^{-6}；

浊度<0.5NTU；

pH=3~10。

（1）温度

产水量随温度变化通常按下式计算：

$$Q=Q_o \times 1.03^{T-25}$$

T 为温度（℃），即每一度变化使产水量变化 3% 左右。反渗透的给水温度的变化范围为 10~35℃，为了使产水量不受温度的影响，反渗透装置主要通过调整给水的压力大小来保证产水量的稳定，在夏季给水的温度高时停给水提升泵，只开高压泵，冬季给水的温度低时同时开启给水提升泵和高压泵，较小压力范围的调整主要通过调节高压泵的变频器来实现。

（2）压力

对反渗透工艺来说，透过膜的水量（简称透水量，L/h）与作用于膜的压力成比例，即

$$q_{v,w}=K_w(\Delta P-\Delta \mathrm{II})S/\delta$$

式中　K_w——膜对于水的渗透系数；

　　　S——膜的表面积（有效面积）；

　　　δ——膜的厚度；

　　　ΔP——膜两侧的压力差；

　　　$\Delta \mathrm{II}$——膜两侧的渗透压差。

从上式中可知道，膜两侧的压力越大则透水量越大，生产中可通过调整高压泵出水压力来控制产水量。

(3) 完全去除残余氯

反渗透系统采用的是复合膜，这种膜对氯只能耐受 1000×10^{-6}h。由于 UF 透过水中含有余氯，因此需要在反渗透给水中投加还原剂，脱除给水中的余氯，保护反渗透膜免遭不可逆转的氧化损坏。在反渗透给水设有 ORP 测定仪，以监测余氯的去除程度。

(4) 污堵

进水 SDI 和浊度不满足或单支膜的浓水排放量小于膜所要求的最小浓水排放量时（水的流动不能保持紊动状态，易形成浓差极化），很容易造成反渗透污堵情况的发生，为了避免此种情况的发生，一是加强超滤系统的去除效果，二是提高反渗透给水的流速（从而提高浓水的流速），以便把膜表面浓度的增加减少到最低值。

(5) 防止难溶盐沉淀

预处理水经一级反渗透处理后，其浓水中各种离子被浓缩 4 倍，因此在进入反渗透系统前加阻垢剂以防止反渗透浓水侧结垢，同时根据水质情况降低反渗透系统的回收率以达到防止结垢的目的。

(6) 微生物的控制

为抑制水中的细菌繁殖，需对反渗透给水做杀菌处理，考虑到反渗透系统对氯的耐受性能，选用非氧化性广谱杀菌剂（异噻唑啉酮），并且采用在运行过程中的冲击式投加方式，一般每周投加一次，每次投加 20~30min，加药剂量约 100×10^{-6}。

第五节　蒸发与结晶

一、概述

(一) 零排放的定义

所谓零排放，是指无限地减少污染物和能源排放直至到零的活动。零排放，就其内容而言，一是要控制生产过程中不得已产生的能源和资源排放，将其减少到零；另一含义是将那些不得已排放出的能源、资源充分利用，最终消灭不可再生资源和能源的存在。

废水零排放是指工业水经过重复使用后，将这部分含盐量和污染物高浓缩成废水全部（99%以上）回收再利用，无任何废液排出工厂。水中的盐类和污染物经过浓缩结晶以固体形式排出厂送垃圾处理厂填埋或将其回收作为有用的化工原料。

(二) 国内现有实现废水零排放的手段

目前国内广泛使用的工业废水处理技术主要包括 RO（反渗透膜双膜法）和 EDR 技术，他们的主要材料是纳米级的反渗透膜，而这种技术的作用对象是离子（重金属离子）和分子量在几百以上的有机物。其工作原理是在一定压力条件下，H_2O 可以通过 RO 渗透膜，而溶解在水中的无机物、重金属离子、大分子有机物、胶体、细菌和病毒则无法通过渗透膜，从而可以将渗透的纯水与含有高浓度有害物质的废水分离开来。但是使用这种技术我们只能得到 60% 左右的纯水，而剩余的含高浓度有害物质的废水最终避免不了排放到环境的结局，而这些高浓度的重金属离子和无机物对我们的环境是极其有害的。

二、RCC 技术

RCC 技术，能真正达到工业废水零排放，RCC 的核心技术为"机械蒸汽再压缩循环蒸发技术"及"晶种法技术""混合盐结晶技术"。

（一）机械蒸汽再压缩循环蒸发技术

1. 机械蒸汽再压缩循环蒸发技术的基本原理

所谓的机械蒸汽再压缩循环蒸发技术，是根据物理学的原理，等量的物质，从液态转变为气态的过程中，需要吸收定量的热能。当物质再由气态转为液态时，会放出等量的热能。根据这种原理，用这种蒸发器处理废水时，蒸发废水所需的热能，在蒸汽冷凝和冷凝水冷却时释放热能所提供。在运作过程中，没有潜热的流失。运作过程中所消耗的，仅是驱动蒸发器内废水、蒸汽、和冷凝水循环和流动的水泵、蒸汽泵和控制系统所消耗的电能。为了抵抗废水对蒸发器的腐蚀，保证设备的使用寿命蒸发器的主体和内部的换热管，通常用高级钛合金制造。其使用寿命 30 年或以上。

蒸发器单机废水处理量由 27t/d 起至 3800t/d。如果需要处理的废水量大于单机最大处理量，可以安装多台蒸发器处理。蒸发器在用晶种法技术运行时，也称为卤水浓缩器（brine concentrator）。

2. 卤水浓缩器构造及工艺流程

（1）待处理卤水进入贮存箱，在箱里把卤水的 pH 值调整到 5.5~6.0 之间，为除气和除碳做准备。卤水进入换热器把温度升至沸点。

（2）加热后的卤水经过除气器，清除水里的不溶气体，如氧气和二氧化碳。

（3）新进卤水进入深缩器底槽，与在浓缩器内部循环的卤水混合，然后被泵到换热器管束顶部水箱。

（4）卤水通过装置，在换热管顶部的卤水分布件流入管内，均匀地分布在管子的内壁上，呈薄膜状，受地球引力下降至底槽。部分卤水沿管壁下降时，吸收管外蒸汽所释放的热能而蒸发了，蒸汽和未蒸发的卤水一起下降至底槽。

（5）底槽内的蒸汽经过除雾器进入压缩机，压缩蒸汽进入浓缩器。

（6）压缩蒸汽的潜热传过换热管壁，对沿着管内壁下降的温度较低的卤水膜加热，使部分卤水蒸发，压缩蒸汽释放潜热时，在换热管外壁上冷凝成蒸馏水。

（7）蒸馏水沿管壁下降，在浓缩器底部积聚后，被泵经换热器，进储存罐待用。蒸馏水流经换热器时，对新流入的卤水加热。

（8）底槽内部分卤水被排放，以控制浓缩器内卤水的浓度。

晶种法技术：可以解决蒸发器换热管的结垢问题，经处理后排放的浓缩废水，通常被送往结晶器或干燥器，结晶或干燥成固体，运送堆填区埋放。上述循环过程，周而复始，继续不断地进行。

（二）晶种法技术

如废水里含有大量盐分或 TDS，废水在蒸发器内蒸发时，水里的 TDS 很容易附着在换热管的表面结垢，轻则影响换热器的效率，严重时则会把换热管堵塞。解决蒸发器内换热管的结垢问题，是蒸发器能否用作处理工业废水的关键。RCC 成功开发了独家护有的"晶种法"技术,解决了蒸发器换热管的结垢问题,使他们设计和生产的蒸发器,能成功地应用于含盐工业废水的处理,并被广泛采用。应用"晶种法"技术的蒸发器,也称作"卤水浓缩器"(brine concentrator)。经卤水浓缩器处理后排放的浓缩废水,TDS 含量可高达 300000mg/L,通常被送往结晶器或干燥器,结晶或干燥成固体,运送堆填区埋放。

"晶种法"以硫酸钙为基础。废水里须有钙和硫化物的存在,浓缩器开始运作前,如果废水里自然存在的钙和硫化物离子含量不足,可以人工加以补充,在废水里加添硫酸钙种子,使废水里钙和硫化物离子含量达到适当的水平。废水开始蒸发时,水里开始结晶的钙和硫酸钙离子含量达到适当水平。废水开始蒸发时,水里开始结晶的钙和硫酸钙离子就附着在这些种子上,并保持悬浮在水里,不会附着在换执管表面结垢。这种现象称为"选择性结晶"。卤水浓缩器通常能持续运作长达一年或以上,不才需定期清洗保养。在一般情况下,除了在浓缩器启动时有可能添加"晶种外",正常运作时不需再添晶种。

(三) 混合盐结晶技术

1. 混合盐结晶技术的应用

卤水浓缩器可回收卤水里 95% 至 98% 的水分,剩余的浓缩卤水残液,含有大量的可溶固体。在有些地区,卤水残液被送往蒸发池自然蒸发,或作深井压注处理。但很多地区,如美国西南部的科罗拉多河流域,为了防止浓缩卤水排放蒸发池或作深井压注处理后渗出,对水源造成二次污染,沿岸的工矿企业产生的废水,必须作"零排入"处理。如残液的流量很小,则可用干燥器把残渣干燥成固体,收集后送堆场填埋;如残液量较大,用结晶器把残液里的可溶固体给晶后收集填埋,是更经济的处理方法。

一般生产性化工结晶程序,如氯化钠、硫酸钠等化工商品的生产,仅需要处理一种盐类的结晶,这类单盐卤水的结晶工艺,比较容易掌握,但工业污水里所含的盐分,种类繁杂,甚至含有两种盐分组成的复盐。有多种盐类并存的卤水会在结晶器内产生泡沫和具有极强的腐蚀性,同时多种不同盐类的存在,会造成卤水不同的沸点升高。不同程度的结垢,对设备的换热系数产生不同程度的影响。通过数十年的研究和实践我们掌握了一套混合盐类结晶技术,累积了丰富的经验。实验室对混通过实合盐卤的分析,准确检定卤水里各种盐类的成分和容量,准确判断各种盐类对设备的影响,采用不同的设计参数,并在这基础上进行系统设计,为用户提供适合的、经济和可靠的设计,制定可行的操作和维修方案。

2. 混合盐结晶技术的设备与工艺流程

用作混合盐结晶的结晶器,可用蒸汽驱动,也可用电动蒸汽压缩机驱动,后者是能效较高的系统。

强制循压缩蒸汽结晶器:强制循环压缩蒸汽结晶器是热效率最高的结晶系统,系统所需的热能,由一台电动蒸汽压缩机提供。它的主要工作程序如下:

(1) 待处理浓卤水被泵进结晶器。

(2) 和正在循环中的卤水混合,然后进入壳管式换热器。因换热器管子注满水,卤水在加压状态下不会沸腾并抑制管内结垢。

(3) 循环中的卤水以特定角度进入蒸汽体,产生涡旋,小部卤水被蒸发。

(4) 水分被蒸发时,卤水内产生晶体。

(5) 大部卤水被循环至加热器,小股水流被抽送至离心机或过滤器,把晶体分离。

(6) 蒸汽经过除雾器,把附有的颗粒清除。

(7)蒸器经压缩机加压,压缩蒸汽在加热器的换热管外壳上冷凝成蒸馏水,同时释放潜热把管内的卤水加热。

(8)蒸馏水收集后,供厂内需要高质蒸馏水的工艺流程使用,在某些条件下,结晶器产生的晶体,是很高商业价值的化工产品。这种高效结晶器的主要优点有:

① 设备体积小,占地面积也小;

② 设备能耗低,盐卤浓缩器处理1吨废水耗电最低仅16kW/h。回收率高达98%,而且回收的是优质蒸馏水,所含TDS小于10×10^{-6},稍做处理即可作高压锅炉补给水,用钛合金制造,合作寿命长达30年。

三、机械式蒸汽再压缩技术 MVR

(一)MVR 概述

1. 技术特点

MVR蒸发器是英文(mechanical vapor recompression)的缩写,被称之为"机械式蒸汽再压缩"蒸发器。它是国际上20世纪90年代末开发出来的一种新型高效节能蒸发设备。MVR蒸发器是采用低温和低压汽蒸技术和清洁能源——"电能",产生蒸汽,将媒介中的水分分离出来。目前MVR是国际上最先进的蒸发技术,是替代传统蒸发器的升级换代产品。目前该项技术只有北美和欧洲等一些发达国家掌握了该项技术在众多领域中的应用。

2. MVR 蒸发器的基本原理

在MVR蒸发器系统内,在一定的压力下,利用蒸汽压缩机对换热器中的不凝气(开始预热时)和水蒸气(开始蒸发时)进行压缩,从而产生蒸汽,同时释放出热能。产生的二次蒸汽经机械式热能压缩机(类似于鼓风机)作用后,并在蒸发器系统内多次重复利用所产生的二次蒸汽的热量,使系统内的温度提升5~20℃,热量可以连续多次的被利用,新鲜蒸汽仅用于补充热损失和补充进出料热焓,大幅度减低蒸发器对外来新鲜蒸汽的消耗。提高了热效率,降低了能耗,避免使用外部蒸汽和锅炉(本蒸汽再压缩式节能蒸发器的主要运行费用仅仅是驱动压缩机的电能)。MVR原理如图6-26所示。由于电能是清洁能源,因此,MVR蒸发器真正达到了"零"污染的排放(完全没有二氧化碳的排放)。在中国各级政府大力提倡节能减排的今天,MVR技术的应用具有特别重要的现实意义。MVR小型蒸发器如图6-27所示。

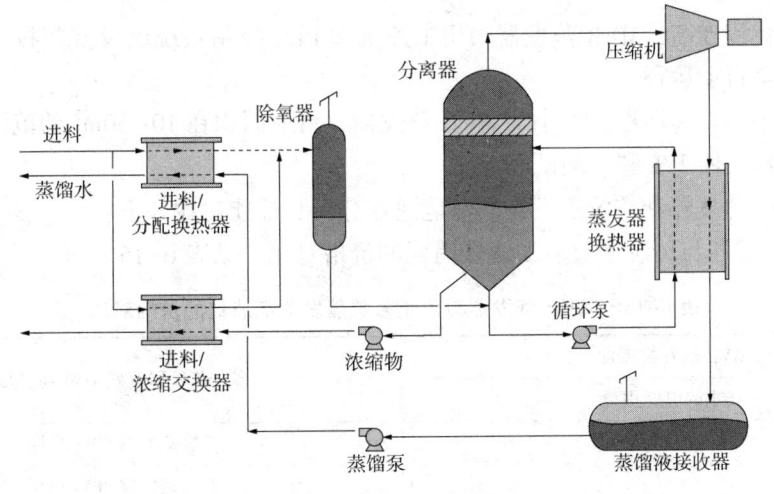

图 6-26　MVR 原理图

(二)MVR 蒸发器的特点

(1)热效率高,节省能源,功耗低。蒸发一顿水的能耗只相当于传统蒸发器的四分之一到五分之一。节能效果十分显著。

(2)运行成本低。MVR 蒸发器耗能一般是传统多效蒸发器三分之一到四分之一。节省的运行费用将是一大笔企业利润。以一个每小时蒸发 50t 水的 MVR 蒸发器来说,若以购买蒸汽 200 元/t 计算(内地的平均价格,深圳的价格为 300 元/t),传统蒸发器的每吨水成本约为 50 元/t(每吨蒸汽可以蒸发 4t 水),而 MVR 蒸发器为 20 元/t。若以蒸发器平均每天工作 20h,一年运行 300d 计算,则一年就可以节省 30×50×20×300 = 9000000 万元人民币,这将是一

图 6-27 小型 MVR 蒸发器实照

笔节省下来的非常可观的利润。若 MVR 蒸发器的成本为 1800 万元,则两年节省的钱就可收回 MVR 蒸发器的全部投资。以后节省的钱就是企业的利润了。

(3)清洁能源,没有任何污染。MVR 蒸发器只要有电就可以运行。采用的是工业电源,没有任何二氧化碳排放的问题。不用蒸汽,不用锅炉,不用烧煤和油,不用烟囱,不用冷却水没有 CO_2 和 SO_2 的排放。现在国际上盛行的 CDM 项目,中国作为发展中国家来说,这也是个很大收入,当前国际上每吨 CO_2 的价格是 9.8 欧元。所以如果大量使用 MVR 蒸发器,将给国家带来大量的 CDM 收入。

(4)通过二次蒸汽回用技术,蒸汽冷凝水的 COD 和 BOD 值以及氨氮含量远低于传统的多效蒸发器的指标,他们完全符合国家规定的排放标准。

(5)采用单级真空蒸发,蒸发温度低,特别适合热敏性较强的物料,不易使物料变性。采用低温负压蒸发(50~80℃),有利于防止被蒸发物料的高温变性。

(6)MVR 蒸发器是传统多效降膜蒸发器的换代产品。凡单效及多效蒸发器适用的物料和工艺,均适合采用 MVR 蒸发器,在技术上具有完全可替代性,并具有更优良的环保与节能特性。

(7)自动化程度高,MVR 蒸发器采用工控机和 PLC 控制系统以及变频技术,完全实现了无人值守的全自动运行。

(8)体积小,可移动性。中小型 MVR 蒸发器,占地面积在 $10~50m^2$ 的范围内,可以设计成移动式结构,便于安装、调试和运输。

(9)MVR、蒸发器和传统蒸发器的节能效益分析和性能对比如下:

① MVR 蒸发器与传统多效蒸发器煤消耗的价格对比,见表 6-15。

表 6-15 MVR 蒸发器与传统多效蒸发器煤消耗的价格对比

MVR 蒸发器蒸发 1t 水的电能用量	多效蒸发器蒸发 1t 水耗煤量
小于 25 度电	三效蒸发器 60kg 标煤
	五效蒸发器 40kg 标煤

若一顿标煤1000元人民币，而一度电0.6元人民币计算，传统的五效蒸发器蒸发一吨水的价格为40×1000÷1000 = 40人民币；MVR蒸发器蒸发一吨水的价格为25×0.6 = 15元。

② MVR蒸发器与传统多效蒸发器性能对比，见表6-16。

表6-16 MVR蒸发器与传统多效蒸发器煤消耗的价格对比

比较项目	单效蒸发器	多效蒸发器	MVR蒸发器
能耗	极高。蒸发1t水约需要1t的蒸汽	较节能。5效以上的蒸发器，蒸发1t水需要0.3~1t（与蒸发媒介有关）吨蒸汽	目前是最节能。蒸发1t水，仅耗电20~80度电（不同的媒介耗电不同）
能源类型	蒸汽。需要锅炉等外设。释放二氧化碳等	蒸汽。需要锅炉等外设。释放二氧化碳等	只需要电能（清洁能源）。无释放二氧化碳
运行成本	高。蒸发1t水约需要1.5t蒸汽。	较高。蒸发1t水约需要0.5t蒸汽	相当低。约是5效蒸发器的40%
自动化程度	完全人工操作。间断出料。	半自动或人工操作。间断出料。	全自动操作，连续出料
稳定性	差	较差	好
占地面积	小	大	小
蒸发量	少	大	0.1~50t/h

（三）工程案例

1. 项目概况

本项目MVR蒸发结晶装置原水来之污水厂二级处理出水（$Q=1000m^3/h$）的一股生产厂区清净下水（$Q=500m^3/h$），这股水经过混合后，进入双模系统（其中，超滤处理规模为$Q=1350m^3/h$），生产的浓水经强化膜浓缩系统处理后，约产生40m^3/h的高浓水，然后进入MVR蒸发结晶。根据这股水的水量，确定MVR蒸发结晶装置处理量为40m^3/h，产水量（蒸发量）为38.6m^3/h，出盐量：1.4t/h。MVR蒸发结晶装置主要由预处理部分、预热部分、一级降膜蒸发浓缩部分、二级强制循环蒸发结晶部分、离心脱水出盐部分、在线清洗部分等组成。

2. 设计思路

（1）解决废水中二氧化硅过高结垢的问题

它关系到工艺路线运行的可行性和可靠性、MVR系统的运行周期和处理能力。废水中二氧化硅含量在1300~1700mg/L左右，二氧化硅含量比较高，很容易造成预热器和蒸发器结垢。

① 预处理方法和原理

采用氧化钙混凝剂除去废水中含有的二氧化硅。该废水pH=10，随着氢氧化钙的投入量增加，pH值增加，当溶液的pH=12~14之间是，溶液中的硅主要以SiO_3^{2-}和$HSiO_3^-$存在，此时废水中发生的化学反应方程式主要是：

$$CaO + H_2O =\!=\!= Ca(OH)_2$$
$$Ca(OH)_2 + SiO_3^{2-} =\!=\!= CaSiO_3 + 2OH^-$$

其中，随着氧化钙混凝剂的投加量增加，硅的去除率增加。因为一方面是随着氧化钙的投加量增加，溶液的pH值逐渐增加，使其中的硅大部分以SiO_3^{2-}及$HSiO_3^-$形式存在，易与氢氧化钙发生反应；另一方面，大量的氧化钙固体加入可以保证溶液的氢氧化钙的浓度处于该温度下的饱和溶解度，维持反应右向进行并最终达到平衡。

在这个过程中加入的氧化钙的量是过量的，该废水水质不能直接进入 MVR 蒸发系统，经过氧化钙混凝剂处理过的上清液进入膜除钙。

② 预处理流程

向一级反应沉清罐中一次性加入 240t 废水，然后开启搅拌装置，加入配好的氢氧化钙，一次性加入氢氧化钙的量在 8.16t 左右，此时废水的 pH 达到 12 以上，停止进氢氧化钙，反应 1h，然后一次性加入 1.2kg 阴离子聚丙烯酰胺，之后再一次性加入 2.4kg 的聚合氯化铝，然后径直 4~6h 后，上清液由泵打入清液罐，经过过滤器进入膜除钙，然后进入 MVR 蒸发结晶系统；一级反应沉清罐沉降的污泥由一级泥泵打入泥浆沉降罐，经过转鼓真空过滤机过滤后，清液返回一级反应沉清罐继续反应沉降，污泥走固废处理。

③ 消耗

本项目预处理主要消耗氧化钙和混凝剂，其主要消耗：氧化钙：0.034t/t 废水；混凝剂（聚合氯化铝、聚丙烯酰胺）：10g/t 废水、5g/t 废水。

（2）硅酸盐结垢的清洗

本项目 MVR 蒸发系统设计清洗周期为 2~3 个月，主预热器开一备一，在不影响系统运行的情况下，切换清洗。当系统蒸发量明显下降（蒸发量低于 35t/h）时，则需要停机清洗，清洗方法有两种，一是化学法，二是机械法，本项目推荐使用化学法清洗。

① 清洗原则

为了设备安全、经济运行，对 MVR 蒸发设备进行定期清洗，防止垢下腐蚀发生，选择合适有效的化学清洗剂，按照清洗操作规程对 MVR 蒸发设备进行清洗，保证设备在不腐蚀的情况下，完成对设备表面垢层的清洗。

② 清洗原理

本项目设备上的垢层含有二氧化硅垢，因此选用氢氟酸清洗硅酸盐垢最为合适，在低温、低浓度下，氢氟酸对硅酸盐垢有较好的溶解力。但是，在常温下，即使低浓度的 HF 对钛也会产生吸氢腐蚀；因此，在清洗时氢氟酸需加入强氧化性的硝酸，实验表明当 HNO_3：$HF>20:1$ 时，钛的腐蚀率相对较低，且不锈钢的腐蚀率变化不大，达到国家标准技术要求。

本项目采用 15% 的氢氟酸与 20% 的稀硝酸按照 1:1 的比例混合后，进入 MVR 系统清洗，市面上销售的工业氢氟酸和硝酸的浓度分别是 30% 和 5%。在生产中，在清洗酸罐中按照氢氟酸：硝酸：冷凝水 = 1:1:30.5 的比例混合稀释后，进入 MVR 蒸发系统清洗。

③ 清洗流程

第一步：打开清洗酸罐的进料阀门，在清洗酸罐中按照氢氟酸：硝酸：冷凝水 = 1:1:30.5 的比例混合稀释后，进入 MVR 蒸发系统；

第二步：打开清洗酸罐的出料阀门，当降膜气液分离器达到设定液位时开启降膜循环泵，同时开启转料泵，打入强制循环蒸发结晶系统，当结晶器中的液位达到设定值时，开启强制循环泵，同时开启出料阀门；

第三步：保持降膜循环泵和强制循环泵运行 15min，然后打开排净阀门，排到指定地点；

第四步：关闭清洗酸罐出料阀门，开启废水进料；

第五步：重复上述第 2~3 步；

第六步：根据实际需要，要再次对系统进行清洗时，重复上述第一~第五步；

第七步：若清洗为停机清洗，则进行上述第1~6步清洗后，再使用冷凝水按照上述第1~3步操作规程进行清洗。

④ 清洗废液的处理

此清洗废液中含有F^-，废液处理时，采用碳酸钠和石灰一同中和处理至$pH=8~9$，氟含量<10mg/L后随污水排放。

（3）系统的操作弹性

考虑到系统的操作弹性，废水浓度的变化，本系统按照39t/h蒸发量设计，处理量的操作范围：30~42t/h；进水浓度范围：1%~10%。

本项目原水中主要含有氯化钠和硫酸钠，根据实验结果，该废水最大有6.8℃的沸点升高，考虑到本项目的氯化钠和硫酸钠的比例存在波动和COD含量累计的影响，故设计时选取8℃沸点升高，增大加热器的换热面积，提高系统的操作弹性。

（4）COD高的问题

该项目原水COD含量为1500~2000mg/L左右，经过浓缩和饱和母液回流后COD含量逐步升高，这就造成了料液的沸点升高逐步增大，有效传热温差逐步减少，直接影响到蒸发的进行，降低了系统的蒸发量，甚至影响系统不蒸发。因此为了降低MVR系统内物料的COD含量，需要连续外排母液外排母液量：500kg/h，外排的母液不再回到MVR系统

关于外排母液需要和甲方协商处理方式，如果满足回系统的要求，则推荐母液回前处理系统；若不满足，则外排母液焚烧或生化处理。

（5）蒸汽压缩机的选择

在85℃的蒸发温度下，总压缩量为109079m³/h（38.6t/h蒸发量），降膜蒸发压缩量为56518m³/h（20t/h蒸发量），强制循环压缩量为52561m³/h（18.6t/h蒸发量）。

从节能方面考虑，降膜蒸发浓缩沸点升高4.5℃，选择饱和温度8.5℃的蒸汽压缩机，保证提供4℃的有效传热差，蒸汽压缩机选择德国进口单级低速离心式蒸汽压缩机；强制循环沸点升高8℃，选择饱和温升16℃的蒸汽压缩机，保证提供7~8℃的有效传热温差，蒸汽压缩机选择德国进口两级串联低速离心式蒸汽压缩机，在满足工艺要求的同时，最大限度地降低了系统的运行费用。

（6）设备材质的选择

本项目废水中含有氯化钠，氯离子含量700mg/L，$pH \geqslant 9$，腐蚀性较强，根据《腐蚀数据和选材手册》和实际设计经验进行选材，该项目预热器、降膜蒸发器、强制循环加热器列管材质钛材，蒸发室和结晶器材质选钛复合板，蒸发压缩机机壳选择316L，叶轮为不锈钢2507材质，与物料接触（常温）设备选用碳钢防腐，高温设备选用选钛复合材质，与物料接触的管道材质选TA2和不锈钢2205，其他管道材质选304。

（7）节能方面

本系统从三个方面设计，突出节能优势：

① 充分利用系统中的余热回收给原液预热，正常运行中不需要补充生蒸汽。

② 强制循环系统采用立式单流程加热器配套新型FC反循环蒸发结晶器，降低强制循环泵的扬程（只需要克服系统阻力，2.5m扬程即可满足工艺要求），这样大幅降低了循环泵的能耗。

③ 根据废水在不同浓度下沸点升高值不同，该方案设计了两级蒸发系统，一级降膜蒸发浓缩系统和二级强制循环蒸发结晶系统，将废水的浓缩和结晶分开，在选择蒸汽压缩机时，蒸发浓缩与蒸发结晶系统选择不同饱和温升的蒸汽压缩机的运行能耗，不仅减少了加热器的换热面积，同时降低了循环泵的流量，降低了循环泵的运行功率。

(8) 蒸发温度的选择

本项目从降低运行能耗，蒸发温度低，压缩量小，蒸汽压缩机能耗低，钛材的使用温度的安全性等因素综合考虑，本项目蒸发温度选择85℃。

(9) 控制精度

本方案关键点的信号采集全部采用进口原装生产的产品（如温度、压力和流量），保证控制精度。

(10) 系统运行的稳定性和安全性

本系统配套的设备除蒸汽压缩机外其他全部选择国内一线品牌（如驱动电机和变频器、PLC控制器、组态监控软件、传感器和各种泵）。仪表全部采用进口知名品牌产品，硬件质量保证过硬。另外系统设置了超压破碎片，保证系统运行的稳定性和安全性。

(11) 主要设计参数

MVR蒸发器主要设计参数如表6-17所示。

表6-17 MVR蒸发器主要设计参数

序号	项目	名称	参数
1	进料参数	进料量	40m³/h
		进料浓度	3.5%
		进料温度	25℃
		进料pH值	≥9
2	蒸发分配量	总蒸发量	38600kg/h
		一级降膜蒸发量	20000kg/h
		二级强制循环量	18600kg/h
3	蒸发温度设计	一级降膜蒸发温度（蒸发温度）	85℃
		二级强制循环蒸发温度（蒸汽温度）	85℃
4	蒸发压力设计	一级降膜蒸发压力	578.67mbar
		二级强制循环蒸发压力	578.67mbar
5	沸点升高取值	一级降膜蒸发浓缩	4.5℃
		二级强制循环蒸发结晶	8℃
6	浓缩液出料	出料量	6784.6kg/h
7	蒸汽压缩机参数	蒸汽压缩机1进口温度	85℃
		蒸汽压缩机1出口温度	93.5℃
		饱和温升	8.5℃
		蒸汽压缩机2进口温度	85℃
		蒸汽压缩机2出口温度	92.69℃
		饱和温升	7.69℃
		蒸汽压缩机3进口温度	92.69℃
		蒸汽压缩机3出口温度	101℃
		饱和温升	8.31℃
8	占地面积	占地面积	360m³/套

注：1mbar=100Pa

3. PFD 工艺流程图

工艺流程如图 6-28 所示。

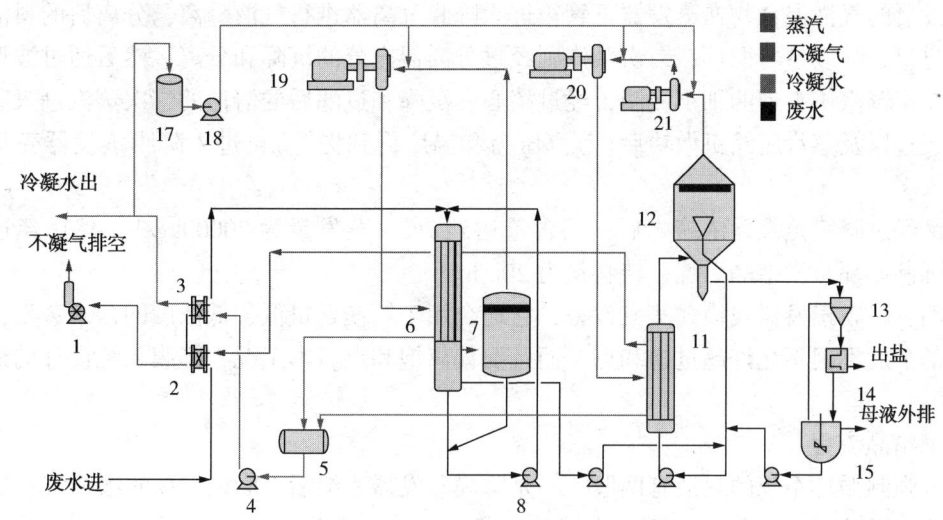

图 6-28 MVR 工艺流程图

1—水环真空泵；2—不凝气预热器；3—冷凝水预热器；4—冷凝水泵；5—冷凝水罐；
6—降膜蒸发器；7—降膜分离器；8—降膜循环泵；9—转料泵；
10—强制循环泵；11—强制循环加热器；12—蒸发结晶器；13—稠厚器；14—离心机；15—母液罐；
16—母液回流泵；17—压缩机供水罐；18—压缩机供水泵；19—蒸汽压缩机 1；20—蒸汽压缩机 2；21—蒸汽压缩机

4. 工艺流程说明

（1）进料流程

40t/h 的废水经进料泵分别输送到降膜蒸发浓缩部分和强制循环蒸发结晶部分（为节省时间，两部分同时并联进料），当降膜分离器和结晶器的液位分别达到设定的液位时，降膜循环泵和强制循环泵启动，进料泵停止，进料流程结束。

（2）预热流程

① 开机预热

启动一级、二级蒸发压缩机，低速运行（压缩机预热阶段转速控制在 10Hz 左右），然后开启蒸汽阀门，向系统输送生蒸汽给料液加热。当降膜蒸发浓缩系统料液温度和强制循环蒸发结晶系统料液温度分别达到设定的蒸发温度时，蒸汽压缩机开始升速，生蒸汽阀门自动关闭，停止生蒸汽的使用，预热流程结束。

开机预热采用小循环预热方式，降膜系统和强制循环系统各自打循环，两系统料液不串通。系统料液储量约为 70m³，预热阶段生蒸汽的用量为约每 8t。

② 蒸发过程预热

40t/h 浓缩为 3.5% 常温的废水经进料泵以稳定的流量输送到不凝气预热器与约 579kg/h、96.6℃ 左右的冷凝水进行换热，换热后废水温度升高到 85.9℃（达到降膜蒸发蒸发器温度），之后进入一级降膜蒸发器进行第一步蒸发浓缩。

（3）浓缩流程

废水预热到 85℃ 后，以设计流量稳定连续进入降膜蒸发器顶部，与降膜循环泵来的 600m³/h 的循环料液混合后进入降膜蒸发器，经过三层布液器均匀地分配到换热管内壁，在自身重力和二次蒸汽的牵引作用下，形成膜状顺着列管内壁连续不断地往下流，与此同时，膜状的料液与蒸发器壳的93.5℃加热蒸汽（从蒸汽压缩机来）进行换热而蒸发。

蒸发后的气液混合物在蒸发器下管箱进入降膜分离器进行气液分离，分离后的料液回到循环泵进口，继续参与循环；二次蒸汽则经过分离器充分的沉降和分离，然后通过波形除沫器除去二次蒸汽中夹带的细小液滴，经过离心、沉降和过滤后的清洁的二次蒸汽进入蒸汽压缩机，经过以及蒸汽压缩机做功后（蒸汽压力和温度得到提升）再进入降膜蒸发器壳程给物料加热。

料液经过降膜蒸发器浓缩之后，固含量达到7%，蒸发量为20000kg/h，然后经过转料泵转入强制循环蒸发结晶系统，转料量为20t/h。

说明：降膜蒸发器我模式蒸发设备，它适合用于钙镁含量低、低浓度的盐水蒸发，浓缩后盐水的浓度不但不允许超过饱和点，而且要偏离饱和点，本工况，降膜系统设计的最大浓度为24%。

（4）结晶流程

进入强制循环系统的料液有两股，一是降膜蒸发器浓缩后20t/h，7%的浓缩液；二是经离心机离心后的30.7%母液，流量约5.38t/h。

这两股料液同时进入强制循环泵的进口管，和流量6800m³/h的循环料液混合之后，进入强制循环加热器，以2m/s的流速满管流过每一根换热管，与此同时，与加热器壳程101℃加热蒸汽（压缩机来）进行换热，受热后的料液在结晶器底部切线进入蒸发结晶器。

6800m³/h的受热料液进入结晶器后，慢慢地旋转上升，上升的过程也是消除过热的过程，在这个过程中细小的晶体被溶化，颗粒大的晶体逐步长大，当料液上升至接近液面时开始迅速地闪蒸，闪蒸后的料液由饱和变为过饱和，部分结晶颗粒析出，析出的晶体在强制循环系统进行循环、沉降、生长，结晶器内料液的过饱和度完全用于结晶的生长（过饱和度是晶体生长的推动力）。

长大后的结晶颗粒沉淀到结晶器下部的盐脚，经液位差自流排入稠厚器，排料固液比约30%左右，经稠厚器增稠之后进入双级活塞推料离心机继续固液分离，分离后的混盐以固形物排出，清液进入母液罐，经过蒸汽预热后返回蒸发结晶系统。

闪蒸出来的二次蒸汽经过分离室充分的沉淀和分离，然后通过波形除沫器除去二次蒸汽中夹带的细小液滴，经过离心、沉降和过滤后的清洁的二次蒸汽进入蒸汽压缩机，经过两级做工后（蒸汽压力和温度得到提升）再进入加热器壳程给物料加热。

（5）清洗流程

本系统设计了在线清洗设备，清洗分为2种，分别介绍如下：

① 利用蒸发出的冷凝随冲洗，主要目的是将系统内残留的料液和固体颗粒清洗干净，停车超过48h或停车检修都要进行，短时间停机可以维持循环泵打循环，不必排料清洗。

② 利用配置好的清洗液化学清洗（酸洗在常温下进行），清洗周期要根据蒸发器的实际运行情况来定，具体的清洗方法、流程和主要事项设计思路。

清洗的作用是确保换热器列管内壁清洁，仪表探头或膜片清洁，所有管道无残留，无黏附，确保换热器的传热效果。

根据排料要求，应建一座$V=60m^3$的事故池，解决系统应急排料的问题，确保系统在自压下全部排空。

四、RO+多效蒸发或 MVR+混盐结晶技术

（1）技术特点：采用 RO 技术对浓盐水减量（提浓至 5%～8%），后续通过蒸发技术将 TDS 浓度从 5%～8%提升到 20%，再采用蒸发结晶技术成混合盐。蒸发过程高盐水有相变过程，仍然需要使用大量的蒸汽或电能，同时产生的高浓盐水含有各种杂质未经处理，结晶盐为混合盐必须作为危废处理。目前建成或在建的项目大多采用本技术路线，实际运营困难。

（2）优缺点：优点与前一种相比，RO 的使用降低了约 80%需要蒸发的水量。缺点是需要使用质量好的 RO 膜，蒸发的水量相对而言仍然较大，能耗较高；产生的混合盐属危险废固需要填埋，其填埋费用非常高。

（3）应用实例：中石化某公司的高盐水排放总量为 450m³/h，在零排放项目建成前，主要通过排往暂存池解决高盐水的去向，高盐水浓缩减量化及蒸发结晶系统建设完成后，其暂存池可作为应急存放池使用。

（一）减量化装置

减量化装置由进水提升系统、臭氧处理、BAF、预处理、加药、减量化处理、中间水箱区、仪电间和装置内管廊等 9 个组成。减量化装置流程为：高盐水+暂存池来水→调节池→提升泵→臭氧氧化→BAF→高密池→高强度膜过滤→钠离子交换床→特种中压膜→特种高压膜（特种膜的产水补充到循环水，当需要补充到除盐水时，特种膜产水还要经过二级反渗透进行进一步处理）。

进水水质如下：pH7.0，COD_{Cr} 150mg/L，BOD_5 32mg/L，SS30mg/L，NH_3-N15mg/L，TDS4080mg/L，总硬度 2680mg/L，Cl^- 855mg/L，NO_3^- 91mg/L，SO_4^{2-} 1650mg/L，Ca^{2+} 495mg/L，Mg^{2+} 231mg/L。

产水补充到循环水水质如下：pH=6.0～9.0，COD_{Cr} 30mg/L，BOD_5 10mg/L，NH_3-N1mg/L，TDS500mg/L，总硬度 450mg/L，Cl^- 120mg/L 等产水补充到除。

盐水水质如下：pH=6.0～9.0，COD_{Cr} 30mg/L，BOD_5 1mg/L，TDS50mg/L，浊度 0.2NTU。

减量化装置规模 450m³/h，回收率>90%；蒸发装置规模 45m³/h，结晶单元规模 12m³/h。减量化装置最大允许负荷 520m³/h，运行平稳。减量化特种中压膜浓缩装置：回收率 72%～75%；减量化特种高压膜浓缩装置：回收率约 75%；总回收率=72%+（1−72%）×75% =93%（不计二级反渗透）。

（二）蒸发结晶装置

蒸发结晶装置包括蒸发、结晶及配套的辅助附属设施。蒸发单元规模 45m³/h，水量波动范围在 70%～110%之间，进装置的废水水质指标在±10%范围内波动，TDS 指标的控制范围为 41000～49000mg/L；结晶单元设计处理量为 12.5m³/h，水量波动范围在 70%～120%之间。蒸发工艺流程如图 6-29 所示。

蒸发浓缩单元采用强制循环降膜蒸发器蒸发浓缩，浓盐水被循环泵连续循环输送到传热管的顶部，通过管顶部的分配器，在内部形成均匀的稀薄液膜降落；管束外的蒸汽和盐水膜之间的温差使液膜蒸发，浓盐水逐渐达到过饱和状态，不断浓缩；通过控制每根换热管的盐

水流量，保证换热管内壁被盐水润湿，避免换热管表面产生结垢。选用外循环管线，可以缩小蒸发器换热段的直径，避免了内置式循环管与上管板连接的复杂问题。

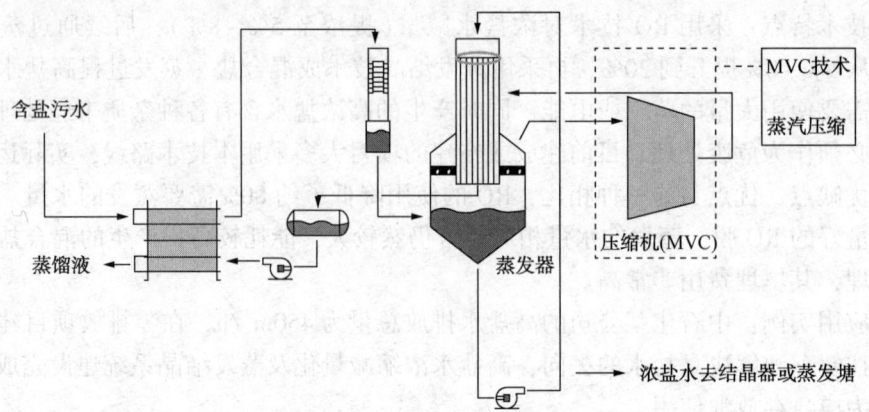

图 6-29　蒸发工艺流程图

为保证蒸馏液的水质，设计时考虑换热段壳程伸出下管板一定距离，改变蒸汽的流通方向，盐水槽留有足够的气液分离空间，盐水槽上部设有丝网除雾器，丝网高度为 250mm，对粒径 3~10μm 的液滴截留效率达到 99.9%。通过采用上述措施，蒸馏液中 TDS 含量将低于 $10×10^{-6}$。

（三）降膜蒸发

降膜蒸发是将料液自降膜蒸发器加热室上管箱加入，经液体分布及成膜装置，均匀分配到各换热管内，在重力和真空诱导及气流作用下，成均匀膜状自上而下流动。流动过程中，被壳程加热介质加热汽化，产生的蒸汽与液相共同进入蒸发器的分离室，汽液经充分分离，蒸汽进入冷凝器冷凝或进入下一效蒸发器作为加热介质，从而实现多效操作，液相则由分离室排出。降膜蒸发工作原理如图 6-30 所示。

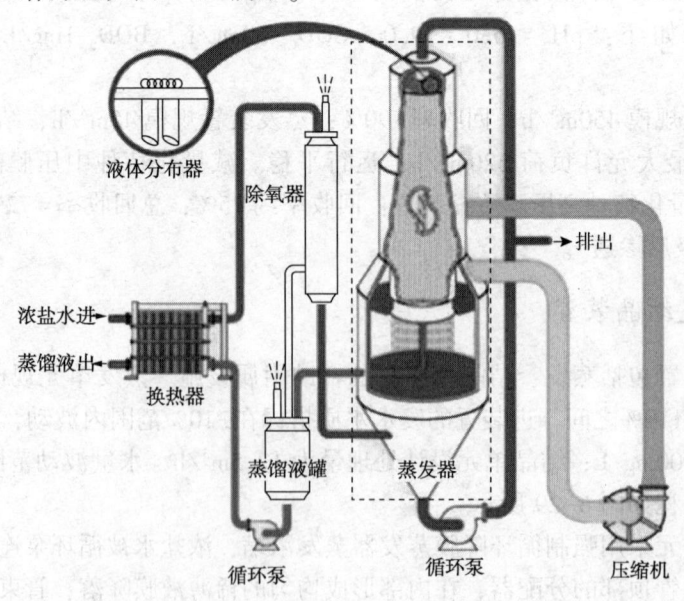

图 6-30　降膜蒸发工作原理图

降膜蒸发原理是将需要蒸发的物料通过进料泵从降膜蒸发器顶部进入，走蒸发管内（管程），物料通过布膜器以膜状分布到换热管内，物料在凭借引力流下管腔时被管外的蒸汽加热，达到蒸发温度后产生蒸发，物料连同二次蒸汽从管内流下以薄膜的形式蒸发。二次蒸汽被蒸汽压缩机压缩后，送入降膜加热室壳程作为加热蒸汽。降膜加热室壳程有板块，引导二次蒸汽，冷凝和排出不可以冷凝的气体。而在过程中把本身热能经过管壁从外传到管内蒸发中的物料，通过换热后二次蒸汽冷凝成水排出降膜蒸发器外。

（四）蒸汽压缩循环（MVC）

蒸汽压缩循环（MVC）是将蒸发产生的二次蒸汽通过蒸汽压缩机升温升压，再次送入蒸发器壳程循环利用，正常操作时无须外供蒸汽，可以大幅降低外供蒸汽的消耗，节省操作费用。与单纯外供蒸汽驱动系统相比，MVC系统能够获得更高的热效率。

（五）盐种技术

盐种技术可以使浓盐水中的钙、镁、硅等易沉淀组分以盐种为核心优先在盐种表面结晶析出，防止在传热表面形成污垢，保证蒸发系统的连续稳定运行，并可将这些组分浓缩到超过饱和极限许多倍，尽可能多的回收产品水。常用的盐种为硫酸钙，仅在装置开车时一次性加入，由于进料中钙含量较低，且蒸发器连续排出一定量的浓盐水，所以需向进料中连续投加氯化钙溶液，以形成足够的盐种。通过盐种循环回收，可以保证系统内恒定的盐种含量，正常运行时不必额外投加。目前"盐种法"是在易结垢水质条件下保持蒸发系统内不结垢或少结垢的较好解决方案。

（六）结晶器工作原理

结晶器是用于结晶操作的设备，结晶器工艺流程如图6-31所示。强制循环蒸发结晶器一种晶浆循环式连续结晶器，操作时，料液自循环管下部加入，与离开结晶室底部的晶浆混合后，由泵送往加热室。晶浆在加热室内升温（通常为2~6℃），但不发生蒸发。热晶浆进入结晶室后沸腾，使溶液达到过饱和状态，于是部分溶质沉积在悬浮晶粒表面上，使晶体长大。作为产品的晶浆从循环管上部排出。

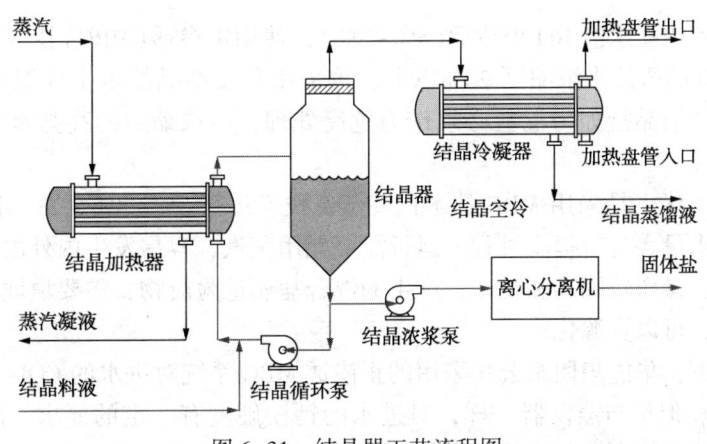

图6-31 结晶器工艺流程图

利用溶液闪蒸原理，过热浓盐水在结晶器中急速的部分气化，自身温度降低，所产生的蒸汽冷凝，将高浓盐水浓缩、分离得到固体盐，具有可靠性高、防垢性能好等优点，可以最大限度地回收利用产品水。结晶单元所有设备均按照120%操作负荷设计选型，以提高系统应对异常工况的能力，其中结晶进料罐的容积考虑了系统清洗时，储存结晶器内物料的体积。结晶器工作原理如图6-32所示。

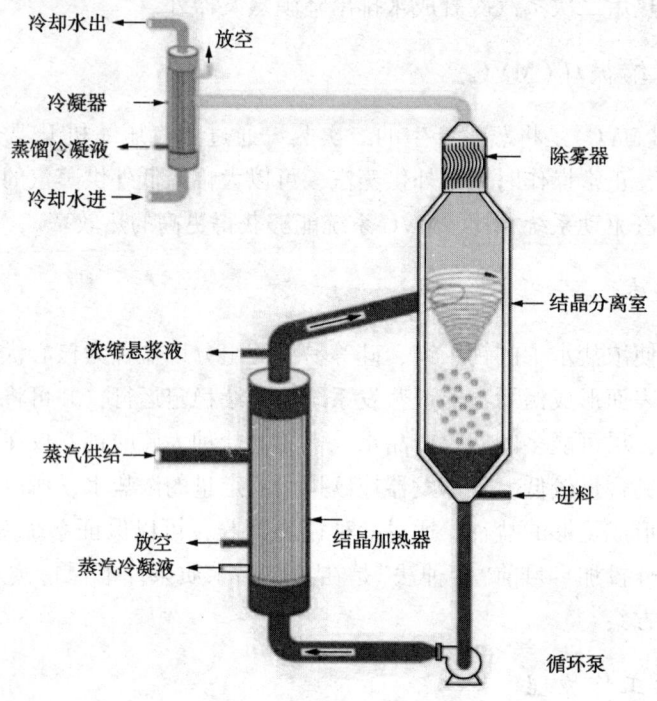

图6-32 结晶器工作原理图

结晶系统的蒸馏液中TDS低于50×10^{-6}，水质主要通过以下措施来保证：①结晶器设计时考虑足够的气液分离空间。②在结晶器上部设置折板除雾器和丝网除雾器，折板高度为200mm，丝网高度为250mm，对粒径>3μm左右的液滴截留效率达到99.9%。

五、RO+MBC+混盐或分盐结晶技术

（1）技术特点 浓盐水经RO提浓后(5%~8%)，使用正渗透(MBC)技术代替多效蒸发或MVR，将5%~8%的浓盐水浓缩到20%以上，再采用蒸发结晶技术生成混合盐。MBC浓水有机物等含量高，结晶盐如为混盐必须作为危废处理，经浓缩后的高盐水也可以进行分盐处理。

（2）优缺点：优点是采用MBC技术代替蒸发技术进行5%~8%至20%阶段的提浓；缺点是过程汲取液水量大且有提温过程，运行需要耗用蒸汽，容易发生内外浓差极化问题，汲取液再生、利用、操作较困难和复杂，产生的混合盐属危险废物，需要填埋，其填埋费用非常高。如果分盐，可以资源化。

（3）应用实例：华能集团某公司采用的正渗透MBC系统对进水的COD允许范围比较宽(小于600mg/L)，但是与蒸发器一样，对进水的钙镁硬度有一定的要求。因此如果前端的清净废水处理工艺不能有效地降低废水中的钙镁离子浓度，那么不仅高压反渗透膜系统存在

结垢的风险，后续的零排放工艺也存在一定的结垢风险，那么就需要在高压反渗透膜工艺之前通过加酸、弱酸树脂或钠型树脂进行软化预处理。

（一）工艺流程

工艺流程如图6-33所示。

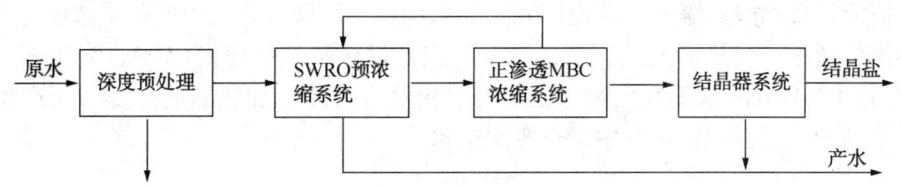

图6-33　高盐废水零排放项目工艺流程图

工艺特点描述：

MBC系统用于浓盐水的浓缩，是目前较先进的浓盐水处理系统，无腐蚀、结垢现象。MBC使用半透膜（原理等同于反渗透膜），利用自然渗透压差，使水分子从待处理的浓盐水中自然扩散到汲取液中，MBC优点在于它运作过程不需要高压泵，能耗较低，可以去除浓盐水的溶解盐成分，汲取液的加热回收系统耗能小于蒸发器。由于MBC低压工作特性，使得MBC膜不可逆转的污染及结垢倾向比高压反渗透系统更低，系统更加安全可靠。

（二）正渗透系统工作原理

正渗透是通过半渗透膜在两侧渗透压差的驱动下，水分子将自发并且有选择性地从高盐水侧扩散进入专利提取液侧。专利提取液由特定摩尔比的氨和二氧化碳气体溶解在水中形成。氨和二氧化碳混合气体在水中具有很高的溶解度，形成的提取液可以产生巨大的渗透压驱动力使得水分子渗透过膜，即使高含盐量原水的总溶解性固体（TDS）高达200000mg/L。稀释后的提取液可以通过加热蒸发分解其中的溶质而得到循环利用，与克服水的蒸发潜热相比较，提取液中溶质热分解所需的能量更低。分解后氨和二氧化碳气体通过冷凝回收再溶解到提取液中进行重复使用，除去了溶解氨和二氧化碳以后的水即为比较纯净的产水。MBC系统的工艺原理如图6-34所示。

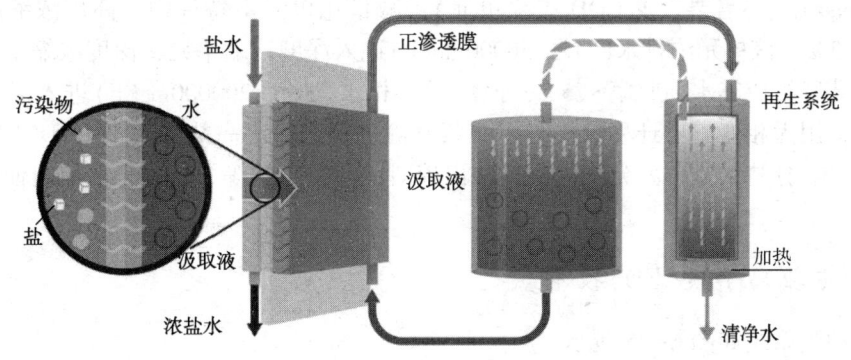

图6-34　MBC系统的工艺原理图

（三）结晶器

经过处理的废水通过一台预热器预热后，被泵送至结晶器的循环管路。结晶器的设计类型为强制循环结晶器，强制循环结晶器可以得到合适的晶体粒径，并可以避免设备结垢而造成生产停顿。在结晶器的外循环管路上设计和布置了一台轴流循环泵，以确保装置始终在盐类的介稳区内操作，避免发生一次成核。如果一次成核，会导致晶体粒径过小，给后续的晶体分离带来困难。在外循环中配置了一台加热器，用以提供结晶系统所需的热能，达到给定的水蒸发量。在蒸发浓缩过程中，废水中的盐类将形成晶体。产生的晶浆首先被泵送至一台水力旋流器来提高晶浆浓度，接着进入离心机。在离心机中，盐水中的晶体被分离出。而离心机的滤清液汇集到收集罐中，并返回到结晶系统中，以调节系统中的晶浆浓度。装置产生的二次蒸汽将通过一台热力蒸汽压缩机(TVC)或者机械蒸汽压缩机(MVC)来压缩，TVC和MVC的使用可以有效降低蒸汽耗量。压缩的二次蒸汽将用作加热器的热媒，而产生的冷凝液会在系统内的一台板式换热器中预热废水进水。

六、特种RO+ED+分质结晶技术

（1）技术特点：高盐水经特种RO减量化后，采用ED提浓，TDS浓度从5%~8%提升到20%，该过程高盐水提浓段无相变，只耗用少量电，可大幅度减少能耗，尤其是ED产生的浓水COD较低，对后续的分质盐品质有较大提升，但进水需要一定的预处理。

（2）优缺点：优点是采用国内厂商耐污染的特种浓缩反渗透膜，降低RO投资运营成本，有稳定运营业绩；采用无相变的改进ED电驱动膜技术从5%~8%提浓至20%，能耗低，运行稳定，可以模块式组装；采用分质盐技术生成高纯度的氯化钠和硫酸钠，可以回收进行工业利用；只有少量（制盐高浓卤水量5%）母液干化的混盐需填埋。缺点是生产的硫酸钠和氯化钠没有针对性的产品标准，只能参照相关工业盐标准，产品鉴定方面有一定问题，导致销路不明确。

（3）应用实例：中煤某公司采用废水减量化—电驱动浓缩—分盐结晶的主体工艺路线，满足当前零排放技术发展和运行经济性的要求。在正常运行中，减量化与电驱动深度浓缩、分盐结晶分开，可实现减量化单独运行，减量化和电驱动深度浓缩联合运行，减量化和电驱动深度浓缩、分盐结晶单元联合运行，为工艺运行、工艺调整及单元装置检修提供便利，减少了依赖热法进行浓缩过程，并且直接实现分盐结晶，摒弃了混合盐结晶二次污染问题，工艺特点预处理单元由高密度澄清和高强度膜滤组成，以降低硬度、SS及附着性COD（COD<200×10^{-6}mg/L，不需要设置COD去除单元）；减量化单元由特种中、高压浓缩膜，水回收率80%~93%，该单元浓排水（TDS>50000mg/L）进入深度浓缩单元，深度浓缩单元由电驱动深度浓缩装置组成其水回收率>75%，该单元浓相水（TDS>200000mg/L）进入混合盐或分盐结晶单元，用无相变离子迁移取代有相变蒸发等过程，解决高盐浓度下COD去除、催化氧化与吸附等。分盐结晶单元分步结晶提取出硫酸钠和氯化钠等，作为工业原料使用，实现杂盐资源化。

（一）电驱离子膜(ED)技术

电驱动膜系统如图6-35所示。

电驱动膜基本原理，就是在直流电场的作用下，利用阴、阳电驱动膜对溶液当中阴、阳离子的选择透过性过滤，从而使溶液中的溶质与水相互分离的一种物理化学过程。

电驱动膜分离器主要是由一系列阴膜、阳膜交替排列于两电极之间组成许多由膜隔开的小水室。当原水进入这些小室的时候，在直流电场的作用下，溶液中的离子作定向迁移运用。阳离子向阴极方向迁移，阴离子向阳极方向迁移。但由于电驱动膜具有选择透过性，结果使一些小室离子浓度降低而成为淡水室，与淡水室相邻的小室则因富集了大量离子而成为浓水室。从淡水室和浓水室分别可以得到淡水和浓水等两种不同类别的水质。使得原水中的离子得到了分离和浓缩，最终达到了水质净化的效果。为减少蒸发量，降低投资成本，减量化浓缩后的浓水经预处理合格后进入浓缩段的电驱动膜装置（ED），进一步提浓，使TDS达到200000mg/L左右，送至结晶器，如图6-36所示。

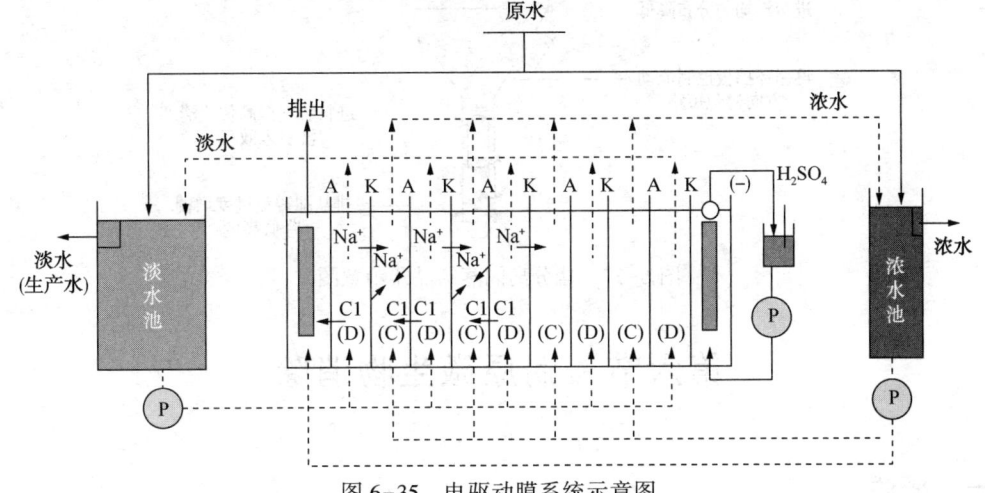

图6-35　电驱动膜系统示意图

K—阳离子交换膜；A—阴离子交换膜；D—淡水室；C—浓水室

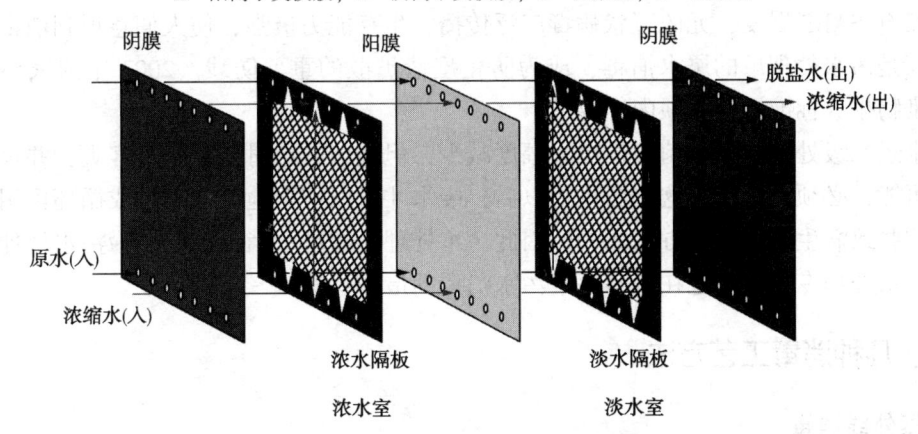

图6-36　电驱动膜分离器隔室示意图

（二）分质结晶

煤化工废水中总溶固来源有3种：①原水中带入；②水处理过程中投加酸碱、缓蚀剂和阻垢剂等；③煤气化过程中原料煤盐类和金属离子的析出，结晶可分蒸发结晶成混合盐和分质结晶成不同的精盐等。盐分离闪蒸结晶器如图6-37所示。

分质结晶即结晶盐资源化利用的关键点在于，首先对膜浓缩系统产生的浓水，通过催化氧化的方式进一步降低COD，避免其对蒸发结晶系统的稳定运行产生影响，然后在110℃进行三效逆流蒸发结晶，结晶析出硫酸钠，控制温度在-2℃，通过冷却降温结晶析出十水硫酸钠，并将十水硫酸钠回流至三效逆流蒸发结晶工段，以调整硫酸钠和氯化钠的比例，使其液相点保持在硫酸钠结晶区，然后在60℃条件下，进一步蒸发结晶，制盐提纯氯化钠，少量杂盐的结晶母液，定期干燥外运处置。

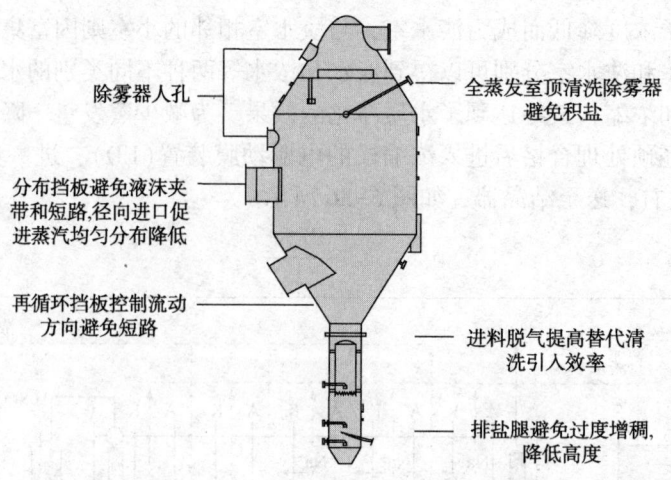

图 6-37　盐分离闪蒸结晶器示意图

第六节　病原微生物消除

一、概述

2002 年 SARS 爆发，元凶冠状病毒广泛传播，生存能力极强，使人们意识到消毒的重要性，尤其是污水处理厂的尾水消毒，成为防止疫情扩散的重要防线。2003 年国家环保局污水厂污染物排放标准增加此项内容要求。

污水经二级处理后，细菌含量也大幅度减少，但细菌的绝对数量仍很客观，并存在有病原菌的可能，必须在去除掉这些微生物以后，废水才可以安全地排入水体或循环再用。消毒是灭活这些致病生物的基本方法之一，因此污水处理厂的尾水消毒已经成为污水处理中的重要工序，水处理专业人员也在不断探索污水消毒的最佳方法。

二、几种消毒工艺方法

1. 紫外线消毒

（1）紫外线消毒原理

紫外线消毒是一种物理消毒方法，紫外线消毒并不是杀死微生物，而是去掉其繁殖能力进行灭活。紫外线消毒的原理主要是用紫外光摧毁微生物的遗传物质核酸（DNA 或 BNA），使其不能分裂复制。除此之外，紫外线还可引起微生物其他结构的破坏。杀减微生物有效曲线如图 6-38 所示。

紫外线是一种波长范围为 136~400nm 的不可见光线。在该波段中 260nm 附近已被证实是杀菌效率最高的，目前生产的紫外灯的最大功率输出在 253.7nm 波长。该波长输出在目前世界顶级紫外灯中已占到紫外能量的 90%，总能量的 30%，由于高强度、高效率的紫外 C 波段的存在，紫外技术已成为水消毒领域一个具有相当竞争力的技术。

（2）紫外线消毒器的结构形式

① 敞开式结构　在敞开式 UV 消毒器中被消毒的水在中立作用下流经 UV 消毒器并杀灭

水中微生物。如图6-39所示。

② 封闭式结构　封闭式UV消毒器属承压型,用金属筒体和带石英2套管的紫外灯把被消毒的水封闭起来。

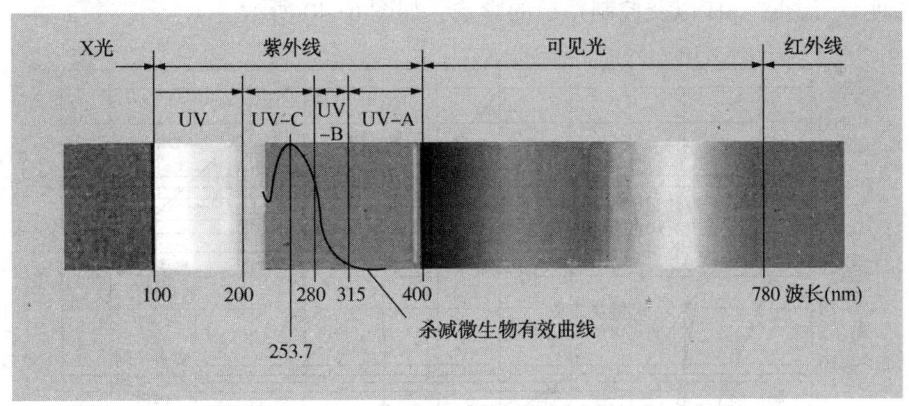

图6-38　杀减微生物有效曲线

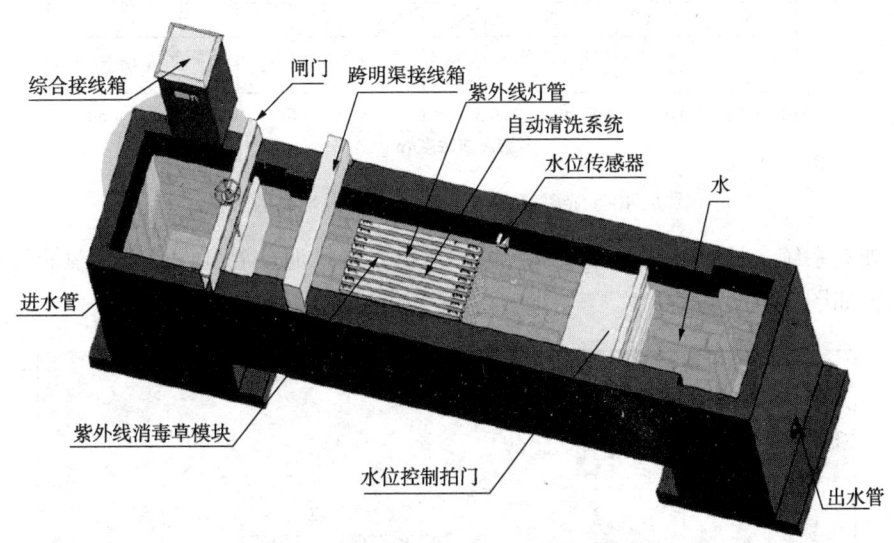

图6-39　敞开式紫外线消毒器结构

(3) 紫外线消毒特点

消毒速度快、效率高、占地面积小;不影响水的物理化学成分,不增加水的臭味;设备操作简便,便于运行管理和实现自动化等。

不足:不具备后续消毒能力,易产生二次污染;只有吸收紫外线的微生物才会被灭活,污水SS较大时,消毒效果很难保证;细菌细胞在紫外线消毒器中并没有被去除,被杀死的微生物和其他污染物一道成为生存下来的细菌的食物。

2. 液氯消毒

(1) 液氯消毒原理　向水中加入液氯或次氯酸盐(如NaClO)溶液消毒时,在水中发生如下反应:

$$Cl_2+H_2O \rightleftharpoons HOCl+H^++Cl^-$$

$$OCl^-+H_2O \rightleftharpoons HOCl+OH^-$$

HOCl、OCl⁻之和称作有效自由氯,其中以 HOCl 消毒效果最好。排入水体时,氯会和水中的氨氮、有机物反应生成消毒效果较差的无机氯胺和有机氯胺,称作化合氯。总余氯是指有效自由氯和有效化合氯之和。氯的消毒效果受接触时间、投加量、水质(含氮化合物浓度、SS 浓度)、温度、pH 以及控制系统的影响,如图 6-40 所示。

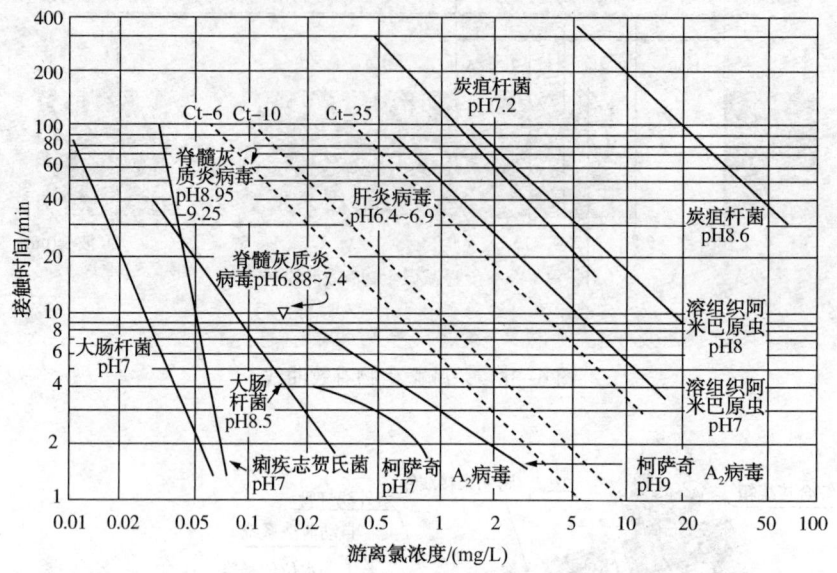

图 6-40　游离氯在 20~29℃下对微生物的灭活

(2) 加氯系统　目前常用加氯系统包括加氯机、接触池、混合设备以及氯瓶等部分,液氯消毒工艺如图 6-41 所示。

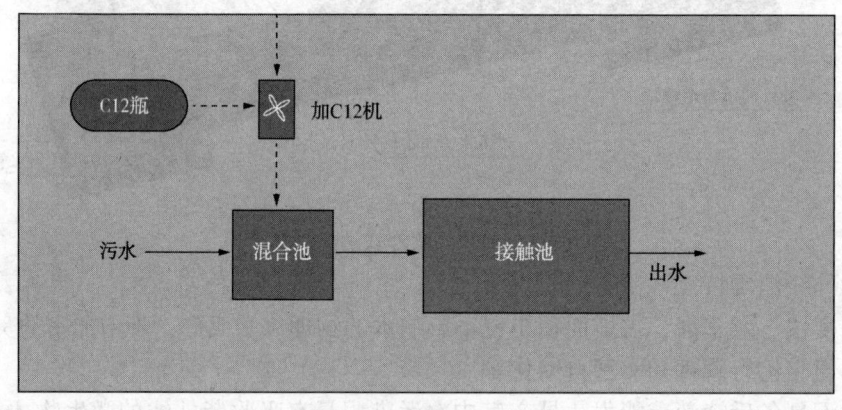

图 6-41　液氯消毒工艺

3. 臭氧消毒

(1) 臭氧消毒原理　臭氧(O_3)是氧(O_2)的同素异形体,纯净的 O_3 常温常压下为蓝色气体。臭氧具有很强的氧化能力(仅次于氟),能氧化大部分有机物。臭氧灭菌过程属物理、化学和生物反应,臭氧灭菌有以下 3 种作用:

① 臭氧能氧化分解细菌内部氧化葡萄糖所必需的酶,是细菌灭活死亡。

② 直接与细菌、病毒作用,破坏它们的细胞壁、DNA 和 RNA,细菌的新陈代谢受到破

坏，导致死亡（DNA—核糖核酸；RNA—脱氧核糖核酸。病毒是由蛋白质包裹着一种核酸的大分子；病毒只含一种核酸）。

③ 渗透胞膜组织，侵入细胞膜内作用于外膜的脂蛋白和内部的脂多糖，使细菌发生透性畸变，溶解死亡。因此，O_3 能够除藻杀菌，对病毒、芽孢等生命力较强的微生物也能起到很好的灭活作用：

$$O_3 = O_2 + O$$

（2）污水臭氧处理工艺　臭氧氧化能力强，且很不稳定，也无法储藏，因此应根据需要就地生产。臭氧的制备一般有紫外辐射法、电化学法和电晕放电法。目前臭氧制备占主导地位的是电晕放电法。由臭氧发生器制备的臭氧气体通过管道输送到密闭的臭氧接触池，与处理后的污水进行接触反应。反应后的气体由池顶汇集后，经收集器离开接触池，进入尾气臭氧分解器，在此剩余臭氧气体被分解成氧气排入大气中。臭氧消毒流程如图 6-42 所示。

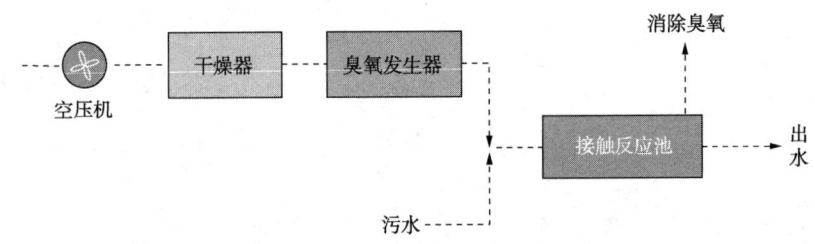

图 6-42　臭氧消毒流程

（3）臭氧消毒特点　臭氧消毒反应迅速，杀菌效率高，同时能有效地去除水中残留有机物、色、嗅、味等，受 pH 值、温度的影响很小；臭氧能够减少水中 THMs 等卤代烷类副产物的生成量；臭氧消毒可以降低水中总有机卤化物的浓度。

不足：臭氧消毒的生成设备复杂、投资较大、电耗也较高；臭氧将大分子有机物氧化成小分子，可能存在有毒性，或更易产生氯消毒副产物；臭氧消毒生成的尾气对人有危害。

4. 二氧化氯消毒

二氧化氯在水中溶解度是氯的 5 倍，氧化能力是氯气的 2.5 倍左右，它是一种强氧化剂。溶于水后很安全，是国际上公认的含氯消毒中唯一高效消毒剂。

二氧化氯性质不稳定，只能采用二氧化氯发生器现场制备。用于水处理领域的小型化学法二氧化氯发生器主要有两种：以氯酸钠、盐酸为原料的复合型二氧化氯发生器和以亚氯酸钠、盐酸为原料的纯二氧化氯发生器，其中前者应用最为广泛。

（1）二氧化氯发生器原理　复合二氧化氯发生器以氯酸钠和盐酸制备二氧化氯为主、氯气为辅的混合气体。反应如下：

$$NaClO_3 + HCl = ClO_2 + 1/2Cl_2 + NaCl + H_2O$$

该反应的最佳温度为 70℃，反应器采用耐温、耐腐蚀材料制造。反应生成的二氧化氯和氯气混合气体通过水射器投加到被处理水中。

（2）复合二氧化氯发生器的应用　复合二氧化氯发生器用于消毒时，消毒剂投加点一般在滤后，有效氯投加量一般为 3~5mg/L；用于脱色或降低 COD 时，该复合气体投加在硫酸铝等混凝剂投加点之前效果较好，投加量应根据水质由试验确定。

（3）二氧化氯消毒特点　二氧化氯本身和副产物对人体血红细胞有损害。二氧化氯易挥发、易爆炸，不能储存，须现场制备，生产成本高。

5. 几种杀毒工艺的综合比较

几种杀毒方式目前在国内均有运用。由于液氯消毒运行费用低，操作简单，主要运用于大型污水处理厂。中小型污水处理厂主要采用二氧化氯和紫外线消毒，但由于紫外线消毒效果不稳定，且设备维护费用较高等因素，二氧化氯消毒在中小型污水处理厂中运用较广。臭氧消毒主要运用于中水处理，具有较强的消毒效果及脱色效果，同时再辅以加氯消毒，以保证出水中余氯要求。

参 考 文 献

[1] 中国石油化工集团公司安全环保局. 石油石化环境保护技术. 北京：中国石化出版社, 2005.
[2] 潘涛, 田刚. 污水处理工程技术手册. 北京：化学工业出版社, 2010.
[3] 崔玉川, 马志毅, 王效承等. 污水处理工艺设计计算. 北京：水利水电出版社, 1994.
[4] 唐受印, 戴友芝等. 水处理工程师手册. 北京：化学工业出版社, 2000.
[5] 北京市环境保护科学研究院, 等. 三废处理工程技术手册(污水卷). 北京：化学工业出版社, 2000.
[6] CP 莱斯利·格雷迪, 格伦 T 戴杰, 等. 污水生物处理：第二版, 改编和扩充[M]. 张锡辉, 刘勇弟译. 北京：化学工业出版社, 2003.
[7] 李亚新. 活性污泥法理论与技术[M]. 北京：中国建筑工业大学出版社, 2007.
[8] GB 50014—2006. 室外排水设计规范[S]. 2014 年版. 北京：中国计划出版社, 2014.
[9] 纪轩. 污水处理技术问答[M]. 北京：中国石化出版社, 2005.
[10] 纪轩. 污水处理工必读[M]. 北京：中国石化出版社, 2004.
[11] 李军, 杨秀山, 彭永臻. 微生物与水处理工程[M]. 北京：化学工业出版社, 2002.
[12] 区岳州, 胡勇有. 氧化沟污水处理技术及工程实例[M]. 北京：化学工业出版社. 2005.
[13] 邓春森. 氧化沟污水处理理论与技术[M]. 第二版. 北京：化学工业出版社. 2011.
[14] HJ 578—2010. 氧化沟活性污泥法污水处理工程技术规范[S]. 北京：中国环境科学出版社, 2011.
[15] 杨庆, 彭永臻. 序批式活性污泥法原理与应用[M]. 北京：科学出版社, 2010.
[16] 周正立, 张悦. 污水生物处理应用技术及工程实例[M]. 北京：化学工业出版社, 2010.
[17] HJ 577—2010. 序批式活性污泥法污水处理工程技术规范[S]. 北京：中国环境科学出版社, 2011.
[18] 崔志峰, 王凯军, 贾立敏, 宋英豪. 交替式内循环活性污泥工艺的应用[J]. 中国给水排水, 2004, 20(9)：56-58.
[19] 郑蕾, 安景辉, 王小红. 上流式厌氧过滤器技术在 PTA 污水处理中的应用[J]. 中国环保产业, 2004, (11)：28-29.
[20] HJ 2013—2012. 升流式厌氧污泥床反应器污水处理工程技术规范[S]. 北京：中国环境科学出版社, 2012.
[21] 王凯军, 左剑恶, 甘海南, 贾立敏. UASB 工艺的理论与工程实践[M]. 北京：中国环境科学出版社, 2000.
[22] 何建宗. 快速启动 UASB+AF 反应器[J]. 硫磷设计与粉体工程, 2003(4)：21-23.
[23] 任南琪, 王爱杰. 厌氧生物技术原理与应用[M]. 北京：化学工业出版社, 2004.
[24] 张娴娴. 厌氧内循环(IC)反应器处理有机污水特性研究[D]. 重庆：重庆大学, 2005.
[25] 毕蕾, 吴静, 谢宇铭, 周红明. 厌氧内循环(IC)反应器处理有机污水特性研究[J]. 北京：清华大学学报(自然科学版). 2007, 47(9)：1485-1488, 1494.
[26] Mogens Henze, Mark C M van Looserecht, 等. 污水生物处理——原理、设计与模拟[M]. 施汉昌, 胡志荣等译. 北京：中国建筑工业出版社, 2011.
[27] 栾金义, 傅晓萍. 石油化工水处理技术与典型工艺[M]. 北京：中国石化出版社, 2013.
[28] HJ 576—2010, 厌氧-缺氧-好氧活性污泥法[S]. 北京：中国环境科学出版社, 2011.
[29] 李瑞. A/O 法在炼油污水处理中的应用与优化[J]. 工业水处理, 2014(5)：76-79.
[30] HJ 2009—2011. 生物接触氧化法污水处理工程技术规范[S]. 北京：中国环境科学出版社, 2011.
[31] 张忠祥, 钱易. 污水处理新技术[M]. 北京：清华大学出版社, 2004.
[32] HJ 2023—2012. 厌氧颗粒污泥膨胀床反应器水处理工程技术规范[S]. 北京：中国环境科学出版社, 2012.
[33] 马溪平. 厌氧微生物学与污水处理[M]. 北京：化学工业出版社, 2005.
[34] 庞杰. EGSB+CASS 组合工艺处理石化污水[J]. 中国资源综合利用, 2014, 32(7)：26-27.

[35] 吕炳南，董春娟. 污水好氧处理新工艺[M]. 哈尔滨：哈尔滨工业大学出版社，2007.

[36] HJ 576—2010, 厌氧-缺氧-好氧活性污泥法[S]. 北京：中国环境科学出版社，2011.

[37] 刘怀英，王升阳，李燕敏. 约翰内斯堡工艺的工程实践[J]. 环境工程，2009，26(6)：54-56.

[38] 王晓莲，彭永臻，等. A²/O法污水生物脱氮除磷处理技术与应用[M]. 北京：科学出版社，2009.

[39] 刘胜军，黄宇，邹仲勋，等. 多级厌氧缺氧好氧活性污泥法新工艺研究[J]. 环境工程，2013，31(增)：66-69.

[40] 刘音颂. 生物强化技术处理煤制气污水中长链烷烃的效能及机理研究[D]. 哈尔滨：哈尔滨工业大学，2014.

[41] 帖靖玺. 生物强化技术处理焦化废中难和解有机物及其相关性分析[D]. 陕西：西安建筑科技大学，2003.

[42] 郭静波. 生物菌剂的构建及其在污水处理中的生物强化效能[D]. 陕西：西安建筑科技大学，2003.